ArcGIS 软件应用·实验指导书

肖 智 杨 剑 史建康 **编著**

西南交通大学出版社
·成 都·

图书在版编目（CIP）数据

ArcGIS 软件应用·实验指导书/肖智，杨剑，史建康编著. —成都：西南交通大学出版社，2015.7
ISBN 978-7-5643-3961-6

Ⅰ. ①A… Ⅱ. ①肖… ②杨… ③史… Ⅲ. ①地理信息系统–应用软件 Ⅳ. ①P208

中国版本图书馆 CIP 数据核字（2015）第 127759 号

ArcGIS 软件应用·实验指导书

肖 智　杨 剑　史建康　编著

责 任 编 辑	李芳芳
特 邀 编 辑	穆 丰
封 面 设 计	米迦设计工作室
出 版 发 行	西南交通大学出版社 （四川省成都市金牛区交大路 146 号）
发 行 部 电 话	028-87600564　028-87600533
邮 政 编 码	610031
网　　　　址	http://www.xnjdcbs.com
印　　　　刷	成都蓉军广告印务有限责任公司
成 品 尺 寸	185 mm × 260 mm
印　　　　张	15
字　　　　数	368 千
版　　　　次	2015 年 7 月第 1 版
印　　　　次	2015 年 7 月第 1 次
书　　　　号	ISBN 978-7-5643-3961-6
定　　　　价	38.00 元

图书如有印装质量问题　本社负责退换
版权所有　盗版必究　举报电话：028-87600562

凯里学院规划教材编委会

主　　　任　张雪梅

副 主 任　郑茂刚　廖雨　龙文明

委　　　员（按姓氏笔画排名）

　　　　　　丁光军　刘玉林　李丽红

　　　　　　李　斌　肖育军　吴永忠

　　　　　　张锦华　陈洪波　范连生

　　　　　　罗永常　岳莉　　赵　萍

　　　　　　唐文华　黄平波　粟　燕

　　　　　　曾梦宇　谢贵华

办公室主任　廖　雨

办公室成员　吴　华　吴　芳

总　序

　　教材建设是高校教学内涵建设的一项重要工作，是体现教学内容和教学方法的知识载体，是提高人才培养质量的重要条件。凯里学院2006年升本以来，十分重视教材建设工作，在教材选用上明确要求"本科教材必须使用国家规划教材、教育部推荐教材和面向21世纪课程教材"，从而保证了教材质量，为提高教学质量、规范教学管理奠定了良好基础。但在使用的过程中逐渐发现，这类适用于研究型本科院校使用的系列教材，多数内容较深、难度较大，不一定适合我校的学生使用，与应用型人才培养目标也不完全切合，从而制约了应用型人才的培养质量。因此，探索和建设适合应用型人才培养体系的校本教材、特色教材成为我校教材建设的迫切任务。自2008年起，学校开始了校本特色教材开发的探索与尝试，首批资助出版了11本原生态民族文化特色课程丛书，主要有《黔东南州情》《苗侗文化概论》《苗族法制史》《苗族民间诗歌》《黔东南民族民间体育》《黔东南民族民间音乐概论》《黔东南方言学导论》《苗侗民间工艺美术》《苗侗服饰及蜡染艺术》等。该校本特色教材丛书的出版，弥补了我校在校本教材建设上的空白，为深入开展校本教材建设积累了经验，并对探索保护、传承、弘扬与开发利用原生态民族文化，推进民族民间文化进课堂做出了积极贡献，对我校教学、科研和人才培养起到了积极的推动作用，并荣获贵州省高等教育教学成果一等奖。

　　当前，随着高等教育大众化、国际化的迅猛发展和地方本科院校转型发展的深入推进，越来越多的地方本科高校在明确应用型人才培养目标、办学特色、教学内容和课程体系的框架下，积极探索和建设适用于应用型人才培养的系列教材。在此背景下，根据我校人才培养方案和"十二五"教材建设规划，结合服务地方社会经济发展、民族文化传承需要，我们又启动了第二批校本教材的立项研究工作，通过申报、论证、评审、立项等环节确定了教材建设的选题范围，第二套校本教材建设项目分为基础课类、应用技术类、素质课类、教材教法等四类，在凯里学院教材建设专家委员会的组织、指导和教材编著者们的辛勤编撰下，目前，15本教材的编撰工作已基本完成，即将正式出版。这套教材丛书既是近年来我校教学内容和课程体系改革的最新成果，反映了学校教学改革的基本方向，也是学校由"重视规模发展"转向"内涵式发展"的一项重大举措。

　　凯里学院校本规划教材丛书的编辑出版，集中体现了学校探索应用型人才培养的教学建设努力，倾注了编著教师团队成员的大量心血，将有助于推动地方院校提高应用型人才培养质量。然而，由于编写时间紧，加之编著者理论和实践能力水平有限，书中难免存在一些不足和错漏。我们期待在教材使用过程中获得批评意见、改进建议和专家指导，以使之日臻完善。

凯里学院规划教材编委会
2014年12月

前 言

地理信息系统（GIS）是用来搜集、储存、分析具有地理区位特性事物与现象的资讯系统，它透过叠图及空间分析功能，将原始地理资料转变为能支援空间决策的资讯。目前，ArcGIS 软件已成为全世界用户群体最大、应用领域最广泛的 GIS 软件平台。ArcGIS 的应用遍布于环境保护、土地利用、测绘与制图、自然资源管理、城市规划与建设、设施管理、石油与地质、电力与电信、交通运输等诸多领域。国内众多高校的相关专业也已经陆续开设了 ArcGIS 应用课程以满足社会的需求。

地理信息系统课程在我校地理科学、资源与环境科学专业也是作为专业方向课进行开设。在教学中，我们试用过国内外多个版本的教材，无论是教师还是学生都觉得教材理论太强，可操作性不够，学完之后学生的动手能力很差，无法很好地满足社会对 GIS 人才的需求。去年，我校开展了校级教材的建设，受此鼓舞，我们决定将自己平时上课讲义、实验设计、使用 GIS 的心得体会及部分学生的实验报告结合集成这本自编校级教材。希望我校学生能在本书的引领下初步掌握 ArcGIS 软件的应用并进入 GIS 行业，最终在 GIS 领域内取得个人的成功。

当我们使用 ArcGIS 系统进行空间分析时，首先要掌握 ArcMap、ArcCatalog 和 ArcToolbox 三大模块。本指导书主要围绕这三大模块展开理论及实验教学指导。全书共分"基础与理论""实践与技能"两部分。在基础与理论版块分为 4 章，第 1 章介绍了 GIS 概念，回答了"为什么要用""如何去做""怎么才能成功"等多个学生关心的问题；第 2 章主要对空间数据的管理工具 ArcCatalog 的基本操作进行了详细讲解；第 3 章对空间数据处理与可视化工具 ArcMap 的编辑功能及 ArcToolbox 的部分工具进行了介绍；第 4 章介绍了空间数据分析工具 ArcToolbox 的常用功能及工具所在的位置。在实践与技能版块中，我们设置了 12 个实验和 2 个 ArcGIS 在地理教学的应用实例。由于我校新的实验室还在筹备中，学生上课需要自己准备手提电脑，所以我们把实验一设计为 ArcGIS10.2 软件安装；实验二对应于理论部分的第 2 章，学生在完成该实验后能更深刻的理解空间数据管理工具 ArcCatalog；实验三至实验九是全书的核心，对应于理论的第 3 章，通过这 7 个实验，学生能很好地掌握空间数据处理与可视化操作；实验十至十二 3 个实验主要对 ArcToolbox 工具在空间分析的实际运用进行了实例操练。

本实验指导书强调实用性与实战性，对实验操作配以图文解说的形式，甚至在前八个实验中还详实而耐心地列出了每一步操作。我们对使用中可能会遇到的难点加以提示，在关键步骤指出操作技巧，从而使得整个学习过程直观易懂，甚至饶有趣味。我们希望以这种具有创新特色的技能训练方法帮助学生熟练操作 ArcGIS10.2 软件，节省他们在学习过程中摸索的时间，帮助他们迅速从新手成长为训练有素的从业人员。

全书由肖智老师负责总体设计、组织、编写和定稿工作。吉林江城中学杨剑老师负责其中地理教学的两个应用案例设计，海南省环境科学研究院史建康工程师负责实验九和实验十的设计。在本人平时的教学中，吸取了 GIS 教育界前辈池建博士、汤国安教授、田永中教授、谢跟踪教授及 Maribeth Price[美]教授的很多成果，运用了他们的部分矢量文件，在此表示衷心的感谢，并将一直向他们致敬！感谢我校旅游学院罗永常教授、科研处周江菊教授、教务处吴华老师，我的同事郭莹、罗琼、袁玮老师、严红光、赵萍博士以及中央民族大学潘红交硕士对本书提出的众多有益建议及鼓励。此外，本书部分章节的整稿、校对得到我校 12 级、13 级、14 级资环班潘玮、张晶晶、杨鑫、龙立演等许多同学的协助，在此一并感谢。

由于本教材来自我们自编的上课讲义，加之编者水平有限，书中理论及实验恐有疏漏和不妥之处，还望读者不吝指正。

主编：肖智
2015 年 3 月于凯里学院

目 录

第 1 篇 基础与理论

第 1 章 GIS 基本原理 ··· 3
  1.1 GIS 入门 ··· 3
  1.2 ArcGIS 桌面平台 ·· 10

第 2 章 空间数据的管理与编辑 ······································ 18
  2.1 认识空间数据库管理工具 ArcCatalog ························· 18
  2.2 空间数据 Shapefile 文件的创建 ······························ 33
  2.3 Geodatabase 数据库创建 ····································· 39

第 3 章 空间数据处理与可视化 ······································ 45
  3.1 空间可视化工具 ArcMap ····································· 45
  3.2 空间数据的编辑 ··· 54
  3.3 空间数据的转换 ··· 70
  3.4 空间数据的处理 ··· 79

第 4 章 空间数据分析 ·· 93
  4.1 空间分析工具 ArcToolbox 简介 ······························ 94
  4.2 ArcToolbox 的功能与环境 ··································· 96
  4.3 ArcToolbox 工具集使用简介 ································ 100

第 2 篇 实践与技能

实验一 ArcGIS 软件安装 ·· 111
实验二 空间数据库管理及属性编辑 ·································· 121
实验三 使用 ArcMap 浏览地理数据 ·································· 134
实验四 空间数据的初步处理 ·· 146
实验五 属性数据的输入方法 ·· 154
实验六 栅格图像的地理配准 ·· 161

实验七　栅格图像的矢量化 …………………………………………………………… 167
实验八　空间数据可视化表达 …………………………………………………………… 172
实验九　空间坐标的转换 ………………………………………………………………… 181
实验十　空间插值 ………………………………………………………………………… 184
实验十一　缓冲区分析和叠加分析 ……………………………………………………… 192
实验十二　最短路径分析 ………………………………………………………………… 200
地理教学应用（一）：制作光照图 ……………………………………………………… 209
地理教学应用（二）：制作世界海陆分布图 …………………………………………… 212
附　录 ……………………………………………………………………………………… 215
　　全国部分 GIS 网址及公司 …………………………………………………………… 215
　　ArcGIS 常用词汇表 …………………………………………………………………… 217
参考文献 …………………………………………………………………………………… 230

第 1 篇

基础与理论

第 1 篇

基礎ら理論

第1章 GIS 基本原理

古往今来，几乎人类所有的活动都是发生在地球上，都与地球表面位置（即地理空间位置）息息相关，随着计算机技术的日益发展和普及，地理信息系统（GIS）以及在此基础上发展起来的"数字地球""数字城市"在人们的生产和生活中起着越来越重要的作用。地理信息系统是一门综合性学科，结合地理学与地图学，已经广泛应用于科学调查、资源管理、财产管理、发展规划、绘图和路线规划等方向。

1.1 GIS 入门

1.1.1 什么是GIS

地理信息系统（Geography Information System，GIS）是以可视化和分析地理配准信息为目的，用于描述和表征地球及其他地理现象的一种系统。许多人已经将 GIS 视为最强大的信息技术之一，因为它致力于整合来自多种来源的知识（例如，作为地图中的各种图层）并创建一个跨领域的合作环境。此外，对于大多数接触过 GIS 的人们来说，它直观易懂，具有很大的吸引力。它将强大的可视化环境（使用地图进行沟通和可视化）与基于地理科学的稳健的分析和建模框架相结合。这种结合孕育出一项科学、可信且易于交流（通过地图和其他地理视图）的新技术。

一幅画在纸上的地图，你所能做的操作就是打开它。这时候展现在你面前的是关于城市、道路、山峦、河流、铁道和行政区划的一些表现。城市在这些地图上只能用一个点或一个圈表示，道路是一条黑线，山峰是一个很小的三角，而湖泊则是一个蓝色的块。同纸质地图一样，GIS 产生的数字地图也是用像素或点表示诸如城市这样的信息，用线表示道路这样的信息，小块表示湖泊等信息。但不同的是，这些信息都来自数据库，并且只在用户选择显示它们的时候才被显示。数据库中存储着诸如这个点的位置、道路的长度甚至湖泊的面积等信息。

1. GIS 是利用基于图层的地理信息模型来表征和描述世界

ArcGIS 通过建模将地理信息转化为一系列逻辑图层或专题数据。例如，GIS 可包含带有下列信息的数据图层：
- 表示为中心线的街道；
- 表示植被、居民区、商业区等的土地利用区域；
- 行政区；
- 水体与河流；
- 表示土地所有权的宗地多边形；
- 表示高程和地形的表面；
- 某一感兴趣区域的航空相片或卫星图像，如图 1-1-1 所示。

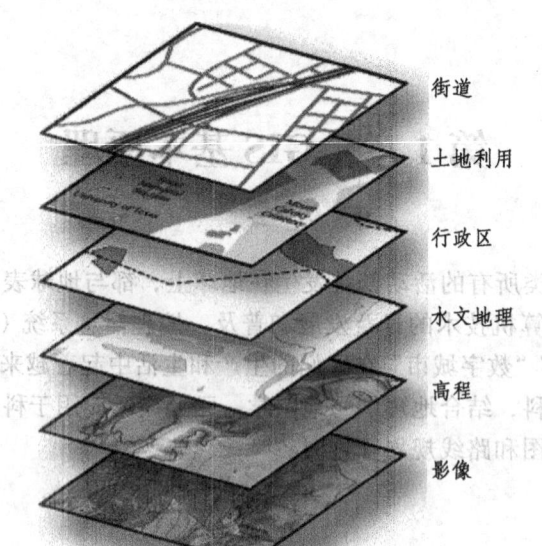

图 1-1-1　GIS 常见的数据图层

地理信息图层使用一些常用的 GIS 数据结构来表示：

（1）要素类：要素类是同一类型要素的逻辑集合，如图 1-1-2 所示的四种要素类型。

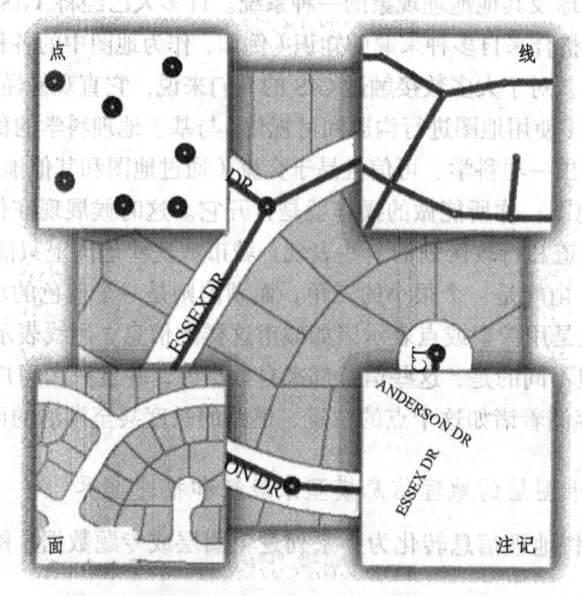

图 1-1-2　点、线、面和注记四种要素类型

- 点：表示过小而无法表示为线或多边形以及点位置（如 GPS 观测值）的要素。
- 线：表示形状和位置过窄而无法表示为区域的地理对象（如，街道中心线与河流）。也使用线来表示具有长度但没有面积的要素，如等高线和边界。
- 多边形：一组具有多个面的面要素，表示同类要素类型（如州、县、宗地、土壤类型和土地使用区域）的形状和位置。
- 注记：包含表示文本渲染方式的属性的地图文本。除了每个注记的文本字符串，还包括一些其他属性（例如，用于放置文本的形状点，其字体与字号以及其他显示属性）。注记也可通过要素进行连接，并可包含子类。

（2）栅格数据集：栅格是基于栅格单元的数据集，用于存放影像、数字高程模型以及其他专题数据。影像和栅格数据如图 1-1-3 所示。

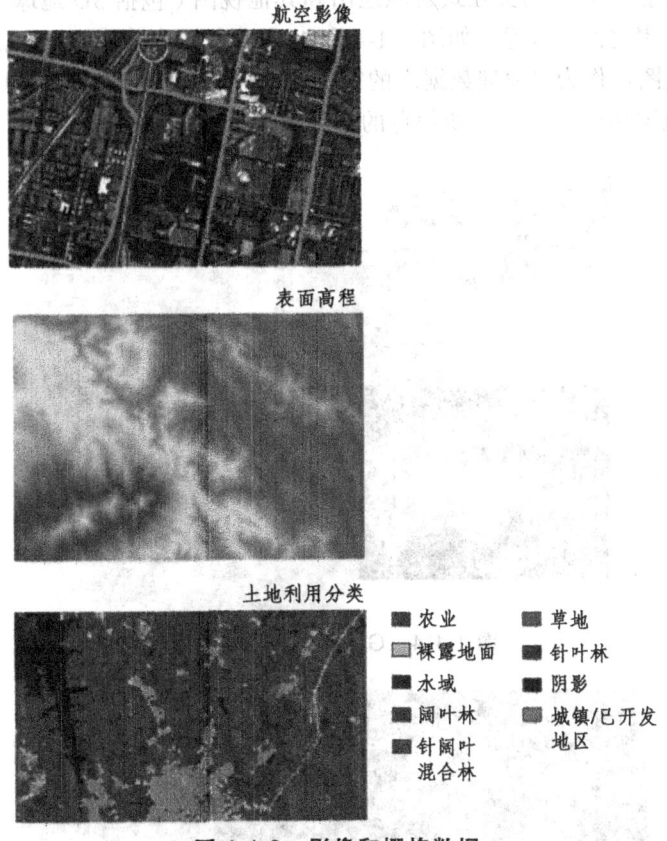

图 1-1-3　影像和栅格数据

（3）属性和描述信息：属性和描述是传统表格信息，用于描述每个数据集中地理对象的要素和类别，如表 1-1-1 所示。

表 1-1-1　要素类表

ID	PIN	Area	Addr	Code
1	334-1626-001	7,342	341 Cherry Ct.	SFR
2	334-1626-002	8,020	343 Cherry Ct.	UND
3	334-1626-003	10,031	345 Cherry Ct.	SFR
4	334-1626-004	9,254	347 Cherry Ct.	SFR
5	334-1626-005	8,856	348 Cherry Ct.	UND
6	334-1626-006	9,975	346 Cherry Ct.	SFR
7	334-1626-007	8,230	344 Cherry Ct.	SFR
8	334-1626-008	8,645	342 Cherry Ct.	SFR

需要注意的是，与地图图层类似，GIS 数据集也需要进行地理配准以便可以相互叠加并定位在地球表面上。

2. GIS 是通过地图来显示和利用地理信息

每个 GIS 都包括一系列的交互式智能地图和其他视图（包括 3D 地球），用于显示地球表面上的要素以及要素之间的关系，如图 1-1-4 和 1-1-5 所示。它们可为基础地理信息构建各种地图视图，这些地图可作为"地理数据库的窗口"，通过它们可对地理信息进行查询、分析和编辑。还可通过地图访问用于派生新信息的地理建模工具。

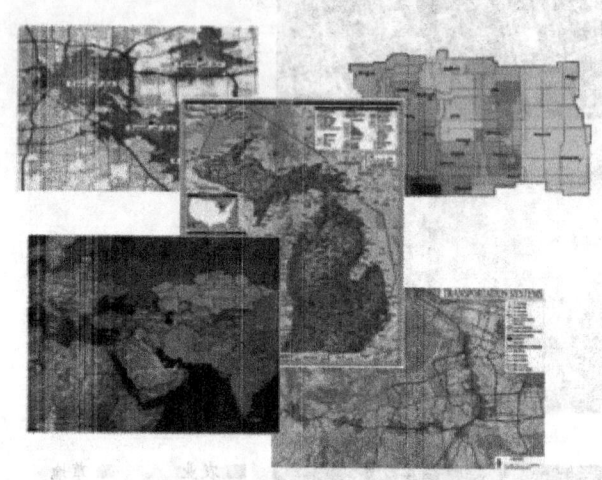

图 1-1-4　GIS 生成的 2D 地图

图 1-1-5　GIS 生成的 3D 视图

GIS 地图是交互式地图，有助于传达大量信息。通过交互式地图，可以为最终用户提供任何有助于他们完成任务并开展重要工作的信息。

3. GIS 提供一套全面的分析和数据变换工具，用于执行空间分析和数据处理

GIS 包括大量地理处理功能，用于从现有数据集中获取信息、应用分析功能以及将结果写入新的结果数据集。此外，还提供了大量空间运算符，如图 1-1-6 所示的"缓冲区"工具和"相交"工具，它们可应用于 GIS 数据。

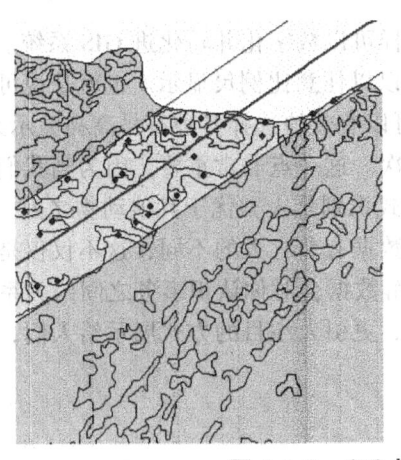
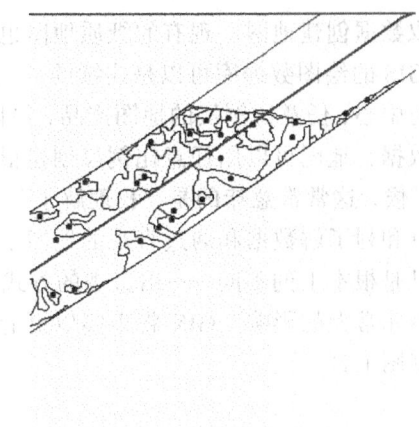

图 1-1-6　GIS 的数据处理功能示意图

每个地理处理工具将现有信息作为输入并得出新结果，这些结果随后可用于后续的操作。GIS 的重要功能就是通过构建一个模型将一系列的逻辑操作串联在一起，从而便于用户进行空间分析和自动执行数据处理。

1.1.2　为什么要用 GIS

1. 改进企业的数据综合能力

应用 GIS 技术的一个最重要的好处就是提高管理企业和资源的能力。GIS 系统能够通过一些基于位置的数据（如地址等）将数据集关联在一起，帮助企业中的各个部门和内部共享数据。通过建立共享数据库，一个部门可以从其他部门的工作中获利——数据只要被收集和整理一次，就可以被不同部门多次使用。

2. 更好的决策

"知己知彼"才能更好的决策，现在 GIS 为决策提供了更多、更直观的信息。虽然 GIS 不是一个自动决策系统，但是一个为决策过程提供查询、分析和地图数据支持的工具。

举例来说，GIS 可以帮助房地产开发商找到最佳的建房地段，并且满足如下一系列要求，最小的环境影响，在低风险、低犯罪率的地区，靠近人口密集的市中心。所有的这些数据都可以用地图的形式简洁而清晰地显示出来，或者出现在相关的报告中，使得决策的制定者不必再浪费精力在分析和理解数据上，而可以直接关注真实的结果。因为 GIS 可以快速地生成结果，并且可以高效和快速地对这些方案进行评估。

3. 制作地图

由于一些原因，我们经常把 GIS 软件称为"绘图软件"。我们也会经常把 GIS 所做的绘图工作与绘制地图联系起来，其实在很多情况下 GIS 技术可以灵活地绘制各种各样的地形，甚至可以绘制人体。GIS 可以描绘任何你希望用图形显示的数据。

用 GIS 技术绘制地图比用传统的手工操作或自动制图工具更加灵活。一个 GIS 系统从数据库中提取数据创建地图。现有的纸质地图也同样可以数字化并转化进 GIS 系统。

基于 GIS 的绘图数据库可以是连续的，也可以以任意比例尺显示。也就是说可以生产以任意地段为中心，任意比例尺的地图产品，并且可以有效地选择各种符号高亮显示某些特征。只要拥有数据，地图可以用任意比例尺创建很多次。这一点非常重要，因为当我们说"我看见了"的时候，这常常意味的是"我理解了"。模式识别是人类优于其他动物之处。人们在表格中通过行和列了解数据和通过直观的地图了解数据有非常大的不同，这不仅仅是美学上的原因，而且是根本上的不同——用直观的方式了解数据会对你认识事务之间的关系和最终得出结论产生非常大的影响。GIS 将事实以更清晰、更引人注目的方式展示给人们，提供了一个编辑和制图工具。

1.1.3 如何做 GIS 分析

1. 设计问题

GIS 分析通常是从明确你需要哪些信息开始的。比如：
- 上个月什么地方出现的入室偷盗案最多？
- 如何找出两地通达的最佳路径？

这些问题越细越好，它们可以帮助你决定如何进行分析，用何种手段去分析，以及如何显示结果。

2. 选择数据

你应用的数据和特征的类型决定着用何种方法进行分析。也就是说：如果用户知道自己需要用特殊的手段回答问题，那么就需要找到所需的额外数据。

数据可以有多种来源：组织内部的数据库、相关管理器、CAD 文件、互联网、商业数据提供商、政府组织等。

你的需求和预算决定了使用何种数据以及如何得到它们。许多分析需要十分高质量和精确的数据。

3. 选择分析方法

需要解决的问题和如何运用分析结果决定了使用哪些方法进行分析。

举个例子来说，如果你仅仅想大致了解城市入室偷盗的情况，那么只需要将个别案例显示在地图上。但是如果这些信息将被用作审判的证据，那么你就希望能够对给定时间段内的犯罪行为的位置信息和数量作更详细的分析。

4. 处理数据

一旦选择了分析方法，你就要按照自己的需求处理数据。

如果你想对某个事件的位置绘制地图，那么你需要对数据赋予地理特征（比如经纬度或地址信息）以及对数据赋予属性值。

如果你希望对数量绘图，比如在公园中的植被数量，就需要选择一个分类办法，并决定将用多少种类划分你的数据。

如果你想找出里面有什么，就需要测量一个区域或将一些不同的层信息关联在一起。

5. 查看结果

最后一个步骤就是查看分析结果并且根据这个结果指导行为。

这些结果可以通过数字地图显示，并且打印成纸质地图，也可以结合电子表格或图表显示。虽然许多 GIS 系统都强调制图功能，但是软件可以灵活地按照你的需要以最佳的方式显示分析结果。

1.1.4 个人在 GIS 领域内取得成功的 5 大要素

对周围的世界感到好奇，是解决 GIS 问题的第一个关键点。任何领域中对什么是该领域中最重要的特性或技能的排名都是主观的，有非常多关于此的辩论和研讨。哪五大特质或者说技能，能使我们在 GIS 领域获得成功呢？

1. 好奇心

首先，GIS 专业人员应该是一个好奇的人。这种好奇不仅在地理空间技术方面，而且是对我们周围的世界。我们在工作中要积极思考现象的空间关系，范围从本地到全球，领域涵盖人口、土地利用、交通模式、区域自然灾害、生物多样性和世界气候变化等。

新的多媒体、传感器和大众采集作为数据源，使其数目大量增长，利用空间数据的效率变得更加重要。

好奇心支撑着另一个重要的品格：坚韧。坚韧往往是利用 GIS 解决问题的必要条件。有多少次，当我们试图用 GIS 搞清楚一个问题时，问题常常萦绕在脑海中挥之不去。这促使我们不断想办法，直到解决为止。我们所经历的过程变得非常清晰且印象深刻，下一次遇到相同或相似的问题时，就可以使用同样的方法和技能。

好奇心也有助于提出地理问题。提出正确的问题是 GIS 地理探究过程中通向成功的第一步。但更重要的是解决问题，并利用 GIS 的能力成功做到这一点。

2. 关键的思维技巧

我们需要的第二个技能是思考关键问题的能力。成功利用 GIS 的人拥有基于数据的关键思维技能。除了知道在哪里可以找到数据，他们知道利用每种类型的数据工作的好处和限制。他们知道最有效的方法，通过 GIS 收集、分析和显示地理数据。

3. 地理基础原理

知道如何收集、处理并了解现场收集的数据，重要的是理解地理基础原理。

一个成功的 GIS 专业从业者，还需要了解地理基础原理。实践者需知道所有空间现象背后的基本原理，包括地图投影、数据、拓扑关系，收集并结合实地考察、空间数据模型、数据库理论、数据分类方法，并有效地利用空间统计和地理处理方法等方面的技术。

4. 适应性

适应性是在 GIS 领域成功至关重要的第四个要点。无论从消费者还是传感器网络、编程语言和功能的角度看，地理信息科学领域发展迅速。GIS 可以通过桌面端或移动设备端来访问，并部署在云中。成功的 GIS 专业人员需要具备适应性和灵活性。你必须愿意改变，并接受和拥抱把变化作为 GIS 工作的重要和必要组成部分。如果您在 GIS 领域工作，需要成为一个终身学习者。

5. 良好的沟通技巧

使用不同的技术和多媒体的能力来表现 GIS 工作的成果，是良好沟通能力的重要组成部分。

第五个特质和技能目标是成为一个出色的传播者。您需要知道如何使用 GIS 和其他演示工具，向不同的受众展示你的分析结果。地图是强大的通信工具，所以你要懂得如何有效地运用颜色、图案和分类方法等制图元素。你也要懂得如何通过录像、现场演示，在线演示和其他手段，以口头和书面报告的形式将分析结果清楚地表达出来。更多的专业人士和市民开始熟悉和使用 GIS，用户将呈现多样化，数量也将增长。因此，你需要和谐地解决各种不同利益相关者间的需求，从分析师到管理者和决策者、科学家等。

1.2 ArcGIS 桌面平台

ArcGIS 是美国 ESRI 公司（美国环境系统研究所公司，Environmental Systems Research Institute, Inc. 简称 ESRI 公司）集 40 余年地理信息系统（GIS）咨询和研发经验，奉献给用户的一套完整的 GIS 平台产品，具有强大的地图制作、空间数据管理、空间分析、空间信息整合、发布与共享的能力。

2013 年，ESRI 公司全新推出的 ArcGIS 10.2，能够全方位服务于不同用户群体的 GIS 平台，组织机构、GIS 专业人士、开发者、行业用户等，甚至大众都能使用 ArcGIS 打造属于自己的应用解决方案。

ArcGIS 10.2 的性能进一步提升，架构进一步优化，功能上进一步增强，为不同的用户群体提供了更丰富的内容，更强健的基础设施，更灵活多样的扩展能力，以及更多即拿即用的应用。ArcGIS for Desktop 是为 GIS 专业人士提供的用于信息制作和使用的工具。利用 ArcGIS for Desktop，可以实现任何从简单到复杂的 GIS 任务。

1.2.1 主要功能

1. 空间分析

ArcGIS for Desktop 包含数以百计的空间分析工具，这些工具可以将数据转换为信息以及进行许多自动化的 GIS 任务。例如，你可以计算密度和距离、执行高级的统计分析或进行叠加和邻近分析，如图 1-1-7 所示。

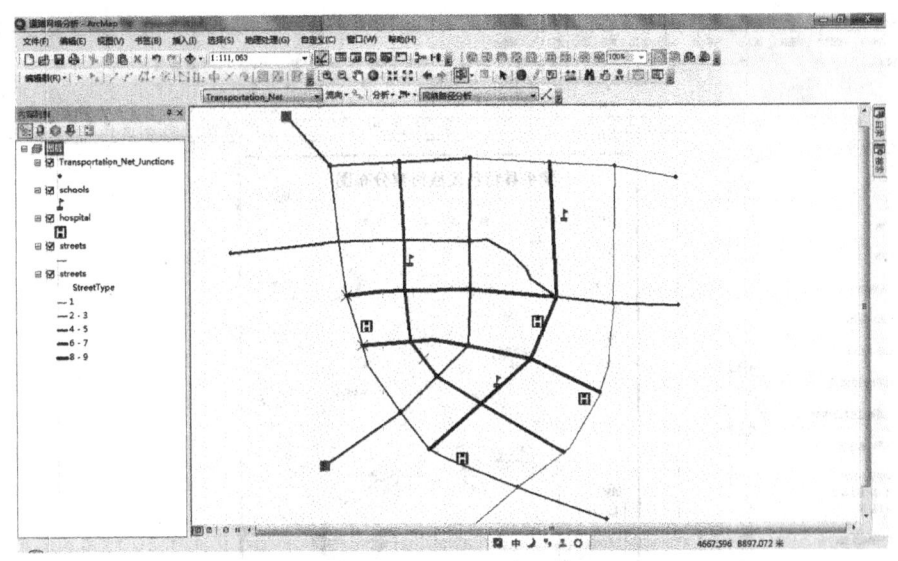

图 1-1-7 ArcGIS 10.2 的空间分析功能

2. 数据管理

支持 130 余种数据格式的读取、80 余种数据格式的转换，用户可以轻松集成所有类型的数据进行可视化和分析。提供了一系列的工具用于几何数据、属性表、元数据的管理、创建以及组织。例如，你可以浏览和查找地理信息、记录，查看和管理元数据或创建和管理 Geodatabase 数据模型，如图 1-1-8 所示。

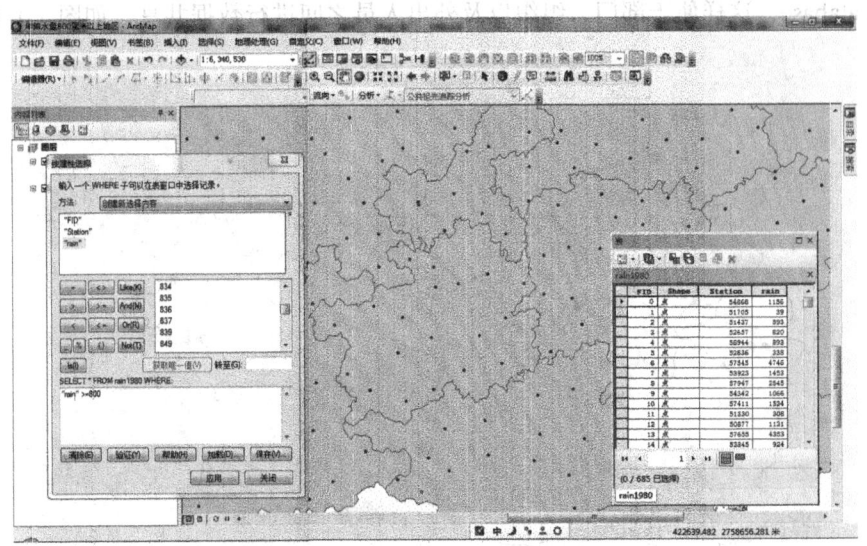

图 1-1-8 ArcGIS 10.2 的数据管理功能

3. 制图和可视化

无需复杂设计就能够生产出高质量的地图。在 ArcGIS for Desktop 中，你可以使用大量的符号库、简单的向导和预定义的地图模板或成套的大量地图元素和图形，如图 1-1-9 所示。

图 1-1-9 ArcGIS 10.2 的制图和可视化功能

4. 高级编辑

使用强大的编辑工具，可以降低数据的操作难度并形成自动化的工作流程。高级编辑和坐标几何（COGO）工具能够简化数据的设计、导入和清理。支持多用户编辑，可使多用户同时编辑 Geodatabase，这样便于部门、组织以及外出人员之间进行数据共享，如图 1-1-10 所示。

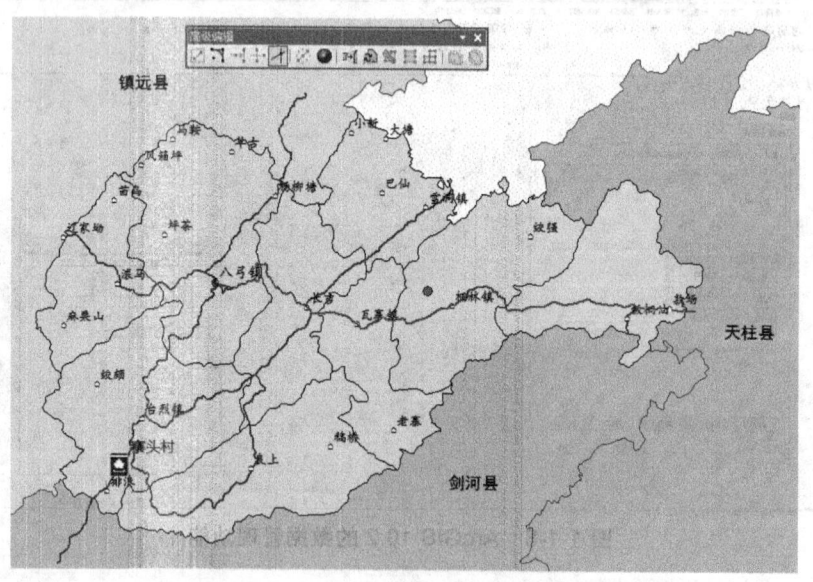

图 1-1-10 ArcGIS 10.2 的高级编辑功能

5. 地理编码

从简单的数据分析到商业和客户管理的分布技术，都是地理编码的广泛应用。使用地理编码地址，可以显示地址的空间位置，并识别出信息中事物的模式。这些，通过在 ArcGIS for Desktop 进行简单的信息查看，或使用一些分析工具，就可以实现，如图 1-1-11 所示。

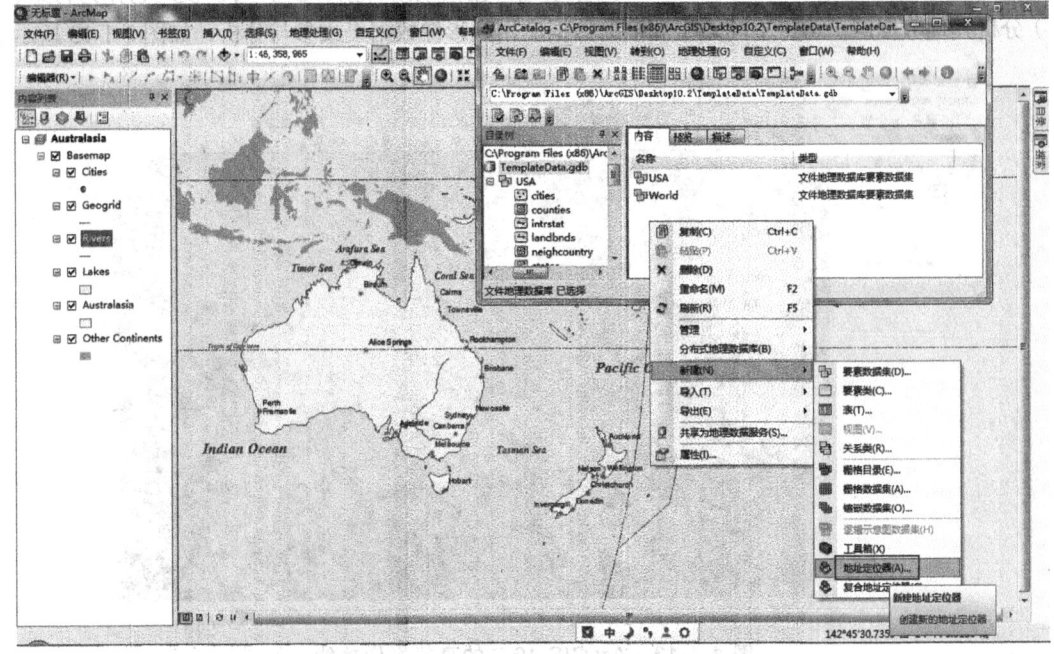

图 1-1-11　ArcGIS 10.2 的地理编码功能

6. 地图投影

诸多投影和地理坐标系统的选择，可以将来源不同的数据集合并到共同的框架中。用户可以轻松融合数据、进行各种分析操作，并生产出极其精确、具有专业品质的地图，如图 1-1-12 所示。

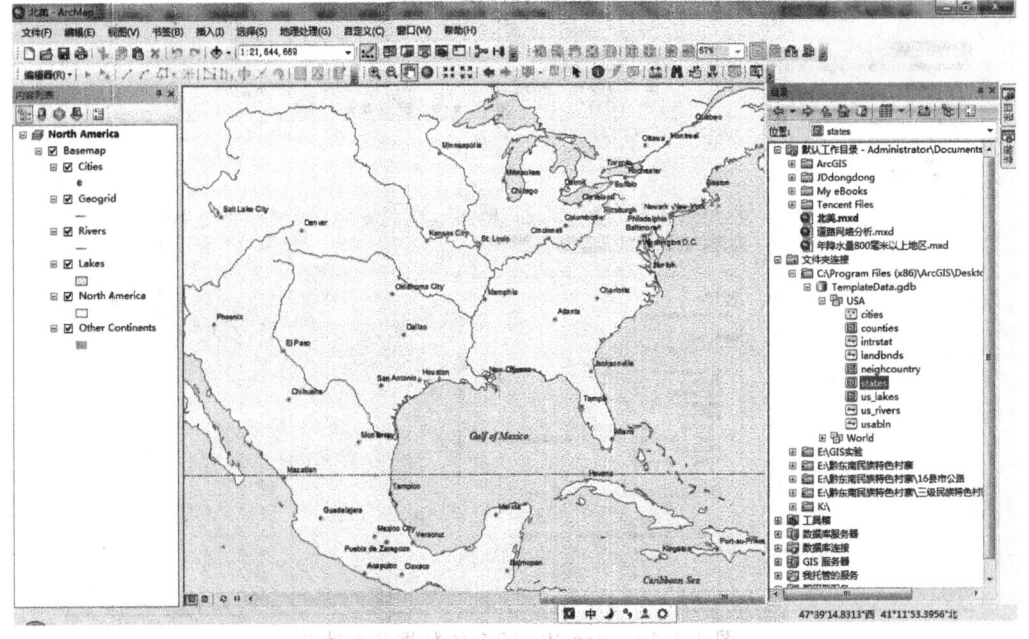

图 1-1-12　ArcGIS 10.2 的地图投影功能

7. 高级影像

ArcGIS for Desktop 有许多方法可以对影像数据（栅格数据）进行处理，可以使用它作为背景（底图）分析其他数据层。可将不同类型规格的数据应用到影像数据集或参与分析，如图 1-1-13 所示。

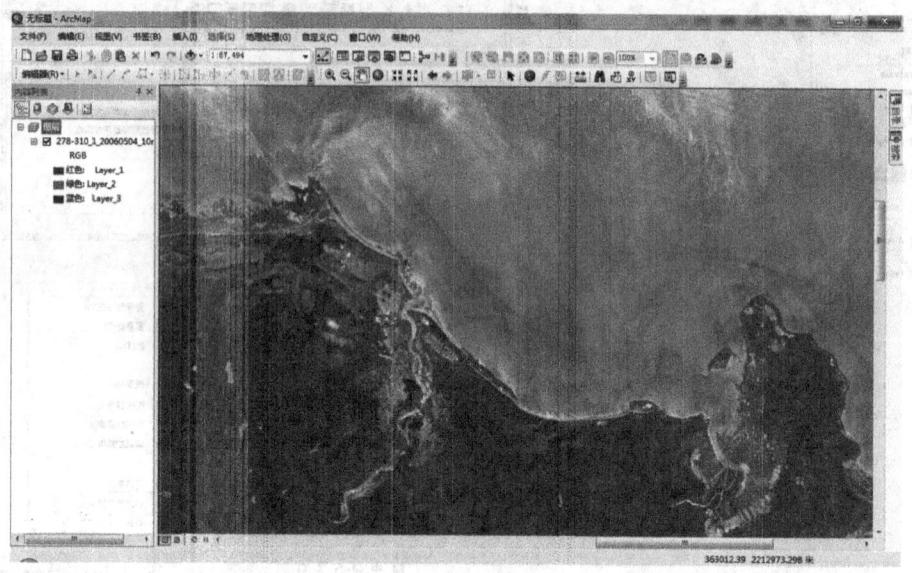

图 1-1-13　ArcGIS 10.2 的高级影像功能

8. 数据分享

享用来自 ArcGIS Online 的神奇力量，就掌握在你手中。在 ArcGIS for Desktop 中，用户不用离开 ArcMap 界面就可以充分使用 ArcGIS Online。导入底图、搜索数据或要素、向个人或工作组共享信息，这些都能够实现，如图 1-1-14 所示。

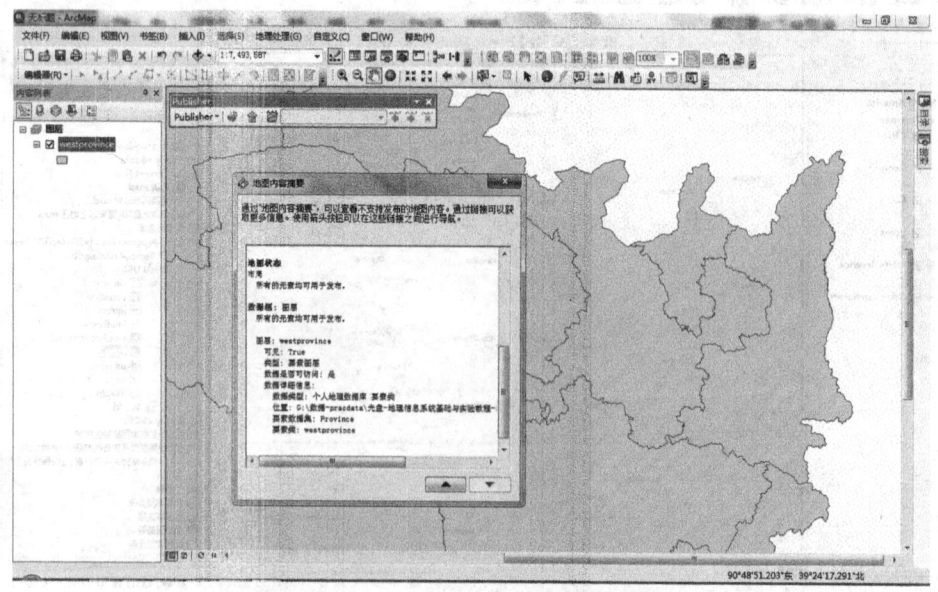

图 1-1-14　ArcGIS 10.2 的数据分享功能

9. 可定制

在 ArcGIS for Desktop 中，使用 Python、.NET、Java 等语言通过 Add-in 或调用 ArcObjects 组件库的方式来添加和移除按钮、菜单项、停靠工具栏等，能够轻松定制用户界面，也可以使用 ArcGIS Engine 开发定制 GIS 桌面应用，如图 1-1-15 所示。

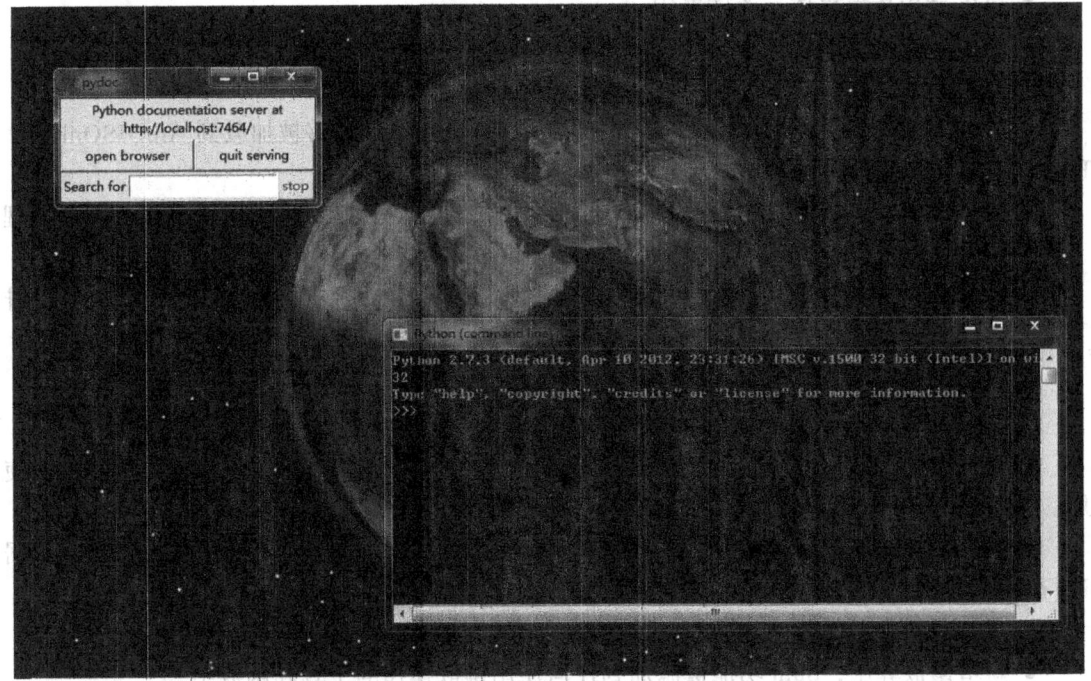

图 1-1-15　ArcGIS 10.2 的可定制功能

1.2.2　Desktop 10.2 新特性

ArcGIS 10.2 能够全方位服务于不同用户群体的 GIS 平台，组织机构、GIS 专业人士、开发者、行业用户甚至大众都能使用 ArcGIS 打造属于自己的应用解决方案。

1. 分　析

- 新增转换工具，用于 Excel 到 Table 以及要素类到 JSON 之间的转换。
- 新增数据管理工具，支持启用和禁用地理数据库归档。
- 多核并行处理功能，现已实现于一些空间分析工具当中。
- 新增统计分析工具最优热点分析，可探索数据和确定最优设置。
- 新增三维分析工具通视性分析，可通过潜在障碍确定通视分析的能见度。
- 新增 3 个栅格地理处理工具，分别是计算融合权重工具、合并镶嵌数据集条目工具、拆分镶嵌数据集条目工具。
- 可以创建包含 EsriST_Geometry 或 SpatiaLite 空间类型的 SQLite 数据库。
- 使用 Python 能够自动发布地理编码服务。

2. 制　图
- ArcGIS10.1 与 ArcGIS10.2 的工程文档相互兼容。
- ArcGIS 世界影像底图提供了很多国家的高分辨率卫星和航空影像。
- ArcGIS 报告工具允许用户从图层或属性表的数据中创建自定义邮件标签。
- PDF 导出速度更快、文件更小。

3. 三　维
- 共享三维场景。将 ArcScene 文档导出为 3Dweb 场景，能够被加载到 ArcGISOnline、Portal 或本地 Web 服务器上并进行分享。
- 规则驱动生成三维内容。利用 CityEngine 2013 制作的规则包可应用于当前的地理处理工作流中，直接在 ArcGIS 中调用并生成三维模型。
- 自动计算 LAS 数据的空间索引和概要统计，使得 Lidar 数据的访问速度更快，并提升了 LASdataset 的整体性能。

4. 影　像
- 提供中国卫星 RasterType 扩展下载，支持中国卫星影像数据在 ArcGIS 中的管理和使用。新增支持三种新的栅格类型：DMCii、Pleiades 和 SPOT6。
- Search 窗口支持栅格数据搜索，所有栅格数据类型都支持，并可以基于元数据对数据进行检索。
- 空间分析中新的 Local 栅格函数，在单波段中支持像素级的许多函数功能。
- 新增镶嵌算子，Sum 功能被添加到任何使用镶嵌操作的工具和函数中。

5. 与云集成
- 桌面端也可以连接 Portal for ArcGIS（像 ArcGISOnline 一样），并允许用户发布和使用其中的 Webmaps 和 Services。
- 增强了桌面端登录到 ArcGISOnline 的过程，包括安全性改进以及可指定连接检查的频次。

6. 地理数据
- 大数据支持能力，包括与 Hadoop 集成、更多大数据平台的支持（Teradata、SQLite、IBMNetezza7.0、INZA2.5、Postgre SQL 9.2）。
- 能够将 DB2、Informix、Oracle、Postgre SQL 和 SQL Server 的原生数据发布为要素服务。
- 在 Desktop、Server 和 Runtime 中允许地图离线编辑，以支持基于移动和 Web 的工作流。
- 支持数据库字段属性修改，例如字段名称、数据类型、别名、默认值等。
- 支持非版本化数据的数据库归档。

7. 逻辑示意图
- 地图包（.mpk）新增支持逻辑示意图图层，用户可以打包和复制 Schematic 数据并发布为 Schematic 服务。

● 迁移和导出 Schematic 数据集时可以进行过滤。

8. 数据互操作

● Data Inter operability 扩展模块使用 FME2013 应用程序。
● 新增支持 U.S.Census BureauTIGER/GML、Google Spread Sheet 以及其他 14 种文件格式。

第 2 章　空间数据的管理与编辑

空间数据管理涉及数据的创建、存储和编辑。地理数据库是 ArcGIS 中的主要数据存储形式。可以用个人地理数据库、文件地理数据库或 ArcSDE 地理数据库中的任何一个来创建和编辑各种数据类型（要素类、栅格数据和表）。每种数据类型都可以是扩展数据类型（例如几何网络和拓扑）的一部分。当然，也有其他可用的数据存储选项供 ArcGIS 使用，例如 coverage、CAD 文件、netCDF 文件、Shapefile 和 TIN 表面模型。ArcGIS Desktop 为管理数据提供了两个界面：ArcCatalog 或 ArcMap 中的"目录"窗口。

2.1　认识空间数据库管理工具 ArcCatalog

ArcCatalog 也被称为地理数据的资源管理器，是 ArcGIS DeskTop 中最常用的三个应用程序之一。它用来管理空间数据存储和数据库设计，以及进行元数据的记录、预览和管理。ArcCatalog 应用模块可以帮助使用者组织和管理其所有的 GIS 信息。本章主要介绍 ArcCatalog 的应用基础和基本操作。

2.1.1　ArcCatalog 简介与界面

ArcCatalog 不仅可以帮助 GIS 数据管理人员维护 GIS 空间和属性数据，还可以帮助普通使用者快速地进入数据库进行地理数据与元数据的浏览。ArcCatalog 界面简洁明了，利用 ArcCatalog 提供的易于使用的界面与向导，可以创建和管理空间数据库。

1. ArcCatalog 简介

ArcCatalog 是以数据为核心，用于定位、浏览和管理空间数据的 ArcInfo 应用模块。其可以看作是用户规划数据库的环境，是用户用于制定和利用元数据的环境。ArcCatalog 能够识别不同的 GIS 数据集，如 ArcInfo Coverages、ESRI Shapefiles、Geodatabases、INFO 表、图像、grid、TIN、CAD 文件、地址表、动态分段事件表及其他的 ESRI 数据类型和文件。每数据集都有一个唯一的图标来表示。

ArcCatalog 帮助组织和管理所有的 GIS 数据和信息，如地图、数据集、模型、元数据、服务等。数据与信息不仅可以是保存于本地硬盘的，也可能是网络上的数据库，或者是一个 ArcIMS Internet 服务器。

GIS 使用者通过 ArcCatalog 软件平台组织、查询和使用 GIS 数据，同时也使用标准化的元数据来说明他们的数据。GIS 服务器管理员则使用 ArcCatalog 管理 GIS 服务器框架。

通过 ArcCatalog 可以创建 3 种 ARCGIS 常用的数据模型，分别是 Shapefile、Coverage

和 Geodatabase。ArcCatalog 包括了下面的工具：
- 浏览和查找地理信息。
- 记录、查看和管理元数据。
- 定义、输入和输出 geodatabase 结构和设计。
- 在局域网和广域网上搜索和查找的 GIS 数据。
- 管理 ArcGIS Server。

2. ArcCatalog 界面

ArcCatalog 界面主要由菜单栏、工具栏、目录栏、状态栏、选项卡等几部分组成，如图 1-2-1 所示。

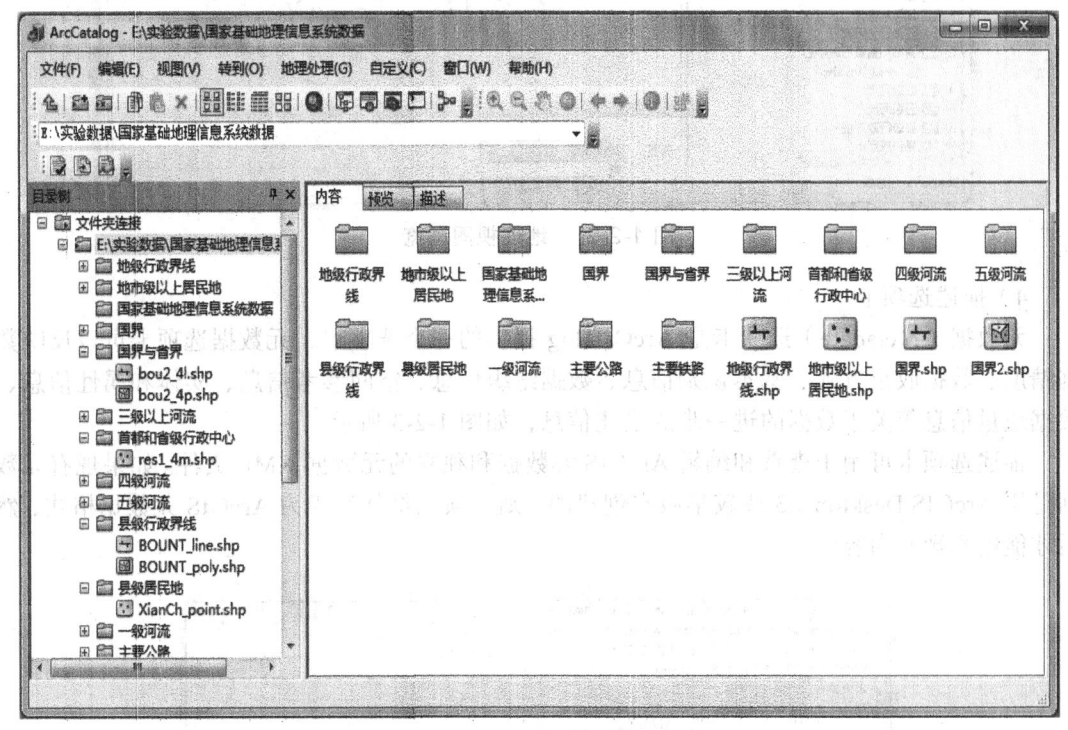

图 1-2-1　ArcCatalog 界面

1）目录树

目录树（Catalog Tree）是地理数据的树状视图。它作为目录用来显示不同来源的地理数据，用户可以通过它查看本地或网络上的文件和文件夹。

2）内容选项卡

内容（Contents）选项卡是 ArcCatalog 提供的一个标签。在目录树中选择一个条目时（如文件夹、数据库或特征数据集），内容选项卡将列出该条目所包含的所有内容。

3）预览选项卡

预览（Preview）选项卡是 ArcCatalog 提供的一个选项标签，通过使用预览选项卡，可以在地理视图和表格视图中查看所选择的条目，如图 1-2-2 所示。

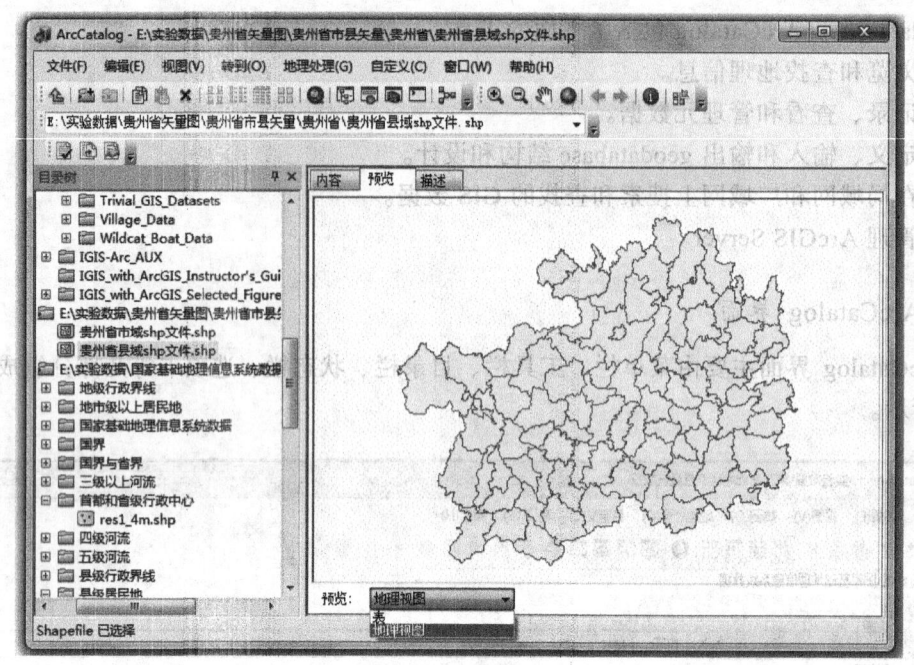

图 1-2-2　地理视图浏览

4）描述选项卡

元数据（Metadate）选项卡是 ArcCatalog 提供的一个选项卡，元数据选项卡可以反映数据精度、数据收集方式、基本识别信息、数据组织信息、空间参考信息、实体和属性信息、数据质量信息等关于数据的进一步的描述信息，如图 1-2-3 所示。

描述选项卡可用于查看和编辑 ArcGIS 元数据和独立的元数据 XML 文件。如果现有元数据是用 ArcGIS Desktop 9.3 或较早版本创建的，则必须先将其升级为 ArcGIS 元数据格式，然后才能编辑现有内容。

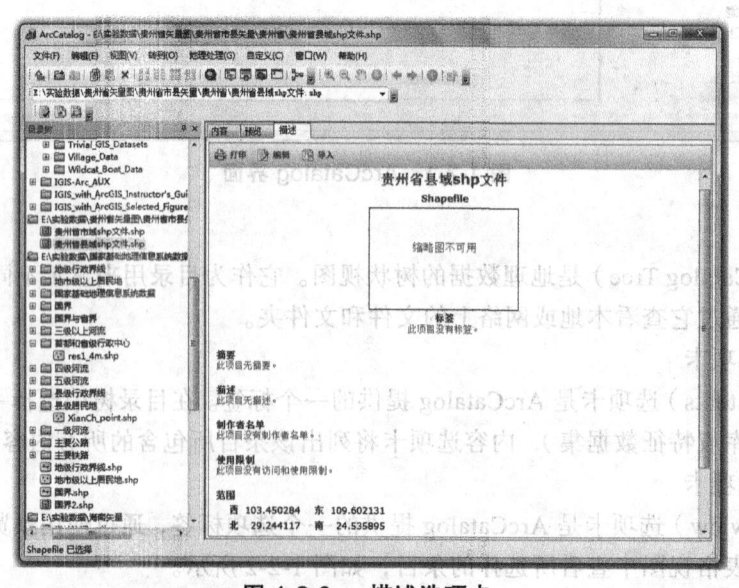

图 1-2-3　描述选项卡

2.1.2 ArcCatalog 基本操作

ArcCatalog 基本操作包括启动 ArcCatalog、创建目录树、目录内容浏览与搜索、使用栅格数据、操作和浏览表格数据、图形与图层操作以及元数据管理等。

1. 启动 ArcCatalog

启动 ArcCatalog 的方法有两种：
- 单击 Windows 任务栏的"开始"按钮，选择"所有程序"→"ArcGIS"→"ArcCatalog10.2"命令，然后就会弹出 ArcCatalog 启动窗口。
- 直接单击桌面上的启动图标，或单击"所有程序"→"ArcGIS"→"ArcMap"/"ArcGlobe"/"ArcScene"等软件平台工具栏上的图标，也可以直接启动 ArcCatalog。

2. 目录树的基本操作

对于 ArcCatalog 目录树的基本操作主要有查看文件夹连接、移至上一层文件、定位文件、复制与删除数据、数据预览、连接文件夹、浮动的目录制、显示与隐藏数据类型等操作。

1）查看文件夹连接

在 ArcCatalog 目录树中选中一个文件夹连接后，目录树会列出它所包含的数据项。与 Windows 资源管理器不同，ArcCatalog 不列出磁盘中存储的所有文件。即使一个文件夹中包含多个文件，也可能显示为空。包含地理数据的文件夹用不同的图标来显示，易于识别。

查看目录中的文件夹连接只需单击 Catalog 目录树中的一个文件夹连接。它所包含的数据项将出现在内容选项卡中。

如果双击内容列表中的一个文件夹，该文件夹在 ArcCatalog 目录树中将被展开，同时内容选项卡列出它所包含的文件夹和地理数据，如图 1-2-4 所示。这种方法可以浏览磁盘内容，用于查找地理数据。

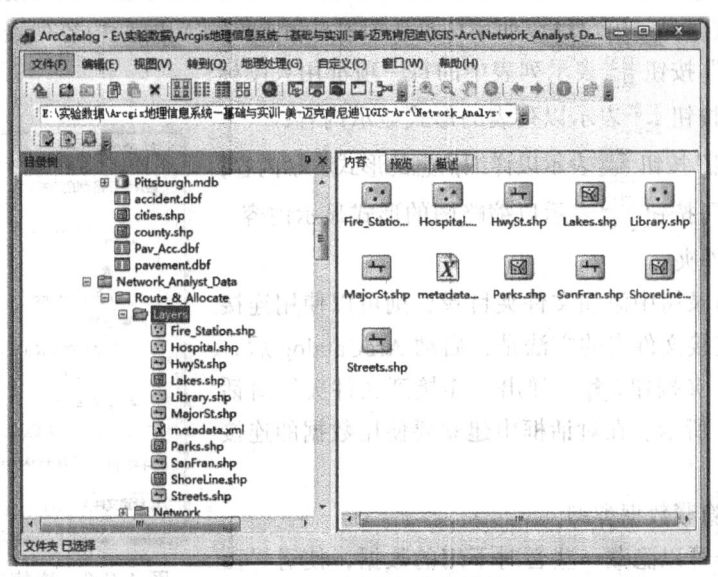

图 1-2-4　查看文件夹链接

2）移至上一层文件

在 ArcCatalog 查看文件，如果想返回上一层文件夹，只需单击标准工具栏中的到上一级按钮，ArcCatalog 目录树中相邻的上一层数据项将被选中。

3）定位文件

浏览数据之前，必须选择数据所在的文件夹。在 ArcCatalog 中，只要知道文件夹的路径，就可以在本机或网络中快速地选中它。进行定位文件的具体方法如下：

（1）单击"位置"文本框，如图 1-2-5 所示。

`E:\实验数据\贵州省矢量图\贵州省市县矢量\贵州省\贵州省县域shp文件.shp`

图 1-2-5 在 Location 文本框中键入数据所在的文件夹的路径

（2）在其中输入数据所在文件夹的路径。如果数据安装在网络中的共享文件夹中，路径应包括计算机名和可以访问的共享文件夹。

（3）按下 Enter 键，在 ArcCatalog 目录树中该文件夹即选中。

4）复制与删除数据

当要复制数据的时候，首先选择要复制的数据，然后单击标准工具栏中复制按钮，最后选择要复制到的文件夹，单击粘贴按钮即可；欲删除某数据时，先选择要删除的数据，然后单击删除按钮。

用户还可以通过右键菜单的模式，进行操作。选择要复制的数据，然后右击，在弹出的快捷菜单中单击选择"复制"选项，再选择要复制到的文件夹，然后右击文件夹，在弹出的快捷菜单中选择"粘贴"命令即可；欲删除某数据时，先选择要删除的数据，然后右击数据，在弹出的快捷菜单中选择"删除"命令即可。

5）数据浏览

在 ArcCatalog 目录树中选择了文件夹或地理数据库之类的数据项时，内容选项卡会列出它们所包含的数据项。用户可以使用标准工具栏中相应的按钮改变内容列表的外观。

- "大图标"按钮 表示列表中的每一项都用大图标；
- "列表"按钮 表示以列表的形式显示内容；
- "详细信息"按钮 表示以详细信息的形式显示内容；
- "缩略图"按钮 表示以缩略图的形式显示内容。

6）连接文件夹

如果想在目录树中添加文件夹目录，则可以使用连接文件夹功能。连接文件夹的方法是：启动 ArcCatalog 后，单击连接到文件夹按钮，弹出"连接到文件夹"对话框，如图 1-2-6 所示。在对话框中建立要使用数据的连接即可。

7）显示与隐藏数据类型

通过该操作可以隐藏一些暂时不用的数据，使得界面简洁、清晰。具体操作步骤如下：

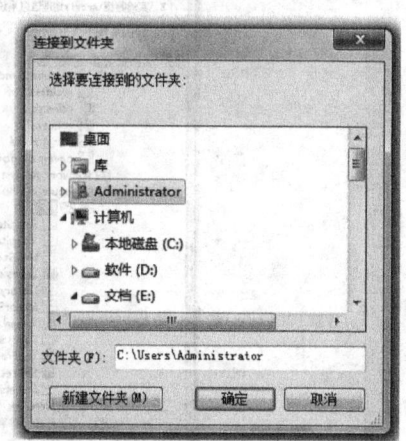

图 1-2-6 连接到文件夹对话框

（1）在 ArcCatalog 中，选择菜单栏中的"自定义"选项。

（2）在弹出的下拉菜单中选择"ArcCatalog 选项"命令，打开"ArcCatalog 选项"对话框。

（3）选择"常规"标签，进入"常规"选项卡。

（4）在"你打算目录里显示哪种数据类型"列表框中，可以取消想隐藏的数据类型的选择，或者选中想显示的数据类型，如图 1-2-7 所示。

（5）单击"确定"按钮，完成地理数据类型隐藏与显示的操作。

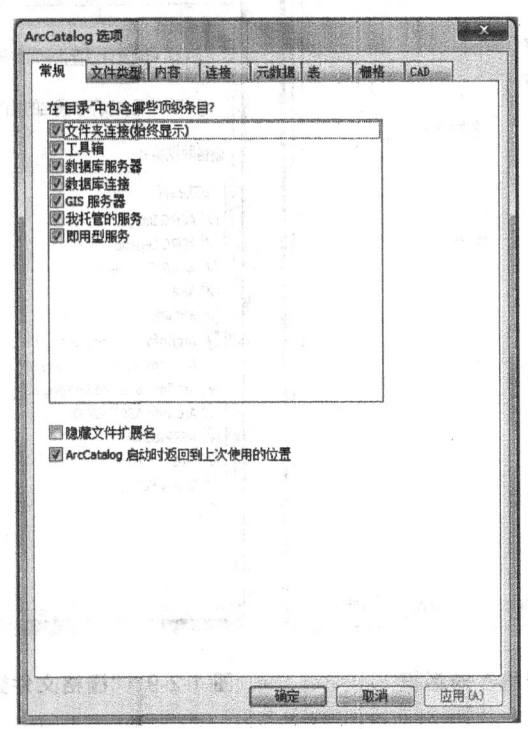

图 1-2-7 "选项"对话框

3. 使用栅格数据

矢量和栅格是地理信息系统中两种主要的空间数据结构。在 ArcCatalog 中可以查看和管理栅格数据。

1）栅格数据显示格式选择

ArcCatalog 中可以显示的栅格数据文件的格式很多，可以全部选择显示，也可以根据需要，屏蔽掉某种格式，使其不显示。栅格数据显示格式选择的方法如下：

（1）在 ArcCatalog 中，选择菜单栏中的"自定义"选项。

（2）在弹出的下拉菜单中选择"ArcCatalog 选项"命令，打开"ArcCatalog 选项"对话框。

（3）在其中选择"栅格"标签，进入"栅格"选项卡，如图 1-2-8 所示。

（4）在栅格选项中，单击"文件格式"按钮，弹出"栅格文件数据格式属性"对话框，如图 1-2-9 所示。

（5）如果仅想显示部分特定格式的栅格数据，可选中"仅搜索具有以下扩展名的文件以查找有效的栅格数据格式"单选按钮，并在下面的栅格数据格式中进行选择；如果想显示所有格式的栅格数据，需要选中"搜索所有文件以查找有效的栅格数据格式（该选项需要很长时间）"。

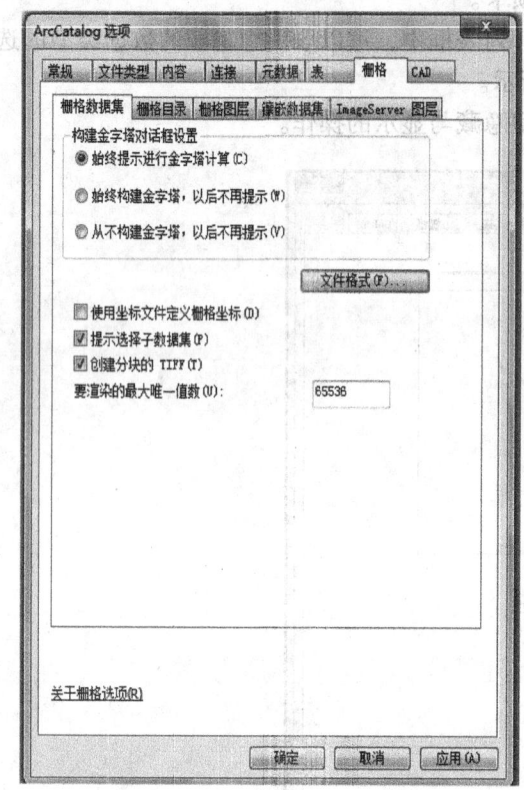 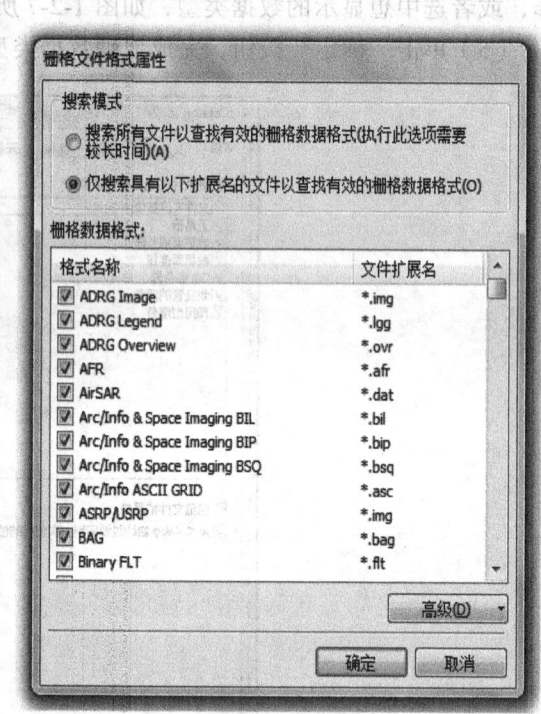

图 1-2-8 "栅格"对话框　　　　　图 1-2-9 "栅格文件数据格式属性"对话框

（6）如果没有发现所需要的格式，还可以单击"高级"按钮，在弹出的菜单中选择"添加新的栅格数据格式"选项，选择需要的 DLL 文件，单击"打开"按钮，即可装载。

（7）单击"确定"按钮，完成栅格数据格式的显示设置。

2）创建栅格金字塔

栅格数据的一个缺点就是数据量巨大，特别是卫星遥感影像，数据越详细，占用的磁盘空间就越大，通常一幅陆地卫星 TM 影像要达到几十甚至几百兆。这么大的数据量给显示带来了困难，因此需要通过创建栅格金字塔加快栅格数据的显示速度。

当在显示器上显示的是小比例尺数据（即整幅图像）时，系统会采用显示速度较低的低分辨率；当显示大比例尺图像（即将原图像放大）时，会使用较高的分辨率显示图像，但由于区域变小，显示速度可以保证。

在栅格数据集中，包含降低了不同分辨率的图层，它们在更低分辨率层次上对原始数据进行复制以便增进性能，最粗分辨率的图层用来快速显示整个数据集；放大显示时，更细分辨率的图层被显示。这样，显示速度可以得到控制，因为随后显示更小区域时只需要显示更少的像素。

一般地，当在 ArcGIS 中加载未创建金字塔的较大栅格数据时，系统会提醒是否创建金字塔。用户也可以在 ArcCatalog 中设置是否选择创建金字塔，以避免每次都被提示。具体操作步骤如下：

（1）在 ArcCatalog 中，选择菜单栏中的"自定义"选项。

（2）在弹出的下拉菜单中选择"ArcCatalog 选项"命令，打开"ArcCatalog 选项"对话框。

（3）在其中选择"栅格"标签，进入"栅格数据集"选项卡。

（4）选中"构建金字塔对话框设置"选项区域中"始终提示进行金字塔计算"单选按钮，如图 1-2-10 所示。如果想要始终构建金字塔，可选第二项；如果希望从不构建，则选最后一项。

单击"确定"按钮，完成栅格数据金字塔创建的设置。

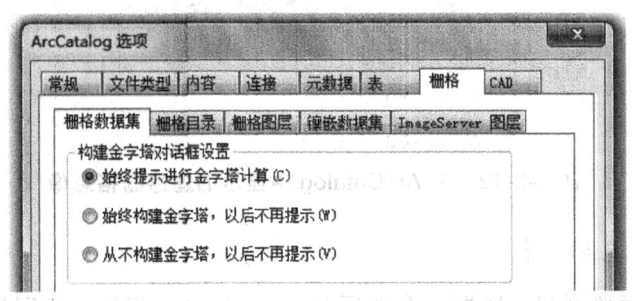

图 1-2-10 创建栅格金字塔

3）预览栅格数据

当预览单波段的时候，一般是黑白显示的。当预览多波段栅格数据时，其中 3 个波段将分别以红、绿、蓝三种颜色的显示值组合起来生成一个合成的彩色图像。这时，就可以根据需要调整选择这 3 个波段，具体操作步骤如下：

（1）在 ArcCatalog 中，选择菜单栏中的"自定义"选项。

（2）在弹出的下拉菜单中选择"ArcCatalog 选项"命令，打开"ArcCatalog 选项"对话框。

（3）在其中选择"栅格"标签，进入"栅格图层"选项卡。

（3）在其中的"默认 RGB 波段组合"选项区域下，可以更改设置，如图 1-2-11 所示。可以在其中分别选择用某个波段来提供红、绿、蓝的值。

（4）单击"确定"按钮，完成设置。

在 ArcCatalog 中显示的遥感栅格影像效果如图 1-2-12 所示（红 1 波段、绿 2 波段、蓝 3 波段）。

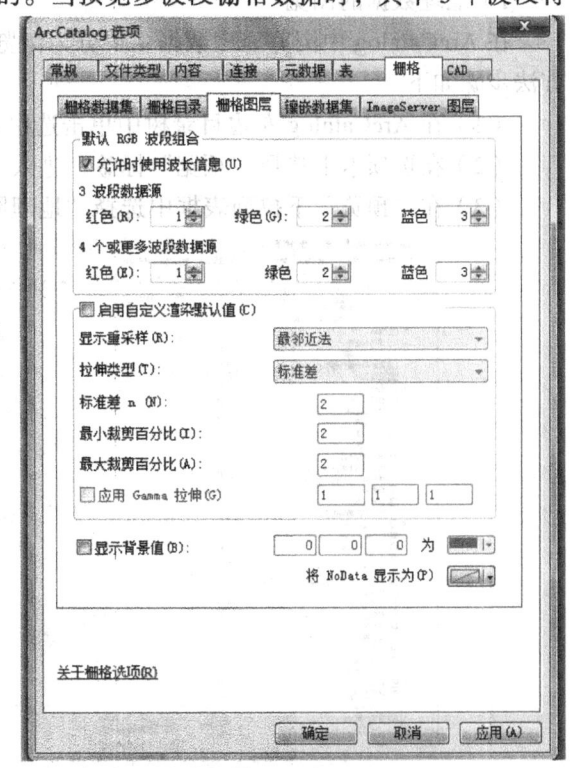

图 1-2-11 用波段来提供红、绿、蓝的值

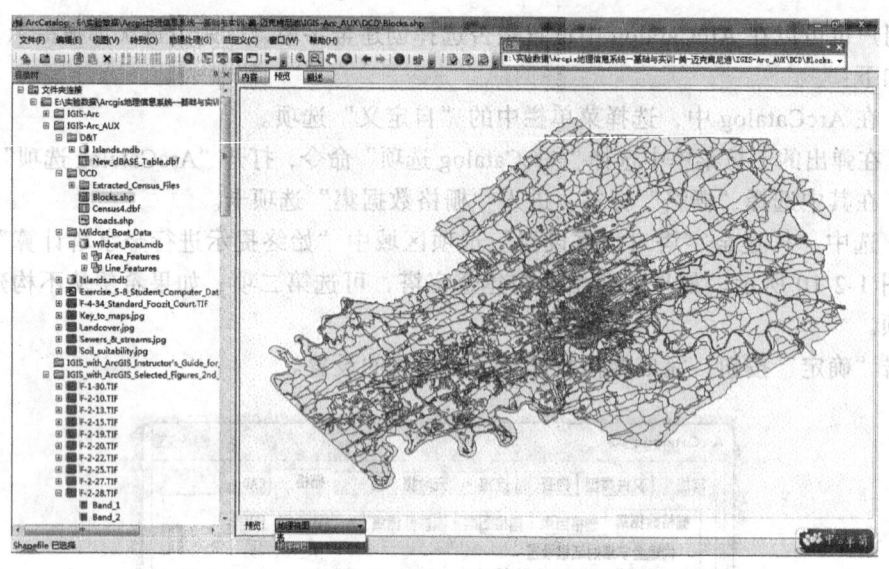

图 1-2-12　在 ArcCatalog 中显示的遥感栅格影像

4. 目录内容浏览与搜索

通过内容栏、预览栏和元数据 3 个选项卡，ArcCatalog 提供了不同的方式查看目录树中选中的数据。其中在内容选项卡中可以查看所选数据的内容列表；在预览选项卡中可以查看所选数据的地理数据表现；在元数据选项卡中可以查看所选数据的元数据文档信息。

1）地理数据的浏览

在 ArcCatalog 中浏览地理数据主要分为浏览图形数据和浏览表格数据。浏览图形数据的方法步骤如下：

（1）在 ArcCatalog 左边目录树中单击选中某一数据。

（2）在选项卡上选择"预览"标签，进入"预览"选项卡。

（3）在"预览"下拉列表框中选择"地理图形"选项，预览效果如图 1-2-13 所示。

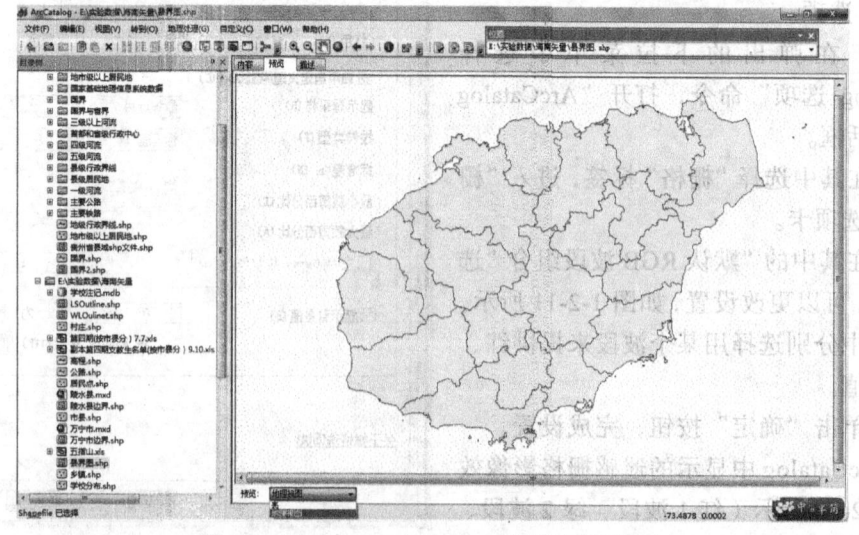

图 1-2-13　在 ArcCatalog 中浏览图形数据

浏览属性数据的方法步骤如下：
（1）在 ArcCatalog 左边目录树中单击选中某一数据。
（2）然后选择"预览"标签，进入"预览"选项卡。
（3）在"预览"下拉列表框中选择"表格"选项，预览效果如图 1-2-14 所示。

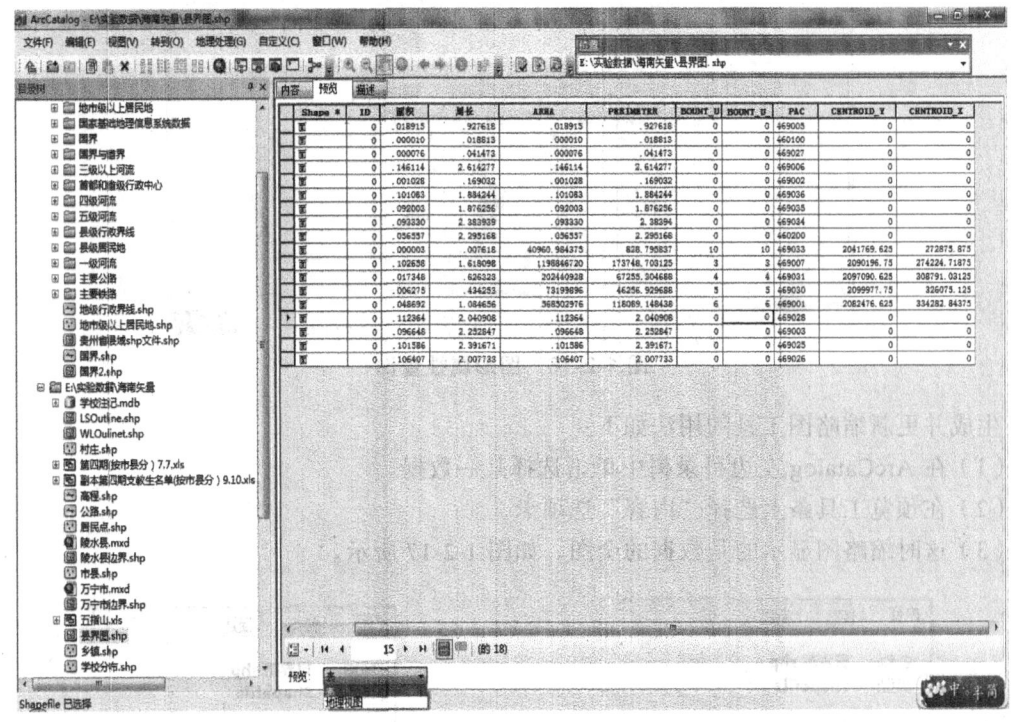

图 1-2-14　在 ArcCatalog 中浏览属性数据

2）地理数据的缩放及平移

在 ArcCatalog 中进行地理数据的缩放及平移需要借助地理视图工具条，如图 1-2-15 所示。在该工具条中，从左至右的工具功能依次为：放大 🔍、缩小 🔍、平移 ✋、全图 🌐、识别 ⓘ 及创建缩略图 。

图 1-2-15　地理视图工具条

这些工具简单易用。想要放大图像，只需要单击 🔍 按钮，在图形区单击一下，图像便会放大。如果想要放大到一定的范围，只需要单击 🔍 按钮后，在图形区按住左键不放拖动出一个矩形框，松开鼠标，图形便会自动放大，显示这个矩形框范围内的要素。

缩小功能和放大功能类似，此处不再赘述。使用漫游功能，也是单击 ✋ 按钮后，在图形区按住左键不放直接拖动图形。如果再单击一下全图按钮 🌐，图形便会自动缩放到全图的范围。

查询工具 ⓘ 用于从图形到属性的查询，使用它首先要单击该工具，然后单击需要查询的要素，这时会弹出一个对话框，对话框中就显示了该要素的属性信息，如图 1-2-16 所示。

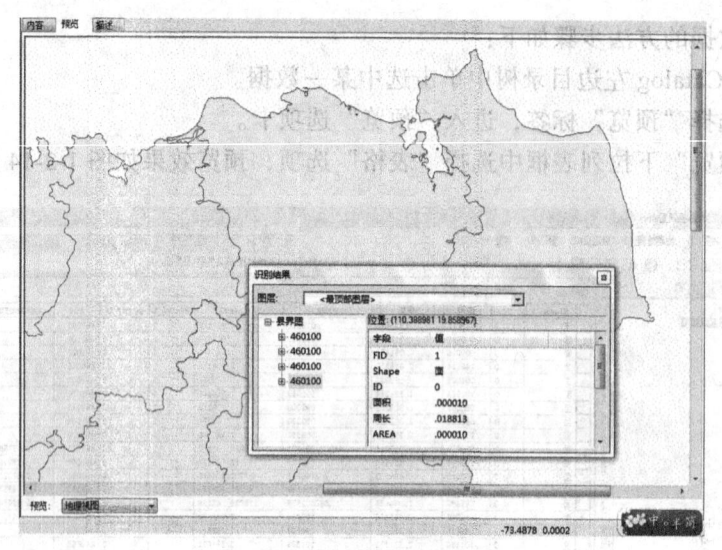

图 1-2-16　图形属性查询

生成并更新缩略图工具的用法如下：
（1）在 ArcCatalog 左边目录树中单击选择某一数据。
（2）在预览工具条上选择"内容"选项卡。
（3）这时缩略图显示的是数据的全图，如图 1-2-17 所示。

图 1-2-17　全图缩略图

图 1-2-18　局部缩略图

（4）如果想要在缩略图中显示的是某个局部的话，就需要在预览工具条上选择"预览"选项卡，单击地理视图工具条中的 🔍 工具，在地图上放大到需要的局部地区。
（5）单击地理视图工具条中的 🔳 标签。
（6）再次在预览工具条上选择"内容"选项卡。
（7）此时出现在缩略图上的则是更改后的缩略图，如图 1-2-18 所示。

5. 操作和浏览表格数据

表格数据是指以行列形式组织的二维表，如图 1-2-19 所示。操作和浏览表格数据还可以在另外一个软件平台 ArcMap 中实现，这将在以后的章节中阐述。下面对在 ArcCatalog 中进行表格数据的一些操作和浏览进行详细的讲解。

28

Shape *	ID	面积	周长	AREA	PERIMETER	BOUNT_U	BOUNT_U	PAC	CENTROID_Y	CENTROID_X
面	0	.018915	.927618	.018915	.927618	0	0	469005	0	0
面	0	.000010	.018813	.000010	.018813	0	0	460100	0	0
面	0	.000076	.041473	.000076	.041473	0	0	469027	0	0
面	0	.146114	2.614277	.146114	2.614277	0	0	469006	0	0
面	0	.001028	.169032	.001028	.169032	0	0	469002	0	0
面	0	.101083	1.884244	.101083	1.884244	0	0	469036	0	0
面	0	.092003	1.876256	.092003	1.876256	0	0	469035	0	0
面	0	.093330	2.383939	.093330	2.38394	0	0	469034	0	0
面	0	.056557	2.295168	.056557	2.295168	0	0	460200	0	0
面	0	.000003	.007618	40960.984375	828.795837	10	10	469033	2041769.625	272875.875
面	0	.102658	1.618098	1198846720	173748.703125	3	3	469007	2090196.75	274224.71875
面	0	.017348	.626323	202440928	67255.304688	4	4	469031	2097090.625	308791.03125
面	0	.006275	.434253	73199896	46256.929688	5	5	469030	2099977.75	326075.125
面	0	.048692	1.084656	568502976	118089.148438	6	6	469001	2082476.625	334282.84375
▶ 面	0	.112364	2.040908	.112364	2.040908	0	0	469028	0	0
面	0	.096648	2.252847	.096648	2.252847	0	0	469003	0	0
面	0	.101586	2.391671	.101586	2.391671	0	0	469025	0	0
面	0	.106407	2.007733	.106407	2.007733	0	0	469026	0	0

图 1-2-19 属性表

1）调整数据列的宽度

调整数据列的宽度操作和 Office 软件 Word 中相同。在数据表中，将鼠标放置在两个数据列的邻接处，鼠标的形状就会改变。这时按住鼠标不放，并拖动表格边缘至合适的位置释放，即完成数据列的宽度的调整。

2）调整数据列位置

将鼠标放置在需要调整的数据列表头，并单击选中此列。按住鼠标不放并拖动数据列，此时会有一条垂直的红线表示此列将要放置的位置。当移至合适的位置后释放鼠标，即完成数据列位置的调整。

3）冻结数据列

将鼠标放置在需要冻结的数据列表头，并单击选中此列。右击打开数据表操作快捷菜单，在弹出的快捷菜单中选择"冻结"→"解冻栏目"命令，即完成冻结数据列任务。再次选择这个命令后即可解冻数据列。

4）浏览数据表的内容

浏览数据表的内容可以借助表格下面的一排工具栏，如图 1-2-20 所示。可以直接在记录栏中输入值进行查看，也可以使用数据表底部的按钮数据表。其中，|◄ 表示移至数据表顶部；►| 表示移至数据表底部；◄ 表示移至上一记录；◄ 表示移至下一记录。

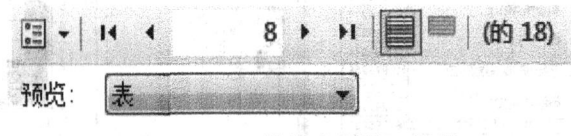

图 1-2-20 数据表浏览工具栏

例如，在当前记录文本框中输入数值"8"，并按下 Enter 键。当前记录图标则显示在数据表中的第 7 行。

5）属性表的字体和颜色设置

在 ArcCatalog 主菜单中，选择菜单栏中的"自定义"→"ArcCatalog 选项"。打开"ArcCatalog 选项"对话框，选择"表"标签，进入"表"选项卡，如图 1-2-21 所示。在其中设置合适的选项参数，可以修改属性表的字体和颜色等显示风格。单击"确定"按钮，关闭"选项"对话框并完成设置。

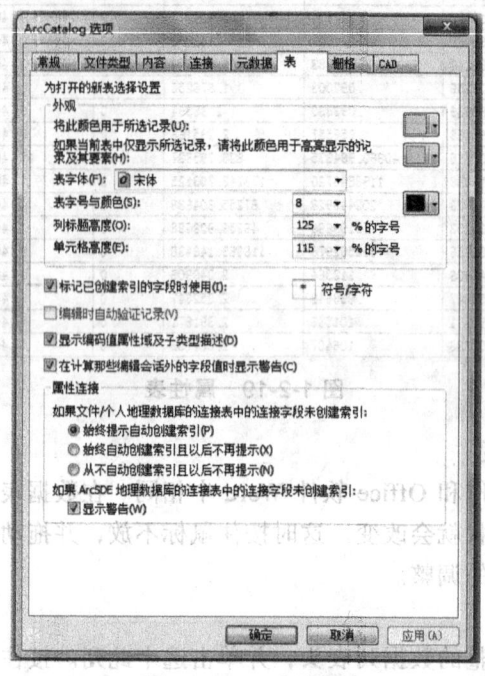

图 1-2-21　表选项

6）表格数据列快捷操作

对表格数据列有一些快捷操作，包括对类型为数值型的列的统计操作，如统计总和、最值、方差等，还可以对列进行排序、增加或删除列、冻结和解冻栏目等操作。

（1）统计。想要对表格进行统计操作，首先要将鼠标放置在需要统计的数据列表头，并单击选中此列。然后右击打开数据表操作快捷菜单，并选择"统计"选项，如图 1-2-22 所示。接着就会弹出统计信息对话框，如图 1-2-23 所示。

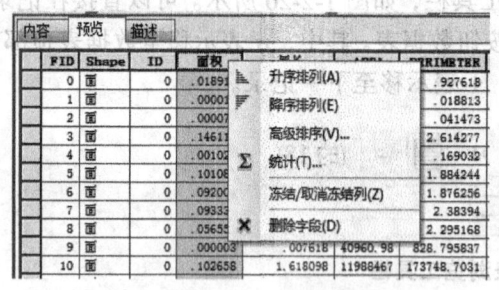

图 1-2-22　数据表操作快捷菜单

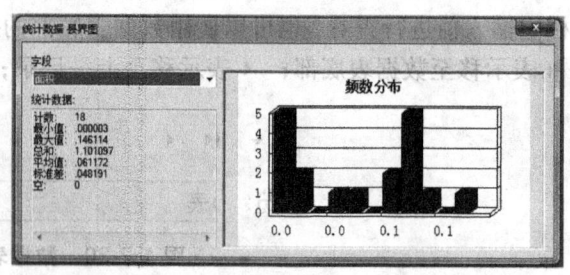

图 1-2-23　统计信息对话框

在统计信息对话框中可以看到，共有总数、最小值、最大值、总值、平均值、标准差等 6 个指标，右边则是它的分布直方图。

（2）排序。想要对表格进行排序操作，首先要将鼠标放置在需要统计的数据列表头，并单击选中此列。右击打开数据表操作快捷菜单，如图 1-2-24 所示。选择"升序排序"或"降序排序"选项后，此列数据将自动按照数值的大小进行升序或降序排序。

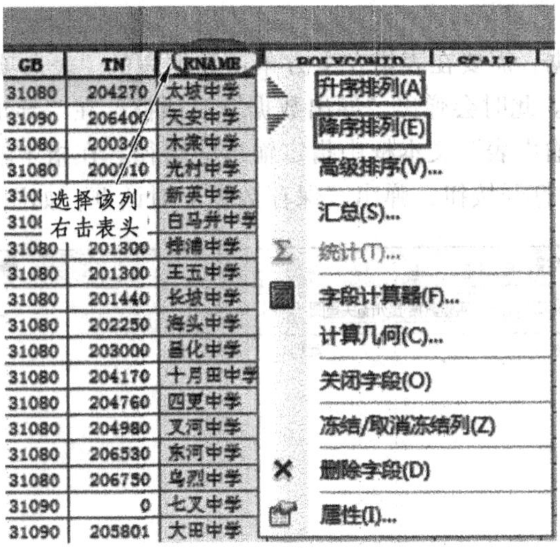

图 1-2-24 数据表操作快捷菜单

（3）增加数据列：想要对表格进行增加数据列操作，需要在表格左上方单击数据表的"表选项"按钮，再选择"添加字段"选项，如图 1-2-25 所示。此时将会弹出"添加字段"对话框，如图 1-2-26 所示。在"名称"文本框中输入字段名称；在"类型"文本框中输入字段类型，如"双精度"；在"精度"文本框中输入数字位数。单击"确认"按钮关闭对话框，完成数据列字段的添加。

图 1-2-25 增加数据列操作

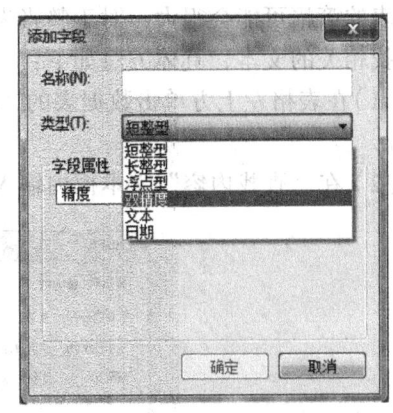

图 1-2-26 添加字段操作

（4）删除数据列：想要对表格进行删除数据列操作，首先单击选中要删除的列标题，然后右击所选列标题，在弹出的快捷菜单中选择"删除字段"选项。此时会弹出一个确认删除字段的警告信息,单击"确定"按钮,确认删除列。

7)导出数据

想要导出属性表数据,需要在表格左上方单击数据表的"表选项"按钮,再选择"导出"选项,如图1-2-25所示。此时会弹出"导出数据"对话框,在"导出"下拉列表框中选择要输出的记录,然后在"输出表"文本框中指定输出的路径。在指定输出路径的时候,可单击"输出表"文本框后面的打开按钮,弹出"保存数据"对话框,如图1-2-27所示。

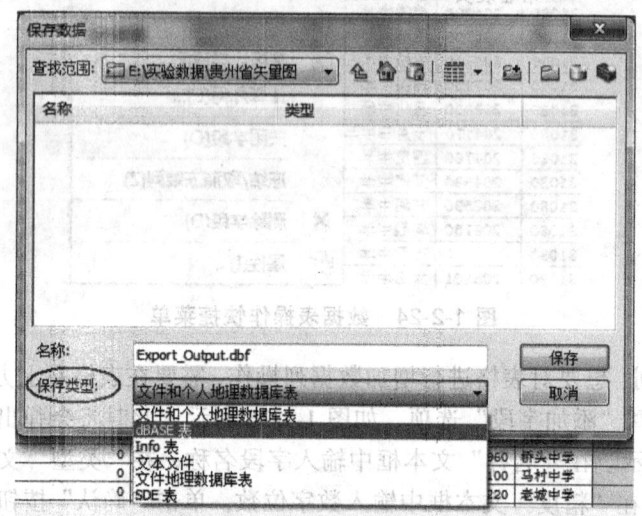

图 1-2-27 "保存数据"对话框

在对话框中的"保存为类型"下拉列表框中选择导出数据要保存的文件格式。例如,可以选择个人地理数据表(Geodatabase 表)、dBASE 表、Info 表等。在"名称"文本框中输入新数据的名称,单击"保存"按钮返回导出数据对话框。最后单击"确定"按钮,完成数据的导出。

8)查找文本

表的篇幅可能会很大,对于整张表如果只想知道某个相关文本信息,就可能借助查找工具查找相关的文本,具体方法如下:

(1)在表格左上方单击数据表的"表选项"按钮,再选择"查找和替换"选项,见图1-2-25所示。

(2)在"查找内容"文本框内输入要搜索选项,如"中学",如图1-2-28所示。

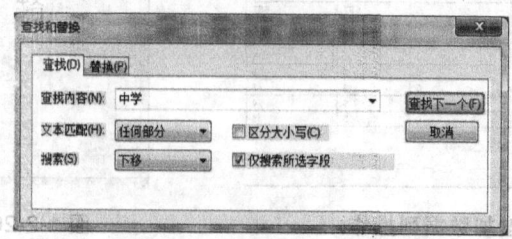

图 1-2-28 "查找和替换"对话框

(3)单击"查找下一个"按钮,包含查找文本的第一个记录被找到并被选中。

2.2 空间数据 Shapefile 文件的创建

Shapefile 格式文件是美国环境系统研究所（ESRI）于 1992 年推出的矢量数据格式。它是工业标准的矢量数据文件，也是 ArcGIS 中最基本常用的数据格式。本章将主要介绍 Shapefile 文件的创建，以及如何添加和修改 Shapefile 属性项。学会创建 Shapefile 是使用 ArcGIS 其他功能和数字化、绘画、制图、空间分析、格式转换等的前提条件。

2.2.1 Shapefile 文件的组成

Shapefile 将空间特征表中的非拓扑几何对象和属性信息储存在数据集中，特征表中的几何对象存为坐标点集表示的图形文件 shp 文件，Shapefile 文件并不含拓扑（Topological）数据结构。

一个完整的 ESRI 的 Shape 文件至少包括 3 个文件：一个主文件（*.shp）、一个索引文件（*.shx）和一个 dBase（*.dbf）表。有时候还会出现特征空间索引文件（*.sbn 和.sbx）、储存地理要素主体属性表或其他表格活动字段的属性索引信息的关联文件（*.ain 和*.aih），以及储存投影信息的文件（*.prj）。一个名称为"贵州省县域 shp 文件"的 Shapefile 格式文件，其组成文件示例如图 1-2-29 所示。

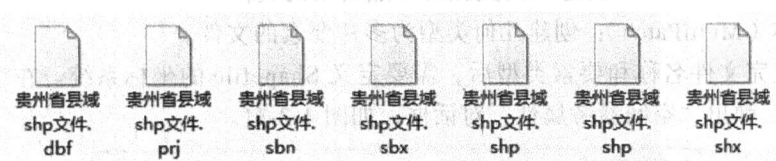

图 1-2-29 一个 Shapefile 文件常见组成格式文件

2.2.2 创建 Shapfile 文件

使用 ArcCatalog 可以创建新的 Shapefile 文件，新创建的 Shapefile 文件包括空间信息和属性信息。在 ArcCatalog 中，可以通过 Shapefile 属性（Properties）改变它的名称、字段和索引等，但是想要修改其要素数据或是属性信息，必须使用 ArcMap。

创建一个新的 Shapefile 文件的具体过程如下：

1. 创建 Shapfile 文件

（1）在 ArcCatalog 目录树中，右键单击需要创建 Shapefile 的文件夹，在弹出的快捷菜单中选择"新建"→"Shapefile"命令，弹出"创建新 Shapefile 文件"对话框，如图 1-2-30 所示。

（2）在对话框中设置文件名称和要素类型。创建一个新的 Shapefile 时，首先必须定义它的要素类型，并且在 Shapefile 创建之后，这个类型不能被修改。

（3）设置要素类型可以单击"要素类型"栏后面的下拉按钮，在弹出的下拉菜单选项中，可选择 Point、Polyline、Polygon、MultiPoint、MultiPatch 等要素类型。一个 Shapefile 可以选择的要素类型主要有 5 种：

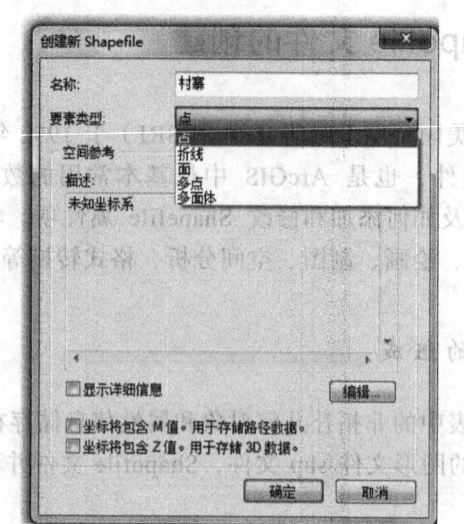

图 1-2-30 "创建新 Shapefile 文件"对话框

- 点（Point）：创建几何类型为点要素的文件。
- 折线（Polyline）：创建几何类型为线要素的文件。
- 面（Polygon）：创建几何类型为面要素的文件。
- 多点（MultiPoint）：创建几何类型为多点要素的文件。
- 多面体（MultiPatch）：创建几何类型为多片要素的文件。

（4）设置完文件名称和要素类型后，需要定义 Shapefile 的坐标系统。在对话框中单击"编辑"按钮，弹出"空间参考属性"对话框，如图 1-2-31。

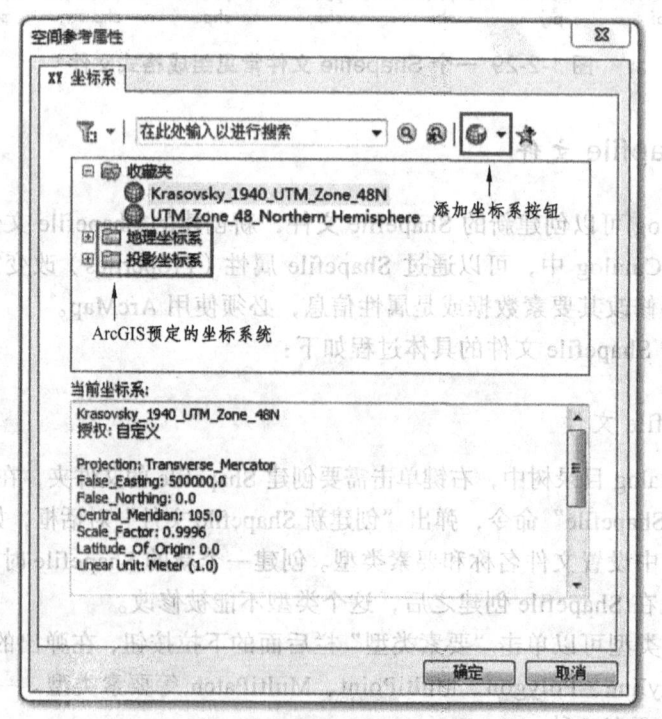

图 1-2-31 "空间参考属性"对话框

34

(5)在空间参考属性对话框中,可以选择一种预定的坐标系统。其坐标系统分两种:
- 地理坐标(Geographic Coordinate System);
- 投影坐标(Projected Coordinate System)。

这两种坐标系统的选择对话框分别如图 1-2-32 和 1-2-33 所示。

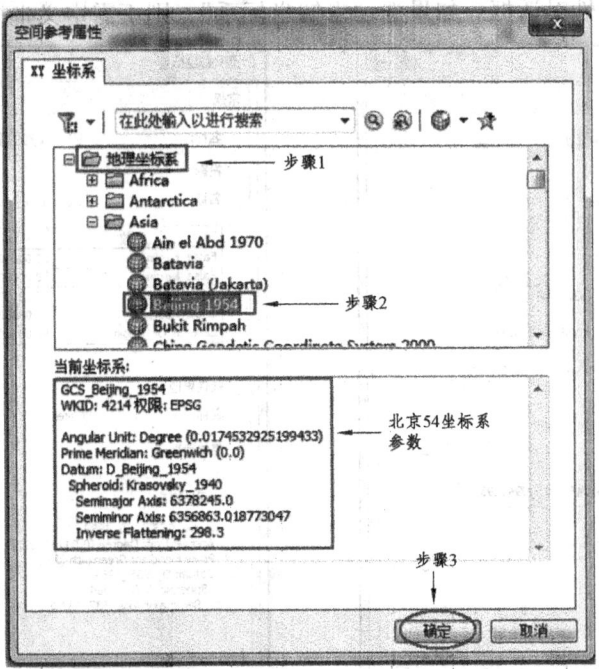

图 1-2-32　地理坐标对话框

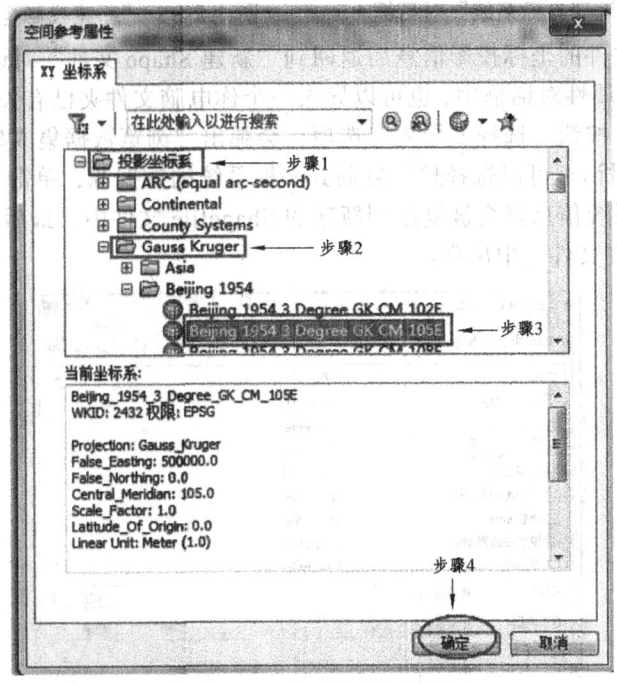

图 1-2-33　投影坐标对话框

（6）在空间参考属性对话框中，也可以定义一个新的、自定义的坐标系统。单击"添加坐标系"按钮，指向"新建"按钮，在弹出的下拉菜单中分别选择"地理坐标系""投影坐标系"选项，将会弹出"新建地理坐标系统"对话框、"新建投影坐标系统"对话框，分别如图1-2-34 和 1-2-35 所示。在对话框中可以设置自定义的坐标系统，完成后，单击"确定"按钮即可返回空间参考属性对话框。如果选"未知坐标系"，则不需定义坐标系。

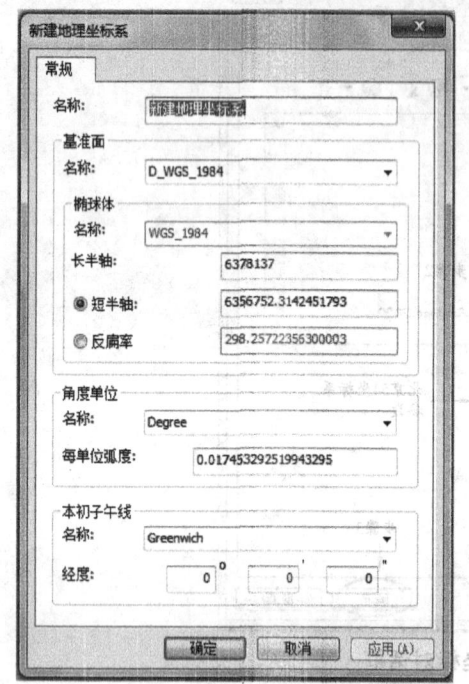 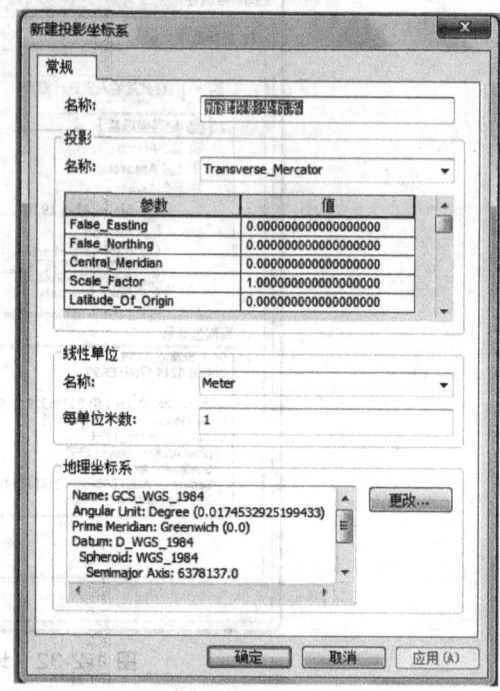

图 1-2-34 "新建地理坐标系统"对话框　　图 1-2-35 "新建投影坐标系统"对话框

在设置好新建文件的坐标投影信息后返回到"新建 Shape 文件"对话框。

（7）在空间参考属性对话框中，也可以导入一个你电脑文件夹已有矢量数据的坐标系统。单击"添加坐标系"按钮，选择"导入"选项，会弹出"浏览数据集或坐标系"对话框，如图 1-2-36 所示。在对话框可以选择想要复制其坐标系统的数据源，单击"添加"按钮后，所选择的数据集坐标系统信息将会被复制到新建的 Shapefile 文件中。最后单击"确定"按钮，新建的 Shapefile 将在文件夹中出现。

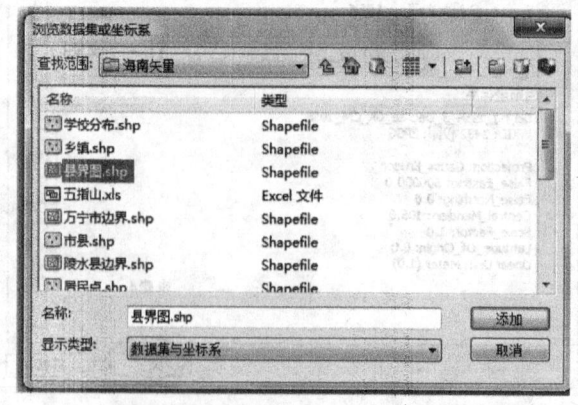

图 1-2-36 "浏览数据集或坐标系"对话框

至此 Shapefile 文件创建文毕。创建好了 Shapefile 后，就可以打开 ArcMap 的编辑工具对其进行图形和属性的编辑了。

2.2.3 Shapefile 文件属性维护与修改

1. 属性表的基础知识

地理数据库中的属性是基于一系列简单且必要的关系数据概念并在表中进行管理。表包含行，表中所有行具有相同的列，每个列都有一个数据类型，例如，整型、十进制数字型、字符型和日期型等。ArcGIS 可以使用一系列关系函数和运算符（例如 SQL）在表及其数据元素上进行运算。

表和关系在 ArcGIS 中的作用与在传统数据库应用程序中的作用同样重要。可以用表中的行存储所有地理对象的属性，这包括在"形状"列中保存和管理几何要素。图 1-2-37 中的两个表说明如何使用公用字段将其中的记录相互关联。

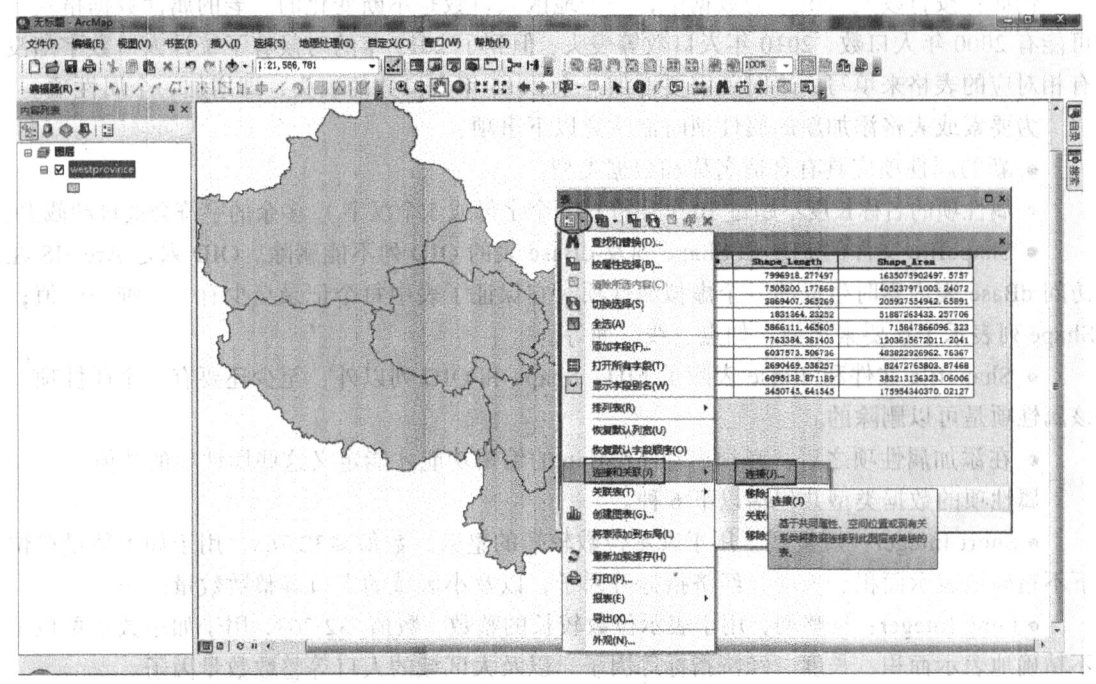

图 1-2-37 属性表的关联

2. 地理数据库中属性的数据类型

地理数据库中支持用多种列类型保存和管理属性。可用的列类型包括多种数字、文本、日期、二进制大对象（BLOB）和全局唯一标识符（GUID）类型等。

地理数据库中支持的属性列类型包括如下几类：
- 数字：可以是四种数字数据类型之一：短整型、长整型、单精度浮点数（通常称为浮点型）和双精度浮点数（通常称为双精度型）。
- 文本：任何一组一定长度的字母数字字符。
- 日期：保存日期和时间数据。

● BLOB：二进制大对象用于保存和管理二进制信息，例如符号和 CAD 几何图形。
● 全局标识符：GlobalID 和 GUID 数据类型存储注册表样式的字符串，该字符串包含用大括号括起来的 36 个字符。这些字符串用于唯一识别单个地理数据库和跨多个地理数据库中的要素或表行。这些字符串经常用于管理关系，尤其是数据、版本化管理，仅在更新和复制时更改。

3. 添加属性项

GIS 数据集中存储的不仅仅是数据的空间特征，还包括数据各种属性信息。其中在 Shapefile 属性表文件中可以通过添加属性项的方法，增加数据的各种属性信息的载体。所谓的属性项可以简单地理解为数据库中二维表的表头。

文件中记载的数据如果属性发生改变，又或者原有的属性信息不足以表达被描述的地物时，就需要给文件添加属性项。

例如：按行政人口统计的数据中，一个地区人口数是不断变化的。老的属性数据格式中可能有 2000 年人口数、2010 年人口数等表头，但到了 2015 年的时候有了统计人口数字却没有相对应的表格来填写，这时就需要增加一个 2015 年人口数的表头，即增加一个属性项。

为要素或表格添加新的属性项时需注意以下事项：
● 新的属性项应具有合适名称和数据类型。
● 属性项的名称长度不超过 10 个字符（10 个字母或 5 个汉字），多余的字符会被自动截去。
● Shapefile 文件的 FID 和 Shape 列及 dBase 表的 OID 列不能删除。OID 列是 ArcGIS 在访问 dBase 表内容时生成的一个虚拟属性项，它保证了表中每个记录至少有一个唯一的值；Shape 列表示了该要素类型，如点、线、面等。
● Shapefile 文件和 dBase 表除了 FID、Shape 和 OID 列以外，至少还要有一个属性项，该属性项是可以删除的。
● 在添加属性项之后，必须启动 ArcMap 的编辑功能才能定义这些属性项的数值。

属性项的数据类型共包括以下 6 种。
● Short Integer：短整型，用于表示位数较短的整数，数值≤32 768，用于如大数量单位下不精确地表示面积、长度、经济指标等因子，以及小区域的人口等整数数量因子。
● Long Integer：长整型，用于表示位数较长的整数，数值>32 768，用于如小数量单位下不精确地表示面积、长度、经济指标等因子，以及大区域的人口等整数数量因子。
● Float：单精度型，用于表示小数点后位数较短的小数，如精确地表示面积、长度等因子。
● Double：双精度型，用于表示小数点后位数较长的小数，如十分精确地表示面积、长度等因子。
● Text：字符型，用于表示汉字、英文字母等字符，如名称等属性数据。
● Data：日期型，用于表示日期型属性数据。

在 ArcCatalog 中，为 dBase 表添加新的属性项的方法和上述方法一致。

4. 删除属性项

当数据的属性项出错、重复多余或者没有实质作用的时候就需要将其删除。例如，在 GIS 多图层数据叠置分析操作后，新生成的图形要素可能同时具有以前各个图层的属性项，难免产生多余的或者错误的属性项，这时就需要删除属性项。

2.3 Geodatabase 数据库创建

Geodatabase 是在新的一体化数据存储技术基础上发展起来的新数据模型。在实现 Geodatabase 数据模型之前，所有空间数据模型（包括 Shape 和 Coverage）都无法完成数据的统一管理。也就是说，它可以在一个公共模型框架下，对 GIS 通常所处理和表达的地理空间特征如矢量、栅格、TIN、网络、地址等进行统一描述。同时，Geodatabase 是面向对象的地理数据模型，其地理空间特征的表达较之以往的模型更接近我们对现实事物对象的认识和表达。

2.3.1 Geodatabase 空间数据库概述

ArcGIS 的地理数据库（Geodatabase）是为了更好地管理和使用地理要素数据，按照一定的模型和规则组合起来的地理要素数据库（Feature Datasets）。Geodatabase 是按照层次型的数据对象来组织地理数据的，这些数据对象包括对象类（Objects）、要素类（Feature Class）和要素数据集。Geodatabase 对地理要素类和要素类之间的相互关系、地理要素类几何网络、要素属性表对象等进行有效管理，并支持对要素数据集、关系及几何网络进行建立、删除、修改更新操作。

1. Geodatabase 数据模型的结构

Geodatabase 包括了对象类、要素类、要素数据集、关系类等不同的结构，主要包括以下内容：

1）对象类（Object Class）

在 Geodatabase 中，对象类是一种特殊的类，它没有空间特征，其实例为可关联某种特定行为的表记录（Row in Table）。例如某块地主人。在"地块"和"主人"之间，可以定义某种关系。

2）要素类（Feature Class）

同类空间要素的集合即为要素类。例如河流、道路、植被、用地、电缆等。要素类之间可以独立存在，也可具体为某种关系。当不同的要素类之间存在关系时，将其组织到一个要素数据集（Feature Dataset）中。

3）要素数据集（Feature Dataset）

要素数据集由一组具有相同空间参考（Spatial Reference）的要素类组成。将不同的要素类放到一个要素数据集下的理由可能很多，但一般而言，在以下 3 种情况下，可考虑将不同的要素类组织到一个要素数据集中：

• 专题归类表示：当不同的要素类属于同一范畴时。例如全国范围内某种比例尺的水系数据，其点、线、面类型的要素类可组织为同一个要素数据集。

• 创建几何网络：在同一个几何网络中充当连接点和边的各种要素类，需组织到同一要素数据集中。例如配电网络中，有各种开关、变压器、电缆等，它们分别对应点或线类型的要素类，在配电网络建模时，要将其全部考虑到配电网络对应的几何网络模型中去。此时，这些要素类就必须放在同一要素数据集下。

● 考虑平面拓扑（Planar Topologies）：共享公共几何特征的要素类，例如用地、水系、行政区界等。当移动其中一个要素时，其公共的部分也要求一起移动，并保持这种公共边关系不变。此种情况下，需将这些要素类放到同一个要素数据集下。

4）关系类（Relationship Class）

定义两个不同的要素类或对象类之间的关联关系。例如可以定义房主和房子之间的关系，房子和地块之间的关系等。

5）几何网络（Geometric Network）

几何网络是在若干要素类的基础上建立的一种新的类。定义几何网络时，需指定哪些要素类加入其中，同时指定其在几何网络中扮演什么角色。例如定义一个供水网络，指定同属一个要素数据集的阀门、泵站、接头对应的要素类加入其中，并扮演"连接（junction）"的角色；同时，指定同属一个要素数据集的供水干管、供水支管和入户管等对应的要素类加入供水网络，由其扮演"边（edge）"的角色。

6）域（Domains）

定义属性的有效取值范围。可以是连续的变化区间，也可以是离散的取值集合。

7）验证规则（Validation Rules）

对要素类的行为和取值加以约束的规则。例如规定不同管径的水管要连接，必须通过一个合适的转接头。

8）栅格数据集（Raster Datasets）

用于存放栅格数据。可以支持海量栅格数据，支持影像镶嵌，可通过建立"金字塔"索引，并在使用时指定可视范围提高检索和显示效率。

9）TIN 数据集（TIN Datasets）

TIN 是 ARC/INFO 非常经典的数据模型，用不规则分布的采样点的采样值（通常是高程值，也可以是其他类型的值）构成的不规则三角结合。用于表达地表形状或其他类型的空间连续分布特征。在 ArcGIS8.1 版中，TIN 存放在 Coverage 的 workspace 中。

10）定位器（Locators）

定位器（Locator）是定位参考和定位方法的组合，对不同的定位参考，用不同的定位方法进行定位操作。所谓定位参考，不同的定位信息有不同的表达方法，在 GeoDatabase 中，有 4 种定位信息，分别是地址编码、<X,Y>、地名及编码、路径定位。定位参考数据放在数据库表中，定位器根据该定位参考数据在地图上生成空间定位点。

2. Geodatabase 数据模型的功能与特点

Geodatabase 是一种采用标准关系数据库技术表现地理信息的数据模型。Geodatabase 支持在标准的数据库管理系统（DBMS）表中存储和管理地理信息；支持多种 DBMS 结构和多用户访问，大小可伸缩。从基于 Microsoft JetEngine 的小型单用户数据库，到工作组、部门和企业级的用户数据库，Geodatabase 都支持。目前有两种 Geodatabase 结构，即个人 Geodatabase 和多用户 Geodatabase（Multi-user Geodatabase）。

个人 Geodatabase 将 GIS 数据存储在小型数据库中，更像基于文件的工作空间，数据库存储量最大为 2 GB。个人 Geodatabase 使用微软的 Access 数据库存储属性表；多用户 Geodatabase 通过 ArcSDE 支持多种数据库平台，包括 IBM、DB2、Informix、Oracle 和 SQL Server。多用户 Geodatabase 适用范围很广，主要用于工作组、部门和企业。

Geodatabase 提供处理丰富的数据类型、应用复杂的规则和关系、存取大量的存储在文件和数据库中的地理数据几项功能。与其他数据模型比较，Geodatabase 数据模型有以下优点：

- 在同一数据库中统一管理各种类型的空间数据。
- 空间数据的录入和编辑更加准确，这得益于空间要素的合法性规则检查。
- 空间数据更面向实际的应用领域，不再是无意义的点、线、面，而代之以电杆、光缆和用地等。
- 可以表达空间数据之间的相互关系。
- 可以更好地制图。对不同的空间要素，可定义不同的"绘制"方法，而不受限于 ArcInfo 等客户端应用已经给出的工具。
- 空间数据的表示更为精确。除了可用折线方式以外，还可用圆弧、椭圆弧和 Bezier 曲线描述空间数据的空间几何特征。
- 可管理连续的空间数据，无需分幅、分块。
- 支持空间数据的版本管理和多用户并发操作。

2.3.2 创建一个新的 Geodatabase

建立一个 Geodatabase 空间数据库，首先要设计这个数据库将包含哪些地理要素类、地理要素集、对象表、几何网络、关系类等。设计完成后，就可以利用 ArcCatalog 开始创建。

1. 建立一个空的地理数据库

建立一个空的地理数据库的具体方法如下：

（1）在 ArcCatalog 目录中，在需要建立新地理数据库的文件夹上右击，在弹出的快捷菜单中选择"新建"→"个人 Geodatabase"命令。

（2）在 ArcCatalog 目录窗口，将出现名为"新建个人地理数据库.mdb"的一个文件，修改名称后按下 Enter 键，一个空的地理数据库就建成了。

在建立一个空的地理数据库后，右击该数据库，单击"新建"，就可以在这个数据库内建立其基本组成项。数据库的基本组成项包括要素集（Feature Class）、要素类（Feature Dataset）、属性类（Table）、关系类（Relationship Class）以及工具箱（Toolbox）、栅格目录（Raster Catalog）、测量数据集（Survey Dataset）、栅格数据集（Raster Dataset）等。

2. 创建要素数据集

要素数据集是存储要素类的集合。建立一个新的要素数据集，必须定义其空间参考，包括坐标系统（地理坐标、投影坐标）和坐标域（X、Y、Z、M 范围及精度）。数据集中所有的要素类必须使用相同的空间参考，且要素坐标要求在坐标域内。

定义了要素数据集空间参考之后，在该数据集中新建要素类时不需要再定义其空间参考，新建要素类将使用数据集的空间参考。

如果在数据集之外即在数据库的根目录处新建要素类时，则必须单独定义空间参考。如果将数据集之外的要素类添加到数据集之内时，该要素类的空间参考与数据集不同，则要素类的空间参考自动转换为数据集的空间参考。新建一个要素数据集的方法如下：

（1）在 ArcCatalog 目录树中，在需要建立新要素数据集的地理数据库上右击，在弹出的快捷菜单中选择"新建"→"要素集"命令。

（2）在弹出的"新建要素集"对话框中的名称窗口输入要素数据集名称。

（3）单击"编辑"按钮，在"空间参考属性"对话框中设置要素数据集的空间参考，选择相应的坐标。

注意：初学者一般不要求自定义投影，最好使用已存在的投影类型。我国的大地坐标系统和高程系统分别使用 1980 西安坐标系和 1985 黄海高程基准；1∶100 万地形图使用兰伯特投影；1∶5 000 至 1∶50 万地形图使用高斯克吕格投影；南海诸岛作插图的政区图使用双标准纬线正轴圆锥投影；包括南海诸岛的政区图使用斜轴方位投影；遥感影像和 GPS 观测数据一般使用 WGS84 坐标图。

（4）选择"X/Y 域"标签，进入"X/Y 域"选项卡，在数值文本框中输入数据集的范围和所需精度。

（5）选择"Z 域"标签，进入"Z 域"选项卡。如果要素数据集中的要素类有 Z 值，则输入数据集的范围和所需精度。选择"M 域"标签，进入"M 域"选项卡。如果要素数据集中的要素类有 M 值，输入数据集的范围和所需精度。

（6）单击"确定"按钮，完成坐标投影的设置，并回到"新建要素集"对话框。

（7）单击"确定"按钮即可完成要素数据集的定义。

3. 创建要素类

同类空间要素的集合即为要素类，如河流、道路、植被、用地、电缆等。要素类之间可以独立存在，也可具有某种关系。当不同的要素类之间存在关系时，我们将其组织到一个要素数据集中。建立了要素集后，就可以在其中建立各种要素类。

建立一个要素类可以在要素数据集中建立，也可以独立建立，但在建立的时候必须要定义其投影坐标。在要素数据集中建立一个要素类，可以选择创建一个存储简单要素（点、线、面）组成的要素类，也可以选择要素类将保存注记要素、网络要素、维要素等定制对象。

4. 创建表

使用表设计器可以很便捷地在 ArcCatalog 中创建表。在 Geodatabase 中，表可以存储非空间对象、空间对象和关系。存储非空间对象的表称为对象类，它有一个表示子类的特殊字段；存储空间对象的表称为特征类；存储关系的表称为关系表。在 ArcCatalog 中建立表的方法如下：

（1）在 ArcCatalog 目录树中，在需要建立关系表的数据库或要素数据集上右击，在弹出的快捷菜单中选择"新建"→"表"命令。

（2）在弹出的"新建表"对话框中输入名称和别名。

（3）单击"下一步"按钮，在"新建表"对话框，单击"字段名"列下面的第一个空白行，添加新字段，输入新字段名。单击"数据类型"下面的空白行，出现下拉列表框，在其中选取字段类型；也可以单击"导入"按钮，选择参考字段图层（选择后该要素类包含的字段与参考图层相同），如图 1-2-38 所示。

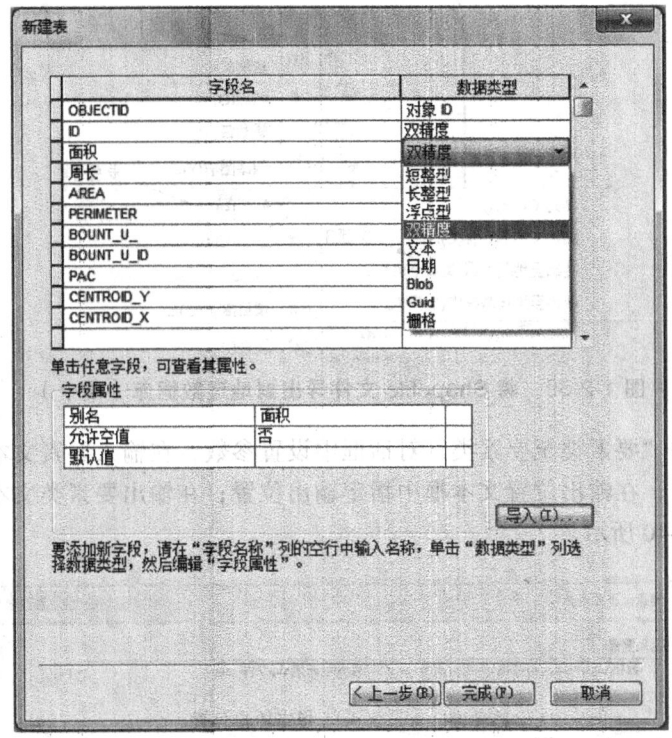

图 1-2-38　新建表对话框

（4）单击"完成"按钮，即完成表的创建。

2.3.3　向 Geodatabase 导入数据

ArcCatalog 被称为地理数据库的资源管理器，利用它可以像在 Windows 中管理文件夹和文件那样管理地理数据，例如新建、复制、移动、删除及重命名 Table、Shapefile、Coverage 和 Geodatabase，以及将 CAD、Table、Shapefile、Coverage 中的数据及栅格影像等加载到 Geodatabase 中。地理数据库中支持 Shapefile、Coverage、INFO 表和 dBase 表，如果已有数据不是上述几种格式，可以用 ArcToolbox 中的工具进行数据格式的转换，然后加载到地理数据库中。

将 Shapefile、Coverage、INFO 表和 dBase 表等格式的数据导入到 Geodatabase 中，导入后的数据形成一个新的要素类。这个要素类可以独立存在，也可以在某个已有的要素集中，或形成一个新的要素集而独立存在其中。如果这些要素本身具有投影坐标，导入的新要素将沿用这些信息，否则需要进行定义，或者自动转换为新环境下的投影坐标信息。

下面以 Shapefile 文件的导入为例：

（1）在 ArcCatalog 中，右击需要导入到 Geodatabase 中的数据，在弹出的快捷菜单中选择"导出"选项。

（2）在"导出"选项下，如果是单个要素导出，则可以选择"转出至地理数据库（单个）

(D)"选项。如果是多个要素导出，则可以选择"转出至地理数据库（批量）(G)"选项，如图 1-2-39 所示。

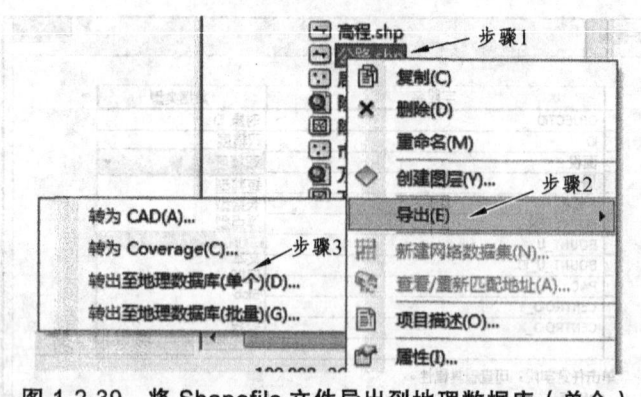

图 1-2-39　将 Shapefile 文件导出到地理数据库（单个）

（3）在弹出的"要素类至要素类"对话框中设置参数，在输入要素文本框中输入要转入的数据所在的位置；在输出位置文本框中指定输出位置；在输出要素类文本框中指定输出文件名称，如图 1-2-40 所示。

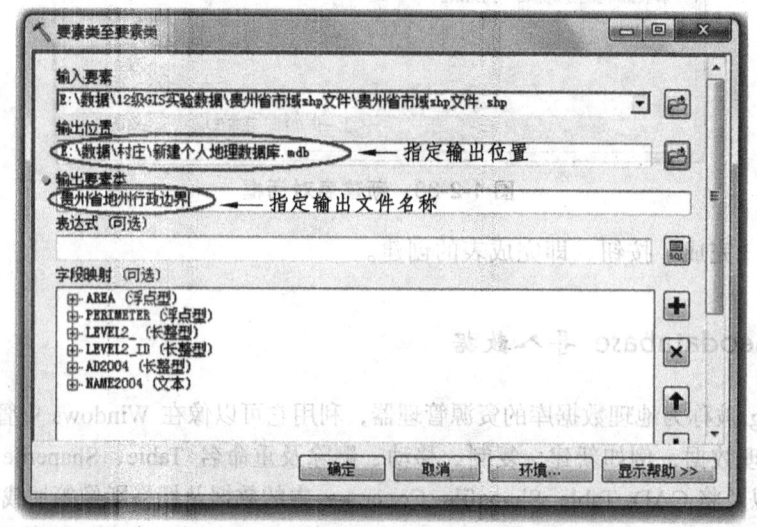

图 1-2-40　"要素类至要素类"对话框

（4）单击"Expression"右边的 SQL 按钮，就可以通过 SQL 语句选择适合的表格记录以形成新的要素类，如"面积大于 10 000 平方千米的市"这样类似的条件。

（5）单击"OK"按钮，弹出处理对话框，处理完毕后，单击"关闭"按钮完成数据导入，或者选择"当成功完成时关闭这个对话框"复选框，处理完毕后将自动关闭这个对话框。

将 Coverage 和其他数据导入 Geodatabase 可以参照 Shapefile 导入 Geodatabase 的步骤，这里不再赘述。

第3章 空间数据处理与可视化

GIS 空间数据处理与可视化，实质就是如何将存储在 GIS 数据库中的空间数据以可为人们视觉所感知的方式表现出来。由于计算机中存储的数据往往不能直接满足可视化的需求，因此可视化实际包含了空间数据的处理、符号化和地图的输出。通过 ArcGIS，用户可以创建并编辑若干种数据。用户可以编辑存储在 Shapefile 和地理数据库中的要素数据，也可以编辑各种表格形式的数据。这包括点、线、面、文本（注记和尺寸）、多面体（multipatch）和多点。用户还可以通过拓扑和几何网络来编辑共享边和重叠几何。

3.1 空间可视化工具 ArcMap

3.1.1 ArcMap 简介

ArcMap 是 ArcGIS Desktop 产品中的一个主要应用程序，具有制图、地图分析和编辑等功能。作为 ArcGIS 系列软件最重要的桌面操作系统与可视化工具，ArcMap 可任意用来浏览、编辑地图，以及进行基于地图的分析。ArcMap 默认的界面和 ArcCatalog 界面相似，ArcMap 的界面也可以自己定制以符合某一特定使用目的和操作者的使用习惯。

ArcMap 的主要功能如下：

1. 地图数字化

将纸质地图转化为数字化的电子地图，电子地图与纸质地图相比，其巨大的优点在于：
- 无缝，不受屏幕大小的限制。
- 无级缩放，可以任意放大、缩小。
- 动态载负量调整，根据需要可使数据分层显示，数据分层有 4 个主要意义：传输地理信息；突出重要的地理关系；解释分析结果；分层可以减少数据的显示量，加快显示速度，减少冗余。
- 三维显示，部分电子地图可以利用 DEM 或 TIN 显示三维高程信息。
- 任意漫游，不受屏幕大小的限制。
- 便于储存与携带，存放在硬盘等存储介质中。
- 便于进行专题显示，设计和研究。
- 具有交互性，且信息量丰富。

2. 可视化

用地理方式操作数据可以让用户看到以前看不到的格局，以及地面上看不到或无法直接量算的要素和现象，如气候、人口分布等，揭示潜在的趋势和分布状况，以及获得新的视野。

3. 数据处理和变换

数据处理和变换包括数据变换、数据重构和数据提取。

● 数据变换：对数据从一种数学状态转换为另一种数学状态，包括投影变换、辐射纠正、比例尺缩放、误差改正等。

● 数据重构：对数据从一种几何形态转换为另一种几何形态，包括数据拼接、数据截取、结构转换、数据压缩等。

● 数据提取：只对数据从全集合到子集的条件提取，包括布尔提取、窗口提取、类型选择和空间内插等。

4. 空间查询

使用空间查询可以回答诸如"在它的哪个方位""有多远"以及"如果……将……"这样的问题。理解了这些关系可以帮助用户作出更好的决策。

5. 空间分析

空间分析包括栅格数据和矢量数据的强大空间分析功能，满足规划决策的需要。

6. 规划决策

规划决策包括监控道路和桥梁运行情况，编制预防自然灾害的规划方案，编制行车路线，寻找新增手机信号塔的站点位置，寻找铺设新管道投资最少的最佳路线，分析工厂对环境可能造成的影响，向台风可能经过的城镇发布警报，根据模拟结果和交通的易通达性安排紧急救护设施，根据地形和气象资料预测森林火灾的蔓延范围，通过分析附近地区居民点的密集程度对新增零售网点的选址进行评估等。

7. 图形结果输出

图形可以轻松显示工作结果。用户可以将图、表、图形、照片及其他元素结合起来制作精美的地图，创建交互的显示。用户会发现，使用地理方式交流信息是一种非常有效的方式。

3.1.2 ArcMap 窗口操作

1. ArcMap 软件启动

ArcMap 软件的启动有以下几种方式：

● 如果安装软件完毕后，在桌面建立了快捷方式，就可以直接双击 ArcMap 快捷图标，启动 ArcMap 软件。

● 单击 Windows 任务栏的"开始"按钮，选择"所有程序"→"ArcGIS"→"ArcMap"命令启动 ArcMap 软件。

● 在 ArcCatalog、ArcScene、ArcGlobe 等应用程序中直接单击相应的菜单栏或直接单击 ArcMap 图标，启动 ArcMap 软件。

ArcMap 启动对话框提供了进入 ArcMap 工作环境的 3 种方式。

● 创建一个新的空地图：如果选择此项后，单击"确定"按钮，进入 ArcMap 后将会是一个新的空地图，即 ArcMap 中没有任何数据和格式风格。

● 应用一个地图模板创建新地图：如果选择此项后，单击"确定"按钮，进入 ArcMap 后将会弹出"新建"对话框，如图 1-3-1 所示。在这个对话框中读者可以自己选择使用何种模板，包括自己设计并新建模板。关于如何使用模板新建地图文档，将在后面的章节中进行详细介绍。

● 打开一个已经存在的地图：如果选择此项后，应该在下面的地图选择或自己找到一个已经存在的地图，然后单击"确定"按钮。这样 ArcMap 将会自动加载这个已经存在的地图。这点很有用，比如上次修改一个地图没有完成，这次想继续对其进行修改的话，只需找到这个地图的.mxd 文档就可直接加载。

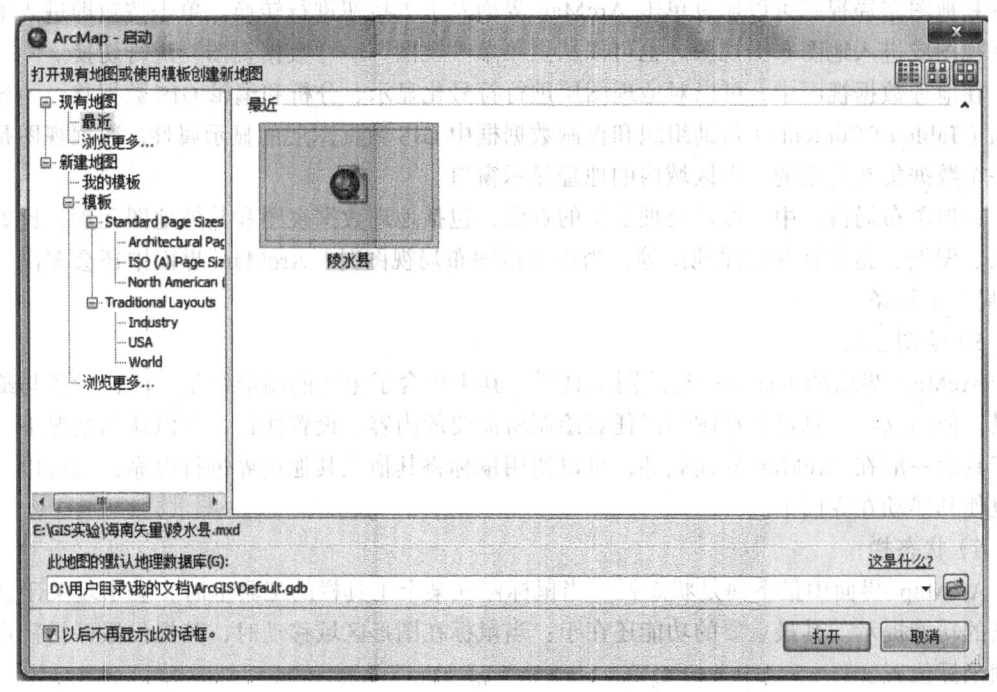

图 1-3-1　ArcMap 启动对话框

2. ArcMap 界面

同 ArcCatalog 一样，ArcMap 也是由标题栏、菜单栏、内容列表（Table of Content）、工具栏、数据视图（布局视图）及状态栏组成，其中数据视图（Data View）和布局视图（Layout View）之间通过左下方按钮互相转换。

1）主菜单栏

图中第一行是菜单栏，可以用鼠标单击便会弹出相应的下拉菜单。其主要包括 8 个菜单，读者可以自己单击菜单，了解其所对应的不同功能。

2) 工具栏

图中第 2~4 行是工具栏，对应不同的操作工具，读者可自己尝试将鼠标指针停留在某个工具上数秒，就会显示出工具信息提示，也就知道指针所指的是何工具了。

浮动于窗口中的浮动按钮框是基本工具条，其中包括最常用的放大、缩小、平移等工具，此工具条可以停靠在顶部、底部或左右两边，读者可以根据自己的需要和爱好来调整自己喜欢的工具条进行搭配。

3) 内容列表

左侧是数据目录内容表，显示了目前 ArcMap 中的所有数据条目。其中 4 个有选项卡，分别为按绘制顺序列出、按源列出、按可见性列出和按选择列出。选择不同的选项卡，目录内容表会有不同的显示。

4) 地图显示窗口

ArcMap 界面中，左边是目录内容表，右边是地图显示窗口。ArcMap 提供两种类型的地图视图，分别是地理数据视图（Data View）和地图布局视图（Layout View）。其中地理数据视图和地图布局视图可以通过单击 ArcMap 界面左下方按钮进行转换。单击按钮即进入地理数据视图或进入地图布局视图。也可以从主菜单"视图"→"数据视图"进行切换。

在地理数据视图中，可以对地理图层进行符号化显示、分析和编辑 GIS 数据集。内容表界面（Table of Contents）帮助组织和控制数据框中 GIS 数据图层的显示属性。数据视图是任何一个数据集在选定的一个区域内的地理显示窗口。

在地图布局窗口中，可以处理地图的页面，包括地理数据视图和其他地图元素，比如比例尺、图例、指北针和参照地图等。当进入地图布局视图时，ArcMap 界面中还会多出一个"布局"工具条。

5) 绘图工具

ArcMap 界面的下面有一行绘图工具栏，其中包含了主要的图形绘制、注记设置与编辑工具。使用这些工具可以在图形区任意绘制所需要的内容、设置注记。在默认的情况下，绘图工具栏一般在 ArcMap 界面底部，可以使用鼠标将其拖至其他边界进行停靠，也可以通过拖曳使其浮动在界面上。

6) 状态栏

ArcMap 界面中最下面是状态栏。当鼠标停在某个工具栏的工具上时，会出现关于这个工具的功能提示。其最重要的功能还在于：当鼠标在图形区域移动时，其提供鼠标指针点的精确坐标位置。

3. ArcMap 地图文档的创建与保存

在 ArcMap 中地图文档一般是后缀为 mxd 的文件，可以新建并保存。下次想打开这个文件时只需双击这个后缀为 mxd 的文件，这时 ArcMap 会自动启动并加载这个地图的数据。

初学者最容易碰到的问题就是，双击打开以前保存的 mxd 文件，虽然启动了 ArcMap 但却没有正确加载数据，或者是在目录内容区虽有数据目录，但在图形区却没有图形，而且在目录内容区数据目录前均有红色的叹号，如图 1-3-2 所示。出现这种情况的原因是 mxd 文件只保存了数据的路径，却不能保存数据，当数据改变存储目录或被破坏就会出现上述情况。

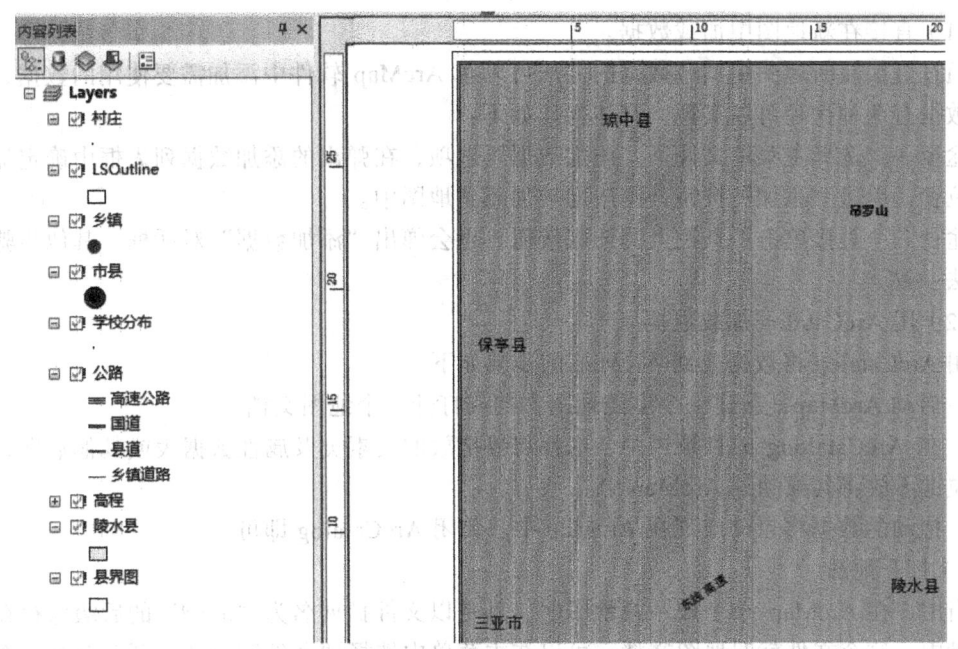

图 1-3-2 ArcMap 没有正确加载数据示意图

1）新建地图文档

在 ArcMap 中，新地图文档的创建有以下两种方式：

第一种是在刚启动 ArcMap 时在弹出的"新建"对话框中进行新文档的创建。在创建地图文档的时候可以直接选择建立一个新的地图选项，也可以选择模版并在相应的模版下建立新的地图。不同的模版对应的地图元素设置和风格设置不同。

第二种方法是在主菜单中选择"文件"→"新建"命令，打开"新建"对话框。设置方法和前面所讲的一致。也可以直接单击工具栏中的"新建"工具按钮，之后也会弹出"新建"对话框。可以直接建立或借助某一模版建立。

2）保存地图文档

在 ArcMap 中，地图文档的保存方式也分为两种：

第一种是选择主菜单的"文件"→"保存"命令，即可保存文档。或直接单击工具栏上的保存按钮保存地图文档，此时是保存在原始的 mxd 文档中。

第二种是选择主菜单的"文件"→"另存为"命令，在弹出的对话框中为文档制定保存位置、保存名称和保存类型（文档或是模版）后，单击"保存"命令即可保存文档。此时是保存在新指定的文档或模板中。

4．加载数据及地图

启动 ArcMap 后可以选择进入 ArcMap 工作环境的方式有 3 种，无论哪一种工作环境都需要根据实际运用的需求来添加需要处理和显示的数据或者地图。

1）加载数据

ArcMap 软件运行后，用户可以根据需要加载不同的图层。加载图层主要有两种方法，一种是直接在新地图文档上加载图层，另一种是用 ArcCatalog 加载图层。

（1）直接在新地图中加载数据。

通过直接在新地图中加载数据的方法可以在 ArcMap 软件中添加需要使用的数据，直接加载数据有两种途径可以实现，具体操作如下：

途径一：选择主菜单文件下"添加数据"选项，在弹出的添加数据列表框中确定加载数据的位置，单击"添加"按钮，图层即被加载到地图中。

途径二：直接单击工具栏上的加载按钮，也会弹出"添加数据"对话框，其他步骤和上述方法一致。

（2）用 ArcCatalog 加载数据

用 ArcCatalog 将数据拖到 ArcMap 的步骤如下：

● 启动 ArcMap，新建一个空的地图文档或打开一个地图文档。

● 在 ArcCatalong 的目录树中，选择将要拖放的要素类及属性数据表或其他数据，按住鼠标左键不放将其拖动到 ArcMap 中。

● 拖动的数据将自动出现在 ArcMap 中。关闭 ArcCatalog 即可。

2）打开地图

当用户在 ArcMap 中生成一幅地图时，其是以文件扩展名为".mxd"的后缀保存在计算机硬盘中，这个文件就叫地图文档。可以在主菜单中选择"文件"→"打开"命令，在弹出的"打开"对话框里选择要打开的地图（*.mxd）。也可以直接单击工具栏上的打开按钮，也会弹出"打开"对话框。

有时候，想打开最近打开过的地图，可在主菜单"文件"下拉菜单中列出的最近打开过的地图文件中，寻找到想要打开的文件并单击，即可打开。

3.1.3 数据图层和数据框的基本操作

ArcMap 数据层基本操作包括打开与关闭图层，图层的复制与删除，改变图层顺序，标注、保存、更改图层符号等，这些基本操作是利用 ArcMap 进行查询、分析的基础。数据框是按照地图绘制者制定的规范绘制出的一系列有关联的地理数据，图层则是数据框的基本单位。

1. 图层的显示控制

当用户希望 ArcMap 中加载的某些数据暂时不显示时，可以取消图层前面方框的对勾，当想要该图层显示，需要选中图层前面方框中的勾。

2. 显示与关闭图层图例和数据框的内容

为了方便查看目录内容表中的图层，可以将图层和数据框内容隐藏，以减少其长度。显示图层和数据框内容只需要单击图层方框前面的"+"号，使其变为"-"号。关闭图层图例和数据框内容只需要单击图层方框前面的"-"号，使其变为"+"号。

3. 图层更名

图层的名称影响到使用者对图层的理解，用户可以根据需要进行更改。可以直接在需要更名的图层上单击，选定图层，再次单击，则该图层名称进入了可编辑状态，此时用户就可以输入图层的新名称。

4. 改变图层顺序

ArcMap 内容列表中，调整图层顺序，只需将鼠标指针放在需要调整的图层上选中该图层，按住鼠标不放，将图层拖放到新位置，然后释放即可完成顺序调整。

注意：在改变图层顺序的时候，建议按照点、线、面的顺序从上到下依次排列，相同几何类型的要素按照重要程度或线条粗细从上到下依次排练。这样在图形表现细节上会显得较为丰富，否则会出现一个面图层就将其后面的图层全部遮住的情况。

5. 图层的移除

删除一个图层只需在该图层上右击，在弹出的快捷菜单中选择"移除"选项即可删除该图层。按住 Shift 键或者 Ctrl 键可以选择多个图层进行删除操作。

6. 图层的分组

当需要把多个图层作为一个图层来处理时，可将多个图层形成一个图层组（Group Layer）。按住 Shift 键或者 Ctrl 键可以选择多个图层，右击选择"组"就可以完成图层的分组操作。

7. 图层要素属性浏览

在 ArcMap 目录内容表中，右击想要浏览图层要素类，在弹出数据图层的快捷菜单中选择"打开属性表"选项，弹出要素空间数据属性表。

8. 图层自动标注

ArcMap 中的标注是针对图层的，通常标注有以下两种方法：

（1）一种是在内容表中选择要标注的图层，并在图层上右击，在弹出的快捷菜单中选择"标注要素"选项即可实现图层的标注。

如果在图形区出现的标注字段不是想要显示的字段，可以通过改变标注字段来实现想要的标注。具体方法为：

① 在内容表中选择要标注的图层，并在图层上右击，在弹出的快捷菜单中选择"属性"选项，弹出"图层属性"对话框。

② 在对话框中选择"标注"标签，进入"标注"选项卡。

③ 选中"标注这个图层中的要素"复选框。

④ 在标注方法下拉列表框中选择标注的方法。可以选择"用相同方式为所有要素加标注"或"定义要素类并且为每个类加不同的标注"选项。

如果选择相同方法标注，则这个图层中要素的标注属性项和风格都是一致的。

如果选择第二种，将出现"类设置"选项，如图 1-3-3 所示，在选项中可以定义不同的类。可以单击"添加""删除""重命名"按钮来添加、删除或重命名类。单击"SOL 查询"

按钮,会弹出"SQL 查询"对话框。可以通过写 SQL 语句来设置选择条件,从而产生某一类。

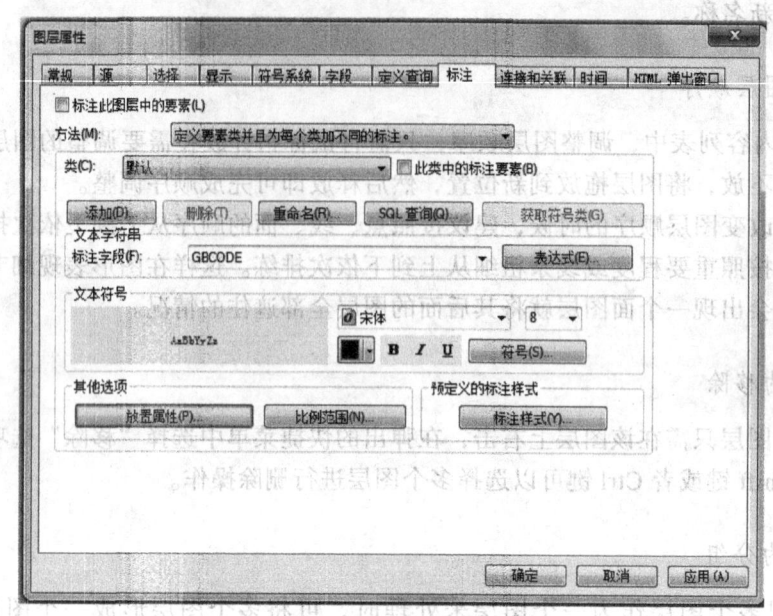

图 1-3-3 "图层属性"对话框

⑤ 在"图层属性"对话框中的"标注字段"下拉列表中,选择想要标注的字段。如果想要设定一些选择标注条件,可以单击后面的"表达式"按钮,弹出"标注表达式"对话框,如图 1-3-4 所示。在"标注表达式"对话框可以写表达式,从而有针对性地选择标注。

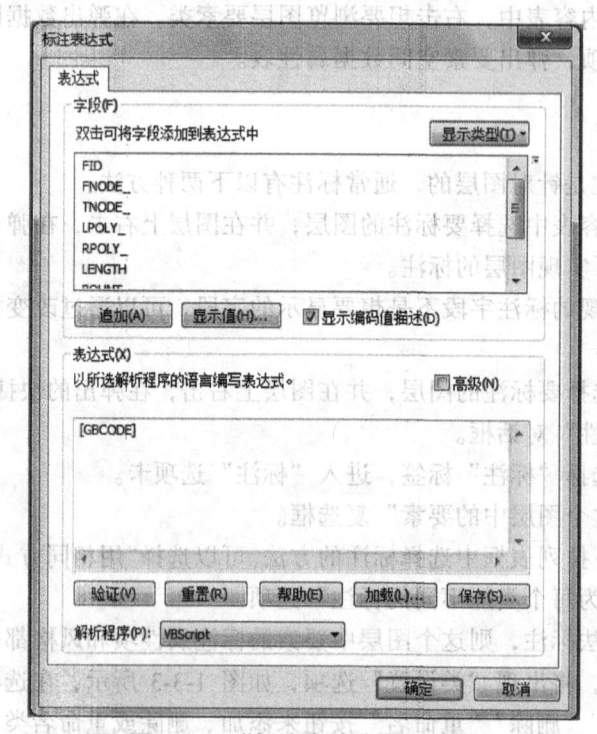

图 1-3-4 "标注表达式"对话框

52

⑥ 在"图层属性"对话框的"文本符号"选项区域中设置文本的显示格式，包括字体、颜色、大小等。

⑦ 在"图层属性"对话框中设置其他选项。

● 单击"放置属性"按钮，弹出"放置属性"对话框。在对话框中可以设置标注的放置方式，比如水平、垂直等。选择"冲突检测"标签，进入"冲突检测"选项卡，在其中可以设置标注或要素的优先显示权。

● 单击"比例范围"按钮，弹出"比例范围"对话框。在此对话框中可以设置标注是否随图形变化而有所改变，比如当图形缩小到一定程度时，某些标注就显示不出来等类似的变化。

● 单击"标注式样"按钮，弹出"标注样式选择器"对话框，在其中可以选择设置标注的样式。

⑧ 最后单击"确定"按钮，完成自动标注的设置。

（2）另一种是在内容表中要标注的数据框上右击，在弹出的快捷菜单中选择"标注"→"标注管理器"命令，在弹出的"标注管理器"对话框中可以设置每个图层的标注内容和风格。在左边的"标注类"列表框中选择要标注的图层，并设置参数。参数的含义和上述的基本类似。

9. 缩放到图层

在空间配准等操作中，经常会遇到要配准的图层和参考图层不能在屏幕上同时显示的情况，这时需要不断地使用"缩放到图层"，即全幅显示此图层。实现缩放到图层功能，需要在内容表中的该图层上右击，在弹出的快捷菜单中选择"缩放到图层"选项即可实现。

10. 更改图层显示符号

当加载数据的时候，图层要素的显示风格都是随机的。如果要改变图层数据的显示符号，只要在图层的图例上单击，就会弹出"符号选择器"对话框。在该对话框中可以选择合适的符号、颜色和大小。当单击"更多符号"按钮后，在弹出的下拉菜单中选择符号组别，从而向符号选择器中添加更多的符号。

如果没有自己想要的符号，也可以自己设计制作符号。简单点的改变，比如填充颜色、轮廓线宽度、轮廓线颜色等可以在"选项"选项区域中设置。比如要改变填充颜色，单击"填充颜色"后面的选择按钮，将弹出颜色板，在颜色板中可以选择自己需要的颜色。可以在"预览"区域中观察效果。复杂点的就可以单击"属性"按钮，弹出"符号属性编辑器"对话框，在对话框中可以制作各种符号。

3.1.4 地图基本操作

地图的基本操作包括对地图的放大、缩小、移动、选择、查询等功能的实现，地图操作基本工具如图 1-3-5 所示。

图 1-3-5 地图操作基本工具条

工具有任意放大、任意缩小、中心放大、中心缩小、漫游、全图、返回上一视图、转至下一视图、要素选择、图形选择、查询、超链接、量测、查找等。下面对选择、查询、查找及测量4个工具做简单介绍。

1. 选 择

使用选择工具，可以进行要素选择。单击此工具后，在图形区任一想选取的要素上单击，即可选中此要素。此时，被选中的要素在图形区被高亮显示。注意：在对某一图层的全体要素进行处理或栅格、矢量的空间分析等操作时，不要选中其中的某一个或某些要素，因为如果选中这些要素，则数据框间的分析只针对选中的要素进行。

2. 查 询

使用查询工具，可以进行信息查询。单击此工具后，在图形区任一想查询的要素上单击，即可弹出此要素的一些属性信息。

3. 查 找

使用查找工具，可以进行相关内容的搜索查找。单击此工具后，在弹出的"查找"对话框中输入要查找的内容及查找的图层范围，在查找的图层范围中可以选择"在所有可见图层中""在可选择的图层中的"或者"在某个数据层中"等选项范围。还可以设置搜索的全部字段或者某些特殊字段等条件。

4. 测 量

如果想要了解地图上某点到另一点的距离，或者想知道某条线的长度，就可以使用测量工具。单击量测工具，单击两侧工具按钮，在地图上量测起点处单击，再将鼠标移动至量测终点处单击，测量结果会在 ArcMap 状态栏的左下方显示。也可以确定起点后，在地图上连续单击，形成多条折线，在最后一个点双击，即可得到这多条折线的总共长度。

3.2 空间数据的编辑

空间数据的编辑是对采集后的数据进行编辑操作。它是完善空间数据及纠正错误的重要手段。空间数据的编辑主要包括数据的几何图形编辑和数据的属性编辑。

- 数据几何图形的编辑针对的是图形的操作，如新建、修改、删除空间要素等。
- 数据的属性编辑针对的是属性的操作，如添加、删除、修改图形要素的属性等。

使用 ArcMap 软件工具可以对 ArcGIS 中的矢量数据进行编辑操作。本章主要介绍 ArcMap 的编辑操作功能。

3.2.1 ArcMap 编辑基础

空间数据的编辑操作可能会因其数据类型不同而不同。在 ArcMap 中进行数据编辑的操作流程大体一致。

1. 编辑工具

ArcMap 的数据编辑需要借助编辑工具来完成。在默认的情况下，ArcMap 的窗口中没有编辑工具条。为了进行数据编辑，首先需要打开编辑工具条（Editor Toolbar）。在主菜单中选择"自定义"→"工具条"→"编辑器"命令，打开工具条。打开工具条后，将出现在 ArcMap 窗口，如图 1-3-6 所示。编辑工具及按钮如表 1-3-1 所示。

图 1-3-6　编辑工具条（Editor Toolbar）

表 1-3-1　编辑工具部分按钮与功能

名　称	图　标	功　能
编辑器菜单	编辑器(R)▼	启动、保存、结束编辑、还有多种编辑操作设置捕捉环境及编辑选项
选择工具	▶	选取要素
编辑折点工具	⬚	用于选择折点及添加和移除折点
旋转工具	⟳	旋转被选择的要素
属性工具	▤	显示被选择的相关属性
草图属性	⋀	在编辑草图的时候，显示和输入的 X、Y 坐标值
"编辑折点"工具条	编辑折点	"编辑折点"工具条可用于选择折点及添加和移除折点。修改完折点后，完成草图； 修改草图折点工具 ▶ 可用于选择折点和编辑线段； 要添加折点，请单击添加折点工具 ⚑，然后在想要插入折点的位置单击线段； 要删除折点，请单击删除折点工具 ▶︎，然后单击要删除的折点。要删除多个折点，可框选要删除的折点； 要临时隐藏"编辑折点"工具条，请单击右上角的关闭按钮或按 "SHIFT+TAB" 键。要再次显示此工具条，请按 TAB 键

2. 编辑的数据类型

在 ArcMap 工作环境中进行数据编辑，其操作对象是地理要素类或者地理要素集。地理要素可以存储在各种地理数据集中，如 Shapefile、Coverage、Geodatabase 等。要素类是相同要素的集合，如点要素集、线要素集、面要素集等。数据集则是具有相同空间参考的要素类型的集合。

在 ArcGIS10.2.X 版本中不支持对于 Coverage 文件的编辑，只支持 Shapefile 和 Geodatabase 文件的编辑。Shapefile 文件只能是某一个简单的要素类，它无法将多个要素类组成数据集。

而 Geodatabase 文件复杂且功能强大，它可以将要素类集合组成要素数据集。应该注意的是，在 ArcMap 中，可以同时加载多种类型的数据集，但是一次只能对一个数据集中的要素类进行编辑。

3. 编辑的过程

进入 ArcMap 工作环境，并已经打开已有的地图文档或是新建了地图文档之后，进行数据编辑通常要经过以下几步：

（1）加载数据。如果是对以有的数据进行编辑，则直接加载需要编辑的数据。如果是新建数据，则需要通过 ArcCatalog 工具生成新的数据层后再加载空的数层。

（2）打开编辑工具。启动 ArcMap 后，在默认的状态下，编辑工具并没有打开，要进行编辑就必须打开编辑工具条。

（3）进入编辑状态。选择"编辑器"→"开始编辑"命令，就可以进入编辑状态。

（4）执行编辑状态。在目标下拉列表框中选择要编辑的目标后，在任务下拉列表框选择相应的编辑任务对数据进行编辑。

（5）保存并结束数据编辑。单击"编辑器"→"保存编辑"→"停止编辑"命令。

4. 编辑时使用捕捉

在对数据进行输入与编辑的过程中，可以使用捕捉功能。ArcGIS 中的捕捉功能十分强大，利用捕捉功能,可以实现对绘制或编辑的要素进行位置的精确定位及要素之间相互连接功能。

在捕捉工具条上，开启捕捉并启用所需的捕捉代理。选择编辑工具（例如线或面工具）后在地图周围移动光标时，当移动到各几何位置上时，光标将捕捉到这些位置。可通过光标的反馈外观和弹出的"捕捉提示"辨别出捕捉到的对象。捕捉光标后，单击可放置折点或点或者根据需要执行编辑。

3.2.2 图形要素的输入

根据地理实体的空间图形表示形式，一般可将空间数据抽象为点、线和面 3 类元素。对于图形编辑操作，以下将分为点要素、线要素及面要素 3 个部分详细讲解其输入与编辑。

1. 点要素的输入

点要素是构成空间数据的基本单元，也是最简单的空间数据元素。点要素的输入与编辑相对来讲比较容易，应用 ArcMap 的数据编辑工具生成和修改点要素。点要素的输入和编辑的基本过程是：首先要加载待输入或修改的点要素数据层，打开编辑工具栏并选择相应的编辑工具，最后在图形窗口输入或修改点要素。

2. 线要素的输入

线要素可以视为由点要素组成。在 ArcMap 中，组成线要素的点分为 3 种：起点（Start Node）、终点（End Node）、中间点（Vertex）。线要素的输入就是输入点，并由一系列点组成线，所以其编辑操作与点编辑操作类似。

由于线段是由点要素连接而成的，所以对于线段的编辑，要细化到对点要素的编辑。如移动点来改变线的形状和位置。点的移动位置可以精确定位，精确定位时可以在点要素上右击，在弹出的快捷菜单中选择"移动"或是"移动到"选项。

线中的点也可以增加和删除。在线上需要增加点的地方右击，在弹出的快捷菜单中选择"插入顶点"选项可以增加一个点。如果要删除点，则在线上相应点要素上右击，在弹出的快捷菜单中选择"删除顶点"选项可以删除这个点。组成线的点要素越多，线条就显得越光滑。与此同时，线文件所占存储空间也就越大。

输入线要素时，可以使用其他工具来输入和编辑一些特殊的线要素。

1）将线交点处作为绘制新线的一个点

要在两条线的延长线交点处输入新的线，可以使用"绘图"工具栏中"相交工具"来实现。绘制方法为：单击"绘图"工具栏的下三角按钮，在弹出的"绘图"工具板中单击"相交工具"后，鼠标变成一个十字状。在图形窗口选择一条线单击，再选择另外一条线单击。在这条线的交点位置便会产生一个红色的交点。然后在工具栏中选择"绘制工具"，继续输入线要素。新输入的线要素的起点（终点）就是这个交点。

2）在线中点处绘制新线的一个点

要将两点连线的中点作为线要素的点，可以使用"绘图"工具栏中"交点工具"来实现。绘制方法为：单击"绘图"工具栏的下三角按钮，在弹出的"绘图"工具板中单击"中点工具"后，鼠标变成圆点形状。在图形窗口单击确定线段的起点，再次单击确定线段终点。这时线段的中点则作为绘制新线的一个点。

3）绘制圆弧

要输入圆弧，可以使用"绘图"工具栏中的"弧段工具"或"终点弧工具"来实现。使用"弧段工具"方法为：单击"绘图"工具栏的下三角按钮，在弹出的"绘图"工具板中单击"弧段工具"后，鼠标变成圆点形状。在图形窗口需要画圆弧的地方单击确定第1个点（起点），之后用同样的方法确定第2点（中间点）、第3点（终点），由这3个点确定最后的圆弧。

使用"终点弧工具"的方法为：单击"绘图"工具栏的下三角按钮，在弹出的"绘图"工具板中单击"终点弧工具"后，鼠标变成圆点形状。在图形窗口需要画圆弧的地方单击确定第1个点（起点），之后单击确定第2个点（终点），最后再次单击确定第3个点（圆弧中间的某一个点）。

4）绘制与上一线段或圆弧相切的曲线

绘制与上一线段或圆弧相切的曲线，可以使用"切线工具"来实现。单独使用这个工具不能用于输入线要素的起点，只能用于输入中间点和终点。绘制方法为：在已经绘制了线的起点或已经绘制了一部分线的情况下，单击"绘图"工具栏的下三角按钮，在弹出的"绘图"工具板中单击"切线工具"后，继续绘制线要素。

3. 面要素的输入

面要素可以视为由线要素组成，而线要素由点要素组成。所以面要素是由一系列点组成的边界线，而这些边界线围成最终的面要素。面要素的输入及其编辑操作可细化为边界点的编辑操作。

对于面要素的编辑，要细化到对点要素的编辑。精确定位点位置可以在点要素上右击，在弹出的快捷菜单中选择"移动"或是"移动到"选项。方法与点要素的输入与编辑相同。

面中轮廓线上的点也可以增加和删除。在轮廓线上需要增加点的地方右击，在弹出的快捷菜单中选择"插入顶点"选项可以增加一个点。如果要删除点，则要在轮廓线上相应的点要素上右击，在弹出的快捷菜单中选择"删除顶点"选项可以删除这个点。组成轮廓线的点越多，线条就显得越光滑，但文件所占存储空间也就越大。

3.2.3 图像要素的编辑操作

对于已经输入的图形要素，ArcMap 可以进行各种各样的编辑操作。通过这些编辑操作可以使得数据更加精确美观，并有利于后续的各种分析操作。本节将介绍对于已经输入的图形要素进行丰富完善及编辑修改的一些基本操作。

1. 要素的移动

如果要素的位置不对，就可以使用"移动"工具将要素移到正确的位置。具体的操作为：首先使用选择工具或者"选择要素"工具，在图形区选中需要移动的要素，然后按住鼠标不放将其拖到正确的位置。也可以单击"编辑器"按钮，选择"移动"选项，在弹出的"X，Y 增量"对话框 X、Y 数值框中（前一个文本框表示是 X 值，后一个是 Y 值）输入精确的移动距离后按下 Enter 键移动要素。

2. 要素的复制

要素的复制直接保证了要素的同一性，也可以避免繁琐的重复绘制工作。可以在同一图层内复制，也可以从其他图层复制过来。要素可进行原样复制操作，也可以进行平行复制、缓冲区复制、镜面复制等操作。下面结合例子讲解各种复制的详细步骤。

1）原样复制

在居民小区的绘制过程中，会遇到重复绘制的情况，如小区的住房都是一样的，这时就可以使用复制功能。具体操作如下：

（1）加载底图数据和需要编辑的数据，并进入编辑状态。

（2）使用"选择工具"来选择需要复制的要素，此时被选中的要素高亮度显示。

（3）在选中的要素上右击，在弹出的快捷菜单中选择"复制"选项。

（4）在编辑工具栏中，确定目标图层。此时目标是将要复制到的图层，是在同一图层复制要素。在绘图区任意地方右击，在弹出的快捷菜单中选择"粘贴"选项。

（5）粘贴上的新要素要与原要素在同一位置。将鼠标放在复制后的新要素上，然后拖动要素到正确的位置上。

2）平行线复制

在地图数字化中，经常会遇到绘制城市街道、地下管线等工作。由于路宽是一致的，所以在绘制道路的时候，就可能会需要按照一定的距离复制平行线。具体操作如下：

（1）加载需要编辑的数据，分别为地图底图、道路线文件，并进入编辑状态。

（2）使用"选择工具"选择需要复制的线要素，此时被选中的线要素上侧线高亮显示。

（3）在编辑工具栏中确定目标图层。此时的目标是将要复制到的图层。

（4）单击"编辑器"按钮，弹出下拉菜单。在菜单中选择"复制平行线"选项，弹出距离对话框。

（5）输入平行线需要的距离（按照地图单位，此处可输入 60 m）后单击"确定"按钮。数值为正，表示复制的要素将在原有要素的右边；数值为负，表示复制要素在原有要素的左边。

（6）单击"确定"按钮结束复制过程。

3）镜面复制

镜面复制是以一条线段作为中轴线复制对称的图形要素。如在街道两侧有对称性建筑楼房，就可以先绘制一边的建筑，之后以街道中轴线做镜面复制操作。

镜面复制具体方法为：

（1）加载数据，并进入编辑状态。

（2）在图形区选择需要进行镜面操作的图形要素，被选中的要素高亮显示。

（3）在编辑工具栏中，单击任务栏下拉箭头，选择"镜像要素"任务。

（4）在编辑工具栏中，确定目标图层。此时目标是将要复制到的图层。

（5）单击绘图工具图标，在图形区单击确定中轴线的第 1 点，再次单击确定中轴线的第 2 点。

（6）所选择的图形要素按照上步骤中确定的中轴线对称复制。

3. 要素的合并与分割

在数据处理的实际过程中，经常会遇到需要将要素进行合并或分割操作。例如，在土地利用类型变化的数据处理中，要将同一种土地利用类型的斑块合并为一个斑块。或者原来是同一类型的一个斑块，若干年后产生变化，变成两种不同类型的斑块，就需要将原来的一个斑块分割为两个斑块。

1）要素的合并

合并的要素必须是同一种类型的要素，否则无法合并，例如点要素和线要素就无法合并。要素合并使用"编辑器"里的"合并"命令和"联合"命令。

具体的方法是：首先使用"选择"工具或者"选择要素"工具在图形区选择需要合并的要素，想要同时选中多个要素可以按住"Shift"键不放，依次单击待选中的要素来选中它们。然后，单击"编辑器"按钮，在弹出的快捷菜单中选择"合并"命令，弹出"合并"对话框。最后，在该对话框中选择需要被融合的要素，单击"确定"按钮实现要素合并。要素融合后，不仅图形数据合为一体，属性数据也融为一个。

"联合"命令的具体操作与上述方法类似。"联合"与"合并"的不同之处在于：

● 合并后的几个要素合为一个，而这几个要素被删除；联合后的几个要素合为一个，而这几个要素仍然保留。

● 联合命令可以将不同图层上的多个要素组合为一个要素，同时保持原要素及其属性不变，合并命令只能将同一图层上的多个要素合并为一个要素。

2）要素的分割

要素的分割主要针对线或面要素的分割。对于线要素可以用点在不同的位置将其分割为多个线段，对于面要素可以使用不同的分割线来分成不同的面。分割完后各个要素的属性保留原要素的各个属性。

对线要素的分割可以使用"编辑器"里面的"拆分"命令和"划分"选项，具体的方法是：首先使用"选择"工具，在图形区选择需要分割的线要素；然后单击"编辑器"按钮，在弹出的快捷菜单中选择"拆分"选项，弹出"拆分"对话框；在"拆分"选项区域中可以选择拆分的方式，并在下面的选项中给出相应的沿线距离或百分比。在方向一栏中可以选择是从起点算起还是从终点算起。设置好参数后，单击"确定"按钮实现拆分。

对线要素的分割采用"划分"命令时，首先用"选择"工具在图形区选择需要分割的线要素；然后，单击"编辑器"按钮，在弹出的菜单中选择"划分"选项，弹出"划分"对话框；在该对话框中可以选择划分的方式，并在后面的文本框中给出相应的数值。设置好参数后，单击"确定"按钮实现划分。

对于面要素的分割，是将一个多边形分割成若干个多边形。首先选择需要分割的多边形，打开编辑工具栏，进入编辑状态，设置任务为"剪切多边形要素"。目标数据层要设置为包含要切割的多边形数据层。单击"绘图"工具栏中的草图工具，在要切割的多边形上绘制切割线，多边形被分割。

4. 线要素的修剪

在线要素数据处理的实际过程中，经常会遇到需要将线要素进行延长或裁减的操作。这时就可以用"扩展、裁剪要素"功能对线进行延长或裁剪。

1）线要素的延长

例如，需要画一条道路，但是画的时候没有画完整，那么就需要将其延长到下一个十字路口。具体方法为：打开编辑工具栏，进入编辑状态，设置任务为"扩展/裁剪要素"，目标数据层要设置为包含这个线要素的数据层。使用选择工具选中需要延长的这条线，被选中的线高亮显示。单击"绘图"工具栏中的草图工具，单击在十字路口的另一条路，移动鼠标至下一点，然后双击，被选中的线自动延长至十字路口。

2）线要素的裁剪

如果上面的道路线画过了，就需要将多余的部分裁剪掉。方法与上述步骤类似：进入编辑状态，设置任务为"扩展/裁剪要素"，目标数据层要设置为包含这个线要素的数据层。使用选择工具选中需要裁剪的这条线，被选中的线高亮显示。单击"绘图"工具栏中的草图工具，在十字路口的另一条路单击，移动鼠标至下一点。然后双击，被选中的线自动裁剪至十字路口。需要注意的是：裁剪都是裁掉裁剪线方向顺时针方向的数据。

5. 面要素的修整与相交

在面要素数据的编辑中，可能会需要修整或裁剪已经存在的面。

1）面要素的修整

打开编辑工具栏，进入编辑状态，然后单击"修整要素工具"，通过工具选择要修整的多边形，然后单击"绘图"工具栏中的草图工具，在要修整的多边形上绘制修整线，修整的部分将被去掉。

2）面要素的裁剪

单击编辑器工具条上的编辑工具。选择要用于裁剪的面要素。单击编辑器菜单，然后单击裁剪。输入缓冲值。如果要裁剪面要素，可将该值保留为 0。选择裁剪操作类型"是放弃还是保留相交区域"后单击确定裁剪要素。

3）面要素的相交

打开编辑工具栏，进入编辑状态。首先使用"选择"工具，在图形区选择需要求相交的面要素。可按住左边的 Shift 键选择多个要素。单击"编辑器"按钮，在弹出的菜单中选择"相交"选项。这时的图形区会出现若干个相互重叠的要素的公共部分。

3.2.4 图形拓扑编辑

拓扑代表了一组规则和关系。它可以描述空间物体的相互位置关系，其旨在揭示地理空间世界中的地理集合关系。在 GIS 数据中，空间要素之间都存在着拓扑关联，其不仅可以保证数据要素完整还为模拟空间地理现象提供了一个模型框架。

1. 工具栏的添加与符号设置

在默认的情况下，软件界面上不会出现拓扑工具栏，需手动添加。另外，关于拓扑要素的显示风格也是默认的，为了方便显示与查询，在数据处理的时候常需要对数据符号进行显示设置，在图形拓扑编辑中同样可以对其符号进行设置，以便于其更清晰的显示出来。

1）添加工具栏

具体方法为：单击"编辑器"按钮，选择"更多编辑工具"命令。在弹出的二级菜单中，选中"拓扑"，即在其前面的复选框中打勾，此时，弹出"拓扑"工具条，如图 1-3-7 所示。

图 1-3-7 "拓扑"工具条

在拓扑工具条中，从左至右，分别是选择拓扑、拓扑编辑、修改边、整形边、对齐边、概化边缘、共享要素、验证指定区域中的拓扑、验证当前范围、修复拓扑错误、错误检查器。

2）设置拓扑显示符号

进行拓扑符号设置的具体方法为：单击"编辑器"按钮 编辑器(R)▼，在弹出的菜单中选择"选项"按钮，在弹出的"编辑选项"对话框中选择第二个选项卡"拓扑"，在其下面设置"活动错误符号系统"及"拓扑元素符号系统"的风格设置，具体的符号选择与设置此处不再赘述。

2. 地图拓扑与拓扑缓存的建立

一般在开始拓扑编辑之前，首先要建立地图拓扑，如果没有进行拓扑数据的集成，需要手动建立地图拓扑。

建立地图拓扑的方法为：单击"拓扑"工具条上的"选择拓扑"按钮 ，弹出"选择拓扑"对话框，在图层选择栏中选择参与构建地图拓扑的数据，即在下面的选择区域中选中图层前面的复选框。"地图拓扑"对话框中的集束容限值很重要，这个值代表聚类误差，意味着在这个距离范围之内的边线和结点具有一致性。最后单击"确定"按钮结束地图拓扑的建立。

在用拓扑工具选择地图上的某个拓扑元素的时候，其会自动建立一个拓扑缓存，拓扑缓存只保存了当前范围内地图要素的线和点之间的拓扑关系，这样当缩小地图或返回上级地图的时候，拓扑缓存就有可能丢失一些拓扑关系，这时就需要重建拓扑缓存。

重建拓扑缓存的方法为：单击"拓扑"工具条上"拓扑编辑工具"按钮，然后在当前视图中单击任意地方，则开始重建当前视图的拓扑缓存。

3. 共享要素的显示、选择与清除

共享要素统指那些处于两个面或多个面共享的边线或是结点，以及处于两个线或多个线共享的结点，这些共享要素是建立和维护地图拓扑的关键。

1）共享要素的显示

（1）单击"拓扑"工具条上的"拓扑编辑工具"按钮。

（2）在当前的视图上选择一条边线或是一个结点。

（3）在视图中右击，在弹出的快捷菜单中选择"显示共享要素"选项，或者直接单击"拓扑"工具条上的"显示共享要素"按钮，此时，弹出"共享要素"对话框，从中就可以看到共享要素。

（4）在对话框中选择共享要素，在以后的编辑中，该要素都会随之更新。

（5）关闭"共享要素"对话框，完成共享要素的显示。

2）共享要素的选择

（1）单击"拓扑"工具条上的"拓扑编辑工具"按钮。

（2）在当前的视图上选择一条边线或是一个结点。

（3）在视图中右击，在弹出的快捷菜单中选择"选择共享要素"选项，就可以把共享此边线或是结点的要素显示出来。被选中的要素此时在图形区以高亮显示。

3）共享要素的清除

（1）单击"拓扑"工具条上的"拓扑编辑工具"按钮。

（2）在当前的视图上选择一条边线或是一个结点。

（3）在视图中右击，在弹出的快捷菜单中选择"清除选择的拓扑元素"选项，就可以把共享此边线或是结点的要素清除。

4. 共享要素的编辑

当选定共享要素后，可以对共享要素进行各种各样的编辑操作，如移动、切分边、修改边、自动生成多边形等编辑操作。

1）共享要素的移动

使用相应的编辑工具可以移动共享要素，包括对共享边线及共享结点的移动，其具体的方法如下：

（1）单击"拓扑"工具条上的"拓扑编辑工具"按钮。

（2）在当前的视图上选择一条边线或是一个结点。

（3）按住鼠标不放直接拖动其到正确的位置即可。

（4）也可以将其移动到精确定位的位置，方法是在视图中右击，在弹出的快捷菜单中选择"平移"选项，弹出"平移 X,Y"对话框，在对话框中输入要移动 X,Y 方向的绝对距离即可，或者在弹出的快捷菜单中选择"移动到"选项，弹出"移动到 X,Y"对话框，在对话框中输入要移动到位置的精确 X,Y 坐标值即可。

2）共享边线的切分

如果需要对共享边线进行分割操作，按照一定的距离或者一定的比例进行边线切分，就可以使用切分编辑工具来实现，具体方法如下：

（1）单击"拓扑"工具条上的"拓扑编辑工具"按钮。

（2）在当前的视图上选择一条边线。

（3）在视图中右击，在弹出的快捷菜单中选择"在定位点切分边"选项即可按照要求在定位点对共享边线实现切分功能。

（4）也可以实现精确的切分，方法是在弹出的快捷菜单中选择"根据距离切分边"选项，弹出"根据距离切分边"对话框，在对话框中按照要求输入切分的距离或是线总长的百分比，以及切分的方向起点等参数，最后单击"确定"按钮关闭对话框，完成切分操作。

3）共享边线的修改

对于共享结点的修改主要是移动其位置，对于共享边线的修改则可以改变位于其线上的结点来改变共享边线，如添加、删除结点，移动结点等。共享边线的修改的做法如下：

（1）单击"拓扑"工具条上的"拓扑编辑工具"按钮。

（2）在当前的视图上选择一条边线。

（3）在编辑工具栏中将编辑任务选择为"修改边"，将目标设置为本拓扑要素所在的图层。

（4）完成上一步骤后，不仅被选中的共享边线自动高亮显示，而其组成此边线的结点全部高亮显示，代表这些结点均处于可编辑状态。接着就可以对这些结点进行编辑来达到边线修改的目的。结点的添加、删除和移动此处不再赘述。

4）共享边线的重塑

改变共享边线可以通过改变位于其线上的结点，也可以通过草图工具进行重新绘制，其具体做法如下：

（1）单击"拓扑"工具条上的"拓扑编辑工具"按钮。

（2）在当前的视图上选择一条边线。

（3）在编辑工具栏中将编辑任务选择为"重塑边"，将目标设置为本拓扑要素所在的图层。

（4）单击编辑工具栏中的绘图工具图标，根据边线重塑的要求，在图像窗口绘制一条新的边线。

（5）在最后一个点处双击，结束草图绘制。此时共享边线发生变化，要求新的边线至少和原边线两次相交，两个相交点内则改变为新的边线形状。

5）共享多边形的生成

生成共享多边形可以通过多边形自动闭合功能来实现，自动生成的多边形与原有的要素将自动建立共享边线和共享结点。共享多边形的生成的具体方法如下：

（1）在编辑工具栏中将编辑任务选择为"自动完成多边形"，将目标设置为本拓扑要素所在的图层。

（2）单击编辑工具栏中的绘图工具图标，根据多边形绘制的要求，在图像窗口绘制一条新的草图曲线，草图线的起点与终点均要与已有的多边形相交。

（3）在绘制草图曲线的最后一个点双击，结束草图绘制。

（4）此时，将自动生成共享多边形。组成此自动生成的多边形的边线和结点，将与原有的多边形共享它们相交的边线及结点，与已有多边形相交出头的线将被自动裁剪。

3.2.5 属性编辑与操作

地理信息包括空间位置信息，也包括属性信息。对于要素的编辑不仅是对图形等空间位置信息的编辑，其还应该包括对其属性信息的编辑。属性信息主要储存在属性表中，打开属性表就可以了解要素的所有属性信息。借助于要素的属性表，也可以实现更多的编辑操作。

1. 打开属性表

对要素的属性进行编辑首先要打开属性表，其具体的方法为：

在"属性"窗口中编辑属性

（1）单击编辑器工具条上的编辑工具▶，并选择要素。

（2）单击编辑器工具条上的属性按钮▤。通过属性窗口，可以查看和编辑所选要素的属性。

注意：若要打开整个图层的属性表，其方法如下：

（1）在软件界面左侧的内容列表上，选择要打开属性表的数据层，并在其上右击。

（2）在弹出的快捷菜单中选择"打开属性表"选项，此时就会弹出此层所有要素属性表。

2. 属性数据的直接修改

在打开属性表之后就可以对属性数据进行编辑与修改，但前提条件是数据是处于可编辑状态。在上述已经打开的属性表中可以选中任一属性，然后直接从键盘输入其修改值，也可以使用一些工具进行复杂的计算后得出其正确的属性值。可以一次编辑一个要素的一个属性，也可以编辑多个要素的属性值。

3. 添加、删除属性字段

在对要素进行属性编辑的时候，可能会需要对属性添加字段或是删除字段，以此来丰富要素的属性数据或是删除不需要的属性数据。

1）添加字段

（1）打开图层要素的属性表。

（2）单击"属性表"对话框下部的"选项"按钮，弹出选项功能菜单。此处需要注意的是：此要素图层必须是处于未编辑状态，才可以进行添加字段操作；否则，"添加字段"命令处于非激活状态。

（3）选择"添加字段"选项，弹出"添加字段"对话框。

（4）在对话框内输入字段的名称和类型，完成后单击"确认"按钮后完成字段添加。

2）删除字段

删除字段的方法非常简单。只要打开属性表后，在要删除的字段栏上右击，在弹出的快捷菜单中选择"删除字段"选项即可删除这个字段。

4. 属性记录数据的选择、复制、粘贴与删除

在属性表中选择记录的方法很简单。

● 要选择一条记录，只需要在属性表上最左边单击即可选中。若想将该选中的记录在屏幕中央放大显示，则需在最左边双击。

● 要选择多条记录，就需要按住 Ctrl 键的同时单击各记录，依次选中。

● 要连续选择多条记录，则需要在按住 Shift 键的同时先选择第一条记录，再选择最后一条记录。

● 要实现反选功能，则需要先选中不想选的记录，再选择"选项"→"切换选择"命令。

● 要实现全选功能，则需选择"选项"→"选择全部"命令。

● 要实现清除所有选择功能，则需选择"选项"→"清除选择"命令。

● 要复制、粘贴、删除记录，则需先选中要复制或要删除的记录，并对应标准工具栏上的复制、粘贴按钮及键盘上的 Delete 键做相关操作，此处不再赘述。

5. 属性数据的高级选择

在 ArcMap 中，选择记录分为根据属性选择和根据位置选择，属性选择是利用 SQL 查询语句选择属性，其方法如下：

（1）打开属性表。选择"表选项"菜单中的"按属性选择"选项，或者是选择 ArcMap 菜单栏中"选择"→"通过属性选择"命令，打开"按属性选择"对话框，如图 1-3-8 所示。

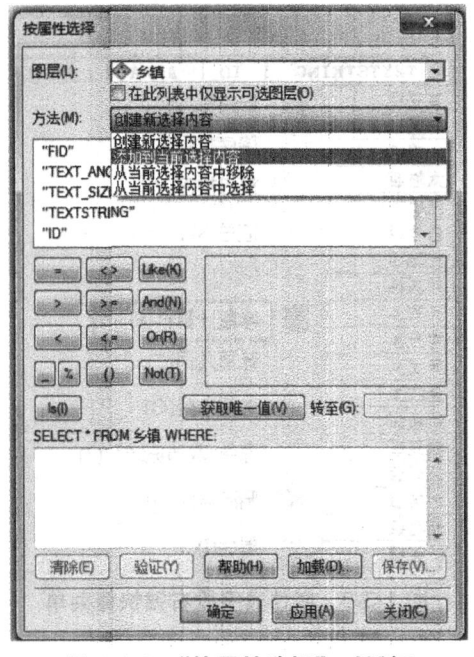

图 1-3-8 "按属性选择"对话框

（2）在"方法"中选择查询方法。分别有"创建一个新的选择内容""添加到当前选择内容""从当前选择内容中删除""从当前选择内容中选择"等 4 个选项。

（3）在最下方的 SQL 语言条件栏中输入选择条件。

（4）单击"验证"按钮以验证表达式，若正确，则单击"应用"按钮完成查询；若不正确，则重新输入表达式。

（5）单击"关闭"按钮后结束选择。此时在属性表中被选中的要素以蓝色高亮显示，同时在图形区被选中要素也是蓝色高亮显示。

比如，如果要在贵州省公路要素中选择长度大于 105.12 km 或首字是"黔"字的公路要素，操作如下：

① 在"属性选择"对话框中填写选择条件，首先在"字段"列表框中选择字段，这时就要双击"长度"字段，然后单击运算符列表以选择运算符。之后可以键盘输入条件值，如果是要得到属性表内字段的值，则单击"得到唯一值"按钮后，在"唯一的"选择栏中选择唯一值。

② 根据选择条件，SQL 表达式应为"长度 <= 105.12 AND "name" LIKE 黔"，单击"应用"按钮执行查询。

6. 属性表字段的相关统计操作

对于数据属性表的字段可以添加或删除，可以根据条件智能选择满足条件的记录，也可以对其中一些字段进行相关的统计、计算等高级编辑操作。

属性表字段的相关操作一般是利用其右键快捷菜单来完成，菜单如图 1-3-9 所示。有排序（升序、降序）、统计、冻结/解冻栏目、删除字段等命令，下面介绍汇总和字段计算器。

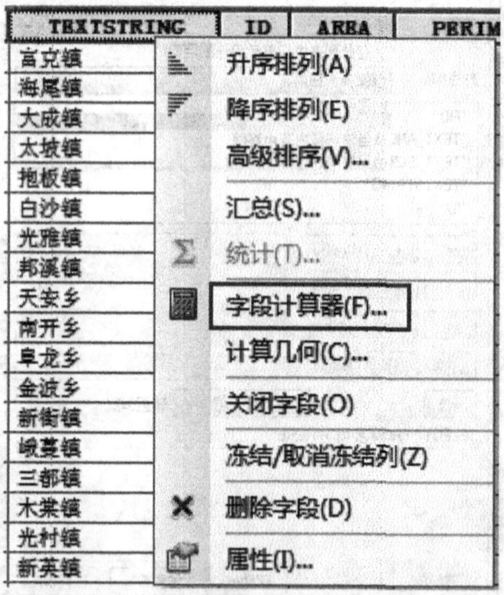

图 1-3-9 属性表字段右键快捷菜单

1）查看表的统计数据

在浏览表格时，用户可以获取描述数字列中值的统计数据。您会看到列中值的数量，以及这些值的总和、最小值、平均值、最大值及标准差。直方图还可表明列中值的分布方式。可以计算表中所有数字列的统计数据。要查看其他列值的描述，可在"字段"列表中单击其名称。

步骤如下:
(1)右键单击包含数字数据的字段的标题,然后单击统计数据,如图 1-3-10 所示。

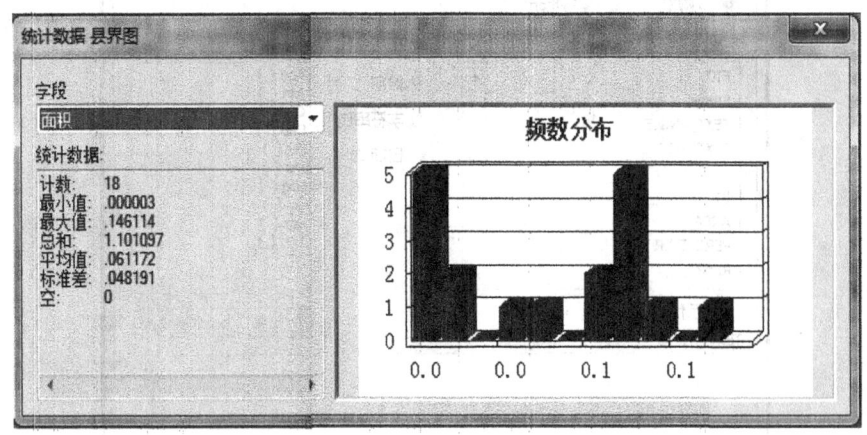

图 1-3-10 属性表的统计数据对话框

(2)在统计数据对话框中,用户将会看到对其标题进行单击的字段中的值的信息。
(3)如果要查看其他数值字段的统计数据,可单击字段箭头,然后单击字段名称。
(4)结束浏览统计数据后,单击关闭按钮。

2)在表中汇总数据

有时,关于地图要素的属性信息并未按照用户所希望的方式组织在一起(例如,用户所拥有的人口数据是以县为单位的,而用户却希望以州为单位显示人口数据)。通过汇总表中的数据,可以得到各种汇总统计数据(包括计数值、平均值、最小值和最大值),并准确地获得想要的信息。ArcMap 会创建一个包含汇总统计数据的新表。然后可以将该表连接到图层的属性表,这样就可以根据汇总统计数据值对图层要素进行符号化、标注或查询了。

步骤如下:
(1)右键单击要汇总字段的字段标题,然后单击汇总。
(2)选中要包括在输出表中的汇总统计数据旁的复选框。
(3)输入要创建的输出表的名称和位置,或单击浏览按钮,并导航到工作空间。
(4)单击确定。新图层即会被添加到地图中。当提示将新表添加到地图中时,请单击是。

3)字段计算器

字段计算器是通过数字、数学运算符和函数对字段值进行计算,从而确定字段的属性值。如果需要对某一字段重新计算其值,则右击这个字段的表头,在弹出的快捷菜单中选择"计算值"选项,弹出"字段计算器"对话框,如图 1-3-11 所示。在其下部的表达式栏中填写一个正确的表达式之后,单击"确认"按钮,该字段就被赋予计算后的值。

举例:要计算人均 GDP 这一字段,只需用 GDP 字段除以人口字段。具体的做法为:
• 在"字段计算器"对话框中的"字段"列表框中单击"GDP2007"选项,在下面的表达式中就会出现"[GDP2007]"
• 单击右面算术符号"/"按钮,在下面的表达式中就会出现"[GDP2007]"。

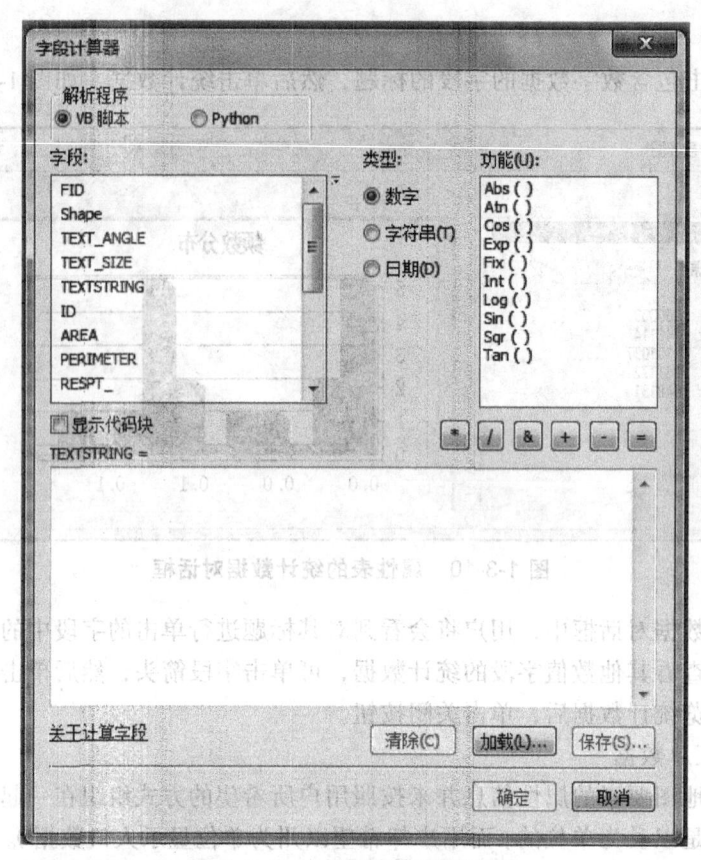

图 1-3-11　字段计算器对话框

● 单击"字段"列表框中的"人口"选项，在下面的表达式中就会出现"[GDP2007]/[人口]"。

● 至此计算表达式完成。单击"确认"按钮。完成"07 人均 GDP"字段的值计算。

字段计算方法介绍（以下计算结果名称用 Field 表示，参与计算的字段用 Field1、Field2 表示）。

（1）简单计算。

Field=Field1+500；将 Field1 参与计算的每个记录值加 500 作为 Field 的值。

Field=Field1*1 000；将 Field1 参与计算的每个字段值乘以 1 000。

Field=Field1*0.5+Field2*0.5；将 Field1 与 Field2 加权叠合。

（2）运用关系和逻辑运算符。

Field=Field1>=2&Field2<=2；Field1 中如果有大于等于 2 的记录，则该记录 Field=0，否则 Field=－1；Field2 中如果有小于等于 2 的记录，则该记录 Field=0，否则 Field=－1。然后对这两个值求逻辑交集，0 & 0=0，－1 & 0=－1，－1 & －1=－1。

（3）运用数学函数。

Field=cos(Field 1)；对 Field 应用余弦函数。

关于有关函数符号的具体用法，以及字段计算器的高级编程（主要使用 VBA 代码）计算方法，请参考相关的书籍。

7. 利用属性数据创建图表

图表以丰富直观的形式表现属性表中字段数字的分布情况，如极值等，而这些恰恰是二维表本身较难表达的现象。创建图表的步骤如下：

（1）打开属性表，单击"表选项"按钮，在其下拉菜单中选择"创建图表"选项。
（2）此时弹出创建图表向导。选择一种图表类型，单击"下一步"按钮。
（3）选择要创建图表的图层和字段，设置图表标题等属性，单击"完成"按钮。

8. 属性数据表的连接和关联

ArcMap 中可以实现属性表的连接与关联，属性数据合并时可以依据字段名称进行，也可以依据空间位置进行。

当两个属性表中的相关字段具有一对一或多对一关系时，可以应用合并连接操作；当两个属性表中的相关字段具有一对多或多对多关系时，就只能应用关联操作。

合并又分为依据公共属性合并属性表和依据空间位置合并属性表。其中有几何位置的数据层数据既可以依据公共属性合并属性表，也可以依据空间位置合并属性表，而纯表格数据只可以依据公共属性合并属性表。

1）依据公共属性合并属性表

依据公共属性合并属性表就是按照属性表之间共同的属性字段及其属性值，实现属性表的合并。所以首先要求公共属性具有相同的属性类型，如字符型、数字型等。依据公共属性合并属性表具体的做法如下：

（1）在 ArcMap 目录内容表中，右击要连接的数据层，在弹出的快捷菜单中选择"连接和关联"→"连接"命令，弹出"连接数据"对话框。
（2）依据公共属性合并属性表时需要在"需要把什么数据连接到当前图层"下拉列表框中选择"从表中连接属性"选项。
（3）"设置选择当前图层中要进行连接的字段""选择要连接到当前图层中的表，或者从硬盘上打开数据表"以及"选择表中需要连接的字段"选项。
（4）在对话框中单击"高级"按钮，弹出"高级连接选项"对话框。
（5）在其中可以选择"保留所有记录"或者"只保留匹配的记录"。如选择"保留所有记录"单选按钮，则保留合并后的所有记录；如选择"只保留匹配的记录"单选按钮，则只保留匹配的记录。选择后单击"确认"按钮，回到"连接数据"对话框。
（6）单击"确认"按钮，完成连接。

2）依据空间位置合并属性表

依据空间位置合并属性表就是按照数据的空间关系，实现属性表的合并。依据空间位置合并属性表时，对于点、线、面状不同要素的属性表，其设置操作均有所不同。合并的方式也有"合并最近点的原始数据"和"合并有关属性值的统计值"两种。依据空间位置合并属性表的具体做法如下：

（1）在 AcrMap 目录内容表中，右击要连接的数据层，在弹出的快捷菜单中选择"连接和关联"→"连接"命令，此时弹出"连接数据"对话框。
（2）依据公共属性合并属性表，需要在对话框中的"需要把什么数据连接到当前图层"

下拉列表框中选择"根据空间位置从另一个图层连接数据"选项。

（3）设置"选择要连接到当前图层中的表或者从硬盘上打开数据表""选择连接要素类"以及"连接结果保存"等项。

（4）单击"确定"按钮，完成连接。

3.3 空间数据的转换

空间数据是 GIS 的一个重要组成部分，整个 GIS 都是围绕空间数据开展的。原始数据往往存在数据结构、数据组织等方面与用户自己的信息系统不一致，因而需要对原始数据进行转换与处理，如投影变换，不同数据格式之间的相互转换等。

3.3.1 投影变换

投影变化（Projection Transformation），就是从一种地图投影变换成另一种地图投影的理论和方法。各种地图的数学基础（即所采用的地图投影）往往并不相同，当运用一种地图作为资料来编制，以另一种投影为数学基础的新地图时，就会出现投影变换的问题。投影变换是两平面间的点的变换，也就是 $(x, y) \rightarrow (X, Y)$，即建立两者之间的函数关系，并通过这种关系进行转换。

1. 投影变换基础

由于地图是平的，因此，一些最简单的投影就是投影到几何形状上，该形状可被展平，而能被收缩成曲面。这些曲面被称为可展开曲面。圆锥曲面、圆柱曲面和平面即为一些常用的可展开曲面。地图投影使用数学算法系统地对位置进行投影，从旋转椭球体的曲面投影到平面上的对应位置。

从一个曲面投影到另一个曲面的第一步是创建一个或多个接触点。每个接触均称为切点（或切线）。平面投影在某个点处与地球相切。相切圆锥和圆柱沿一条线接触地球。如果投影曲面与地球相交，而不只是接触其曲面，则产生的投影为相割情况，而不是相切情况。无论接触是相切形式还是相割形式，接触点或接触线都是很重要的，因为它们定义了零变形位置。真实比例的线包括中央子午线和标准纬线（有时称为标准线）。通常，变形会随距接触点距离的增加而增大。

由于地球上任意一点的位置是用地理坐标（纬度 ψ、经度 λ）表示，而平面上点的位置使用直角坐标（纵坐标 x、横坐标 y）或极坐标（动径 ρ、动径角 δ）表示，所以要想将地球表面上的点转移到平面上，必须采用一定的数学方法确定地理坐标与平面直角坐标或极坐标之间的关系。这种在球面和平面之间建立点与点之间函数关系的数学方法，称为地图投影。

地图投影往往根据所用的投影曲面（圆锥曲面、圆柱曲面或平面）进行分类，例如圆锥投影、圆柱投影和平面投影。如图 1-3-12 ~ 图 1-3-16 所示。地图投影的实质是将地球椭球面上的经纬线网按照一定的数学法则转移到平面上。

圆锥投影（相切）

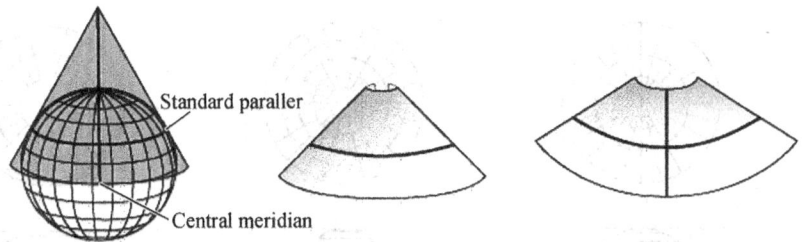

圆锥棱至于地球上，圆锥和地球沿一条纬线相交，该纬线就是标准纬线，沿中央子午线对面的经线切开圆锥，并将其展平为平面。

图 1-3-12　圆锥投影（相切）

圆锥投影（相割）

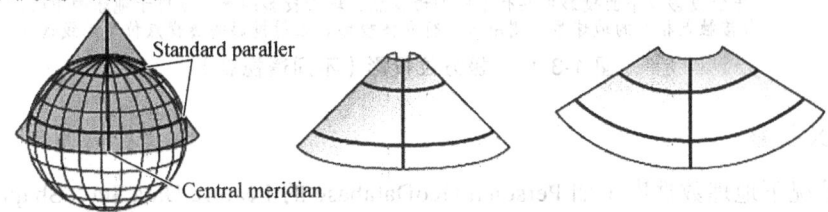

圆锥棱至于地球上，但穿过曲面。圆锥和地球沿两条纬线相交。这两条纬线就是标准纬线。沿中央子午线对面的经线切开圆锥，并将其展开为平面。

图 1-3-13　圆锥投影（相割）

圆柱方位投影

 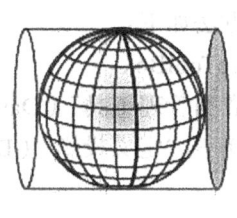 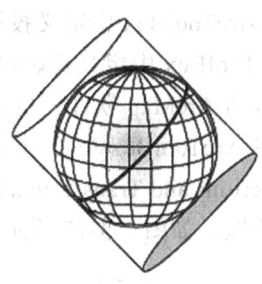

　　　Normal　　　　　　　Transverse　　　　　　　Oblique

圆柱板置于地球上。圆柱可沿一条纬线（正常情况）、一条经线（横轴情况）或其他线（斜轴情况）接触地球。

图 1-3-14　圆柱方位投影

平面方位投影

　　　Polar　　　　　　　Equatorial　　　　　　　Oblique

平面板置于地球上，平面可在极点（两级情况）、赤道（赤道情况）或其他线（倾斜情况）处接触地球。

图 1-3-15　平面方位投影

极方位投影（不同透视点）

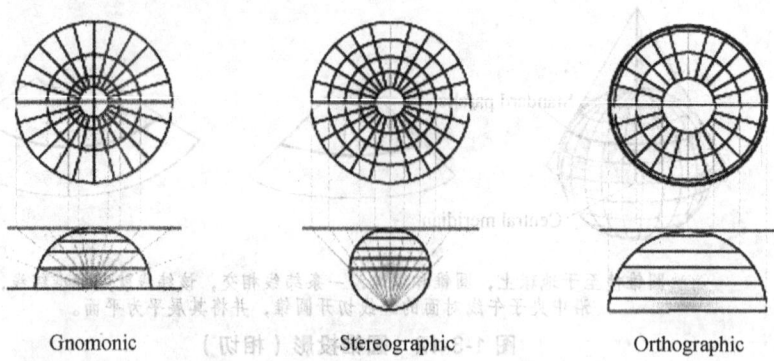

方位投影或平面投影可具有不同的透视点，球心投影的透视点位于地球的中心。与接触点相对的地球另一侧用来进行立体投影。正射投影的透视点位于无线远处。

图1-3-16　极方位投影（不同透视点）

2．定义投影

一般情况下地理数据库（如 Personal GeoDatabase 的 Feature Data Set、Shape File 等）在创建时都具有空间参考的属性，空间参考定义了该数据集的地理坐标系或投影坐标系，没有坐标系的地理数据在产生应用过程中是毫无意义的，但由于在数据格式转变、转库过程中可能造成坐标系统信息丢失，或创建数据库时忽略了坐标系统的定义，因此需要对没有坐标系统信息的数据集进行坐标系统定义。

1）在 ArcToolBox 中定义投影

在 ArcToolBox 中定义投影操作方法如下：

（1）启动 ArcMap 软件，打开 ArcToolBox。

（2）在 ArcToolBox 中，选择"数据管理工具"（Data Management Tools）→"投影和变换"（Projections and Transformations）→"定义投影"（Define Projection）命令，弹出"定义投影"对话框，如图1-3-17所示。

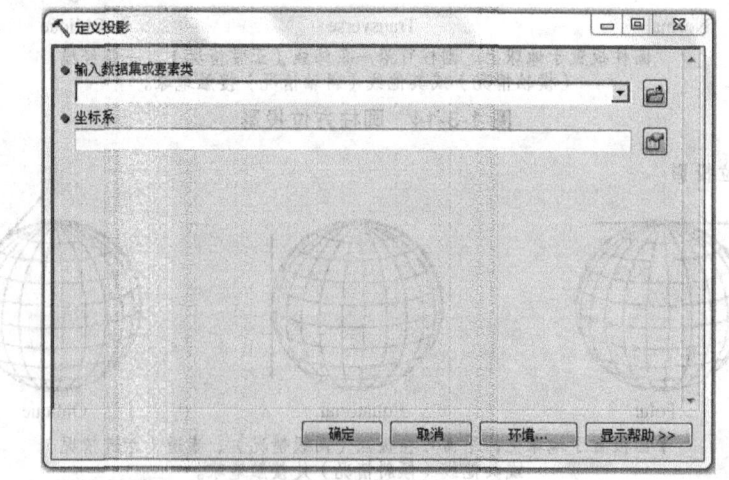

图1-3-17　"定义投影"对话框

（3）在"输入数据或要素类"文本框中输入要定义的数据集或要素，也可单击旁边的打开文件按钮选择相应的数据集或要素类；在"坐标系"文本框中直接输入或单击右侧"选择"按钮，选择需要为上述数据集或要素类定义的坐标系统。若单击"坐标系"文本框右侧"选择"按钮，则会弹出"空间参考属性"对话框，如 1-3-18 所示。

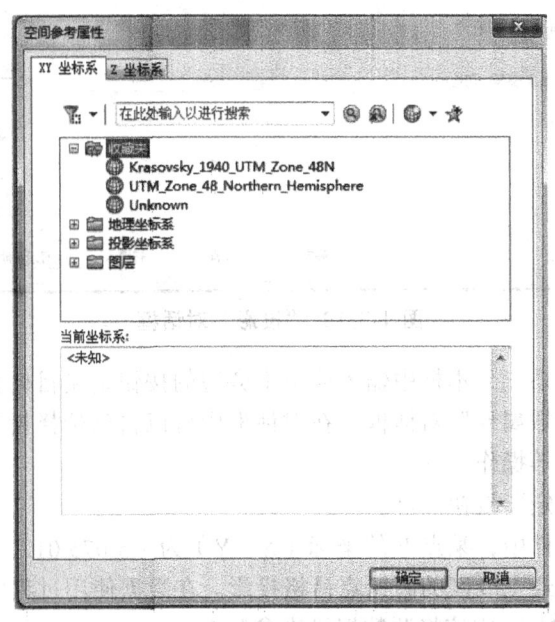

图 1-3-18 "空间参考属性"对话框

（4）在"空间参考属性"对话框中设置要素集或要素的空间投影坐标信息。

（5）最后单击"确定"按钮即可。

例：在某点状 Shape 文件中，可查得某点 P 的坐标（X，Y）为：（112.2，43.3），但是该 Shape 文件没有相应的 Prj 文件，即没有空间参考信息，也不知道 X、Y 的单位。

这时就需要定义上述点文件的投影坐标信息。在了解这个文件坐标方面的信息后，通过坐标系统定义的操作就可将其定义为正确的投影坐标，如将其定义为 Beijing1954 坐标，那么点 P 就代表是东经 112.2 度，北纬 43.3 度的点。

2）在 ArcToolBox 中改变定义投影

投影的方法可以使带某种坐标信息的数据源向另一坐标系统做转换，并对源数据中的 X 和 Y 值进行修改。一个典型的例子是利用该方法修正某些旧地图数据中 X、Y 值前加了带数和分带方法的数值。具体操作方法如下：

（1）启动 ArcMap 软件，打开 ArcToolBox。

（2）在 ArcToolBox 中，选择"数据管理工具"（Data Management Tools）→"投影和变换"（Projections and Transformations）→"要素"（Feature）→"投影"（Project），弹出"投影"对话框，如图 1-3-19 所示。

（3）在"输入数据集或要素类"文本框中输入要定义的数据集或要素，也可单击旁边的打开文件按钮选择相应的数据集或要素类；在"输出数据集或要素类"文本框中输出要定义的数据集或要素，也可单击旁边的打开文件按钮选择相应的路径和文件。

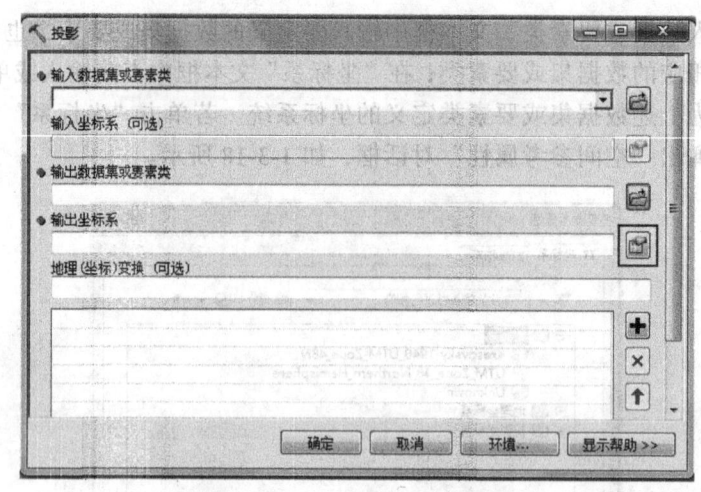

图 1-3-19 "投影"对话框

（4）在"输出坐标系"文本框中输入或单击旁边的按钮定义目标数据的坐标系统，单击按钮后会弹出"空间参数属性"对话框。在对话框中可以自己选择投影坐标，也可以进行导入或者新建、修改坐标等操作。

（5）最后单击"确定"按钮即可。

例：某 Shape 点文件中，某点 P 的坐标（X，Y）为（5 075 012，478 021），且该 Shape 文件坐标系中央为东经 120 度的高斯克吕格投影。在数据使用过程中为了将点 P 的值改为真实值（75 012，478 021），应该将源数据投影参数 False_Easting 和 False_Northing 值分别加上 500 000 和 0 作为源坐标系统，修改参数前的坐标系作为投影操作的目标坐标系统，然后通过投影操作后生成一个新的 Shape 文件，且与源文件中点 P 对应的点坐标为（X，Y）：（75 012，478 021）。

3）在数据框属性中定义或改变投影

在 ArcMap 中，可以通过数据框属性来定义或改变投影，具体方法如下：

（1）启动 ArcMap 软件。

（2）添加图层数据。将世界国家地图与世界城市地图两个图层数据添加过来。这两个图层名称分别命名为 "country" 与 "major cities"；文件所在的数据文件夹名称、路径为 "Ex8\Projection"。单击 ArcMap 软件工具栏上 "添加数据" 对话框，选择这两个数据，单击 "添加"按钮即可加载。

（3）选择投影方式。在数据框图层控制的"图层"上右击，在弹出的快捷菜单中选择"属性"选项，弹出"数据框属性"对话框。

（4）在其中选择"坐标系统"标签，进入"坐标系统"选项卡。

（5）设置数据投影坐标信息。如果想重新定义，可以单击"清除"按钮清除当前数据的投影坐标信息。如果想转换坐标，则在"选择一个坐标系统"列表框中为数据定义一个新的坐标后，单击"转换"按钮即可实现。

例如，在"选择一个坐标系统"列表框下，选择"预定义"→"Geographic Coordinate Systems —World—WGS1984"选项。在投影文件夹的下方，有一个 World 文件夹，里面放着各种不同的投影。在这里选择了自己想要展示的投影之后，按下对话框下方的"确定"按钮，即完成投影的选择。

（6）设置完成后，单击"数据框属性"对话框的"确定"按钮，更改投影的结果将呈现于 ArcMap 的图形窗口上。

3．投影变换

对于一般的投影变换操作，在 ArcToolbox 中进行会比较方便快捷。具体步骤如下：

（1）打开 ArcToolbox，展开"数据管理工具"（Data Management Tools）→"投影和变换"（Projections and Transformations）→"定义投影"（Define Projection）选项。

（2）在"投影"对话框中，依次设定输入要素类、输出要素类和输出坐标系。输出坐标系选择为"World_Mercator"。位置为坐标系统"\Projected Coordinate Systems\world\mercator（world）.prj"。

（3）单击"确定"按钮后，完成由地理坐标系 WGS-84 到投影坐标系 mercator（world）的变换。此时，视窗下方状态栏中的坐标显示由经纬度变成公里网。

4．数据变换

对矢量数据的相应操作可由 ArcMap 中编辑工具条的若干工具来实现，而栅格数据的相应操作则集中于 ArcToolbox 的 Projections and Transformations 工具集中。下面对栅格数据的翻转（Flip）和镜像（Mirror）工具做详细介绍，重设比例尺（Rescale）、旋转（Rotate）、移动（Shift）和扭曲（Warp）等自行练习。

首先，打开原图像"qb_boulder_msi.img"，如图 1-3-20 所示。

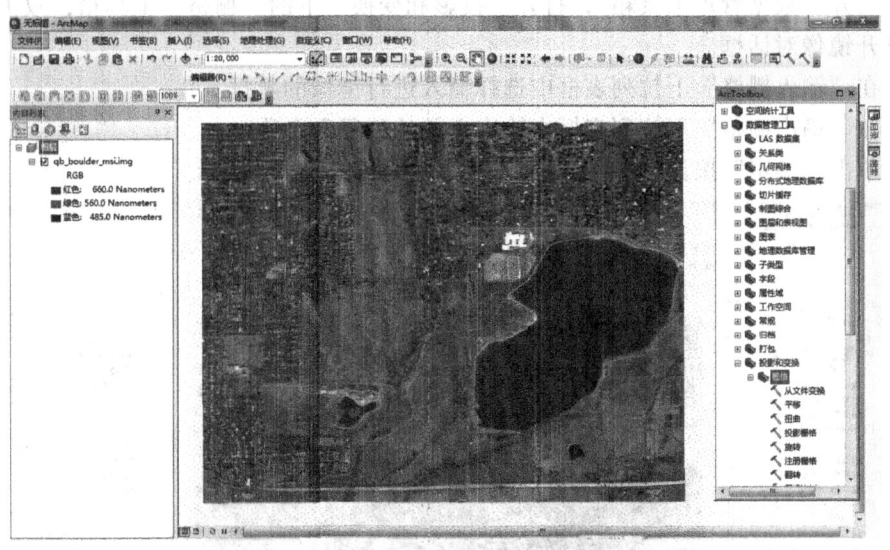

图 1-3-20　原始图像

1）翻转（Flip）

翻转是指将栅格数据沿着通过数据中心点的水平轴线，将数据进行上下翻转。

（1）展开"数据管理工具箱"，打开"投影和变换"下的"栅格"工具箱，双击"翻转"命令，打开"翻转"对话框。

（2）在"输入栅格"中选择要输入的栅格。

(3)在"输出栅格"中选择输出栅格的路径和名称。

(4)单击"确定"按钮,执行数据翻转操作,输出的栅格如图 1-3-21 所示。

图 1-3-21 栅格数据翻转变换后的图像

2)镜像(Mirror)

镜像是沿穿过区域中心的垂直轴从左向右翻转栅格。

(1)展开"数据管理工具箱",打开"投影和变换"下的"栅格"工具箱,双击"镜像"命令,打开镜像对话框。

(2)在"输入栅格"下拉列表框中选择输入进行镜像的数据。

(3)在"输出栅格"下拉列表框中输出文件的路径和名称。

(4)单击"确定"按钮,执行数据镜像操作,如图 1-3-22 所示。

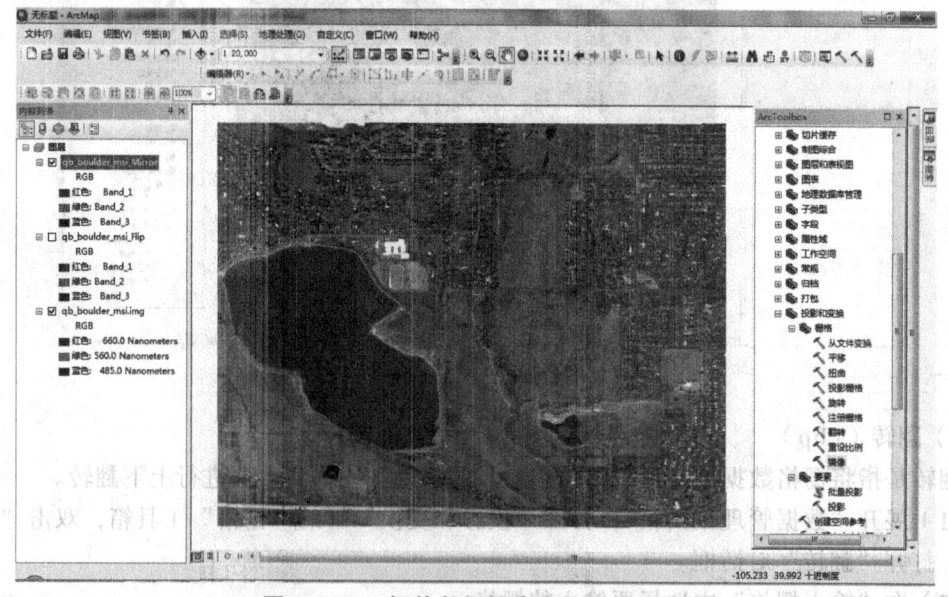

图 1-3-22 栅格数据镜像变换后的图像

3.3.2 数据结构和格式转化

空间数据的来源有很多,如地图、工程图、规划图、照片、航空与遥感影像等,因此空间数据也有很多种格式。根据应用需要,对数据的格式要进行转换。数据结构间的转换主要包括矢量到栅格数据的转换和栅格到矢量数据的转换。利用数据格式转换工具,可以转换Raster、CAD、Coverage、Shapefiles 和 Geodatabases 等各种 GIS 数据格式。

1. 数据结构转换

地理信息系统的空间数据结构主要有栅格结构和矢量结构,它们是表示地理信息的两种不同方式。栅格结构是以规则的阵列来表示空间地物或现象分布的数据组织,组织中的每个数据表示地物或现象的非几何属性特征。矢量结构是通过记录坐标的方式尽可能精确地表示点、线、多边形等地理实体。在地里信息系统中栅格数据与矢量数据各具特点与适用性,为了进一步分析处理,常常需要实现两种结构的转换。

矢量数据向栅格数据的转换具体方法如下:

(1)打开矢量数据"贵州省市域"面文件,如图 1-3-23 所示。

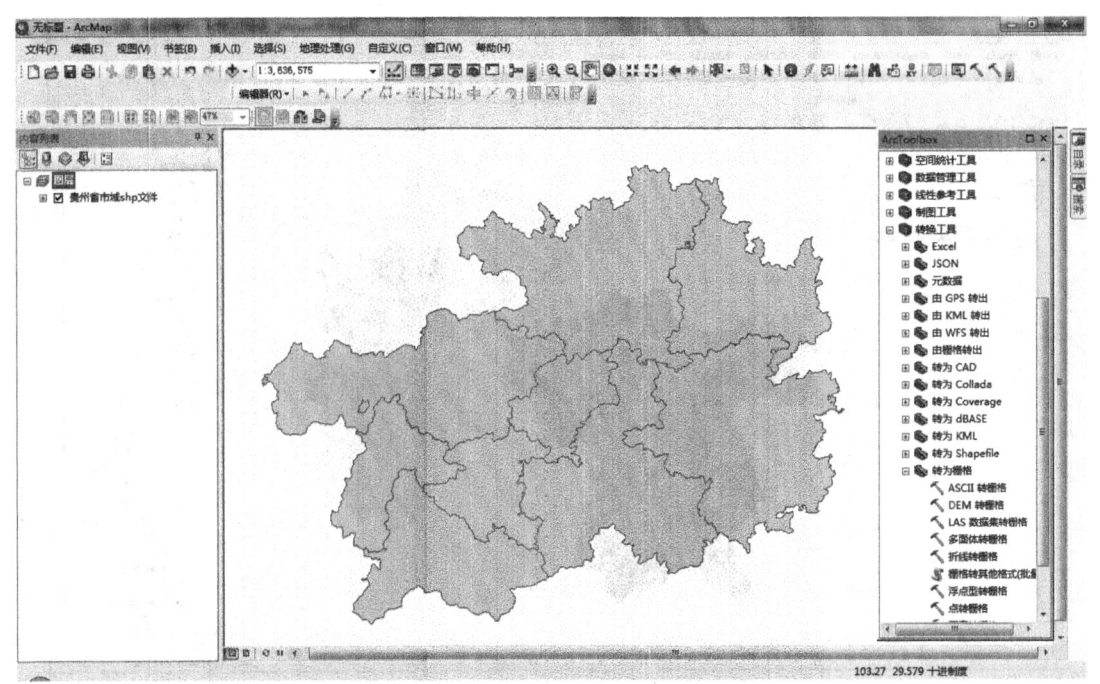

图 1-3-23 矢量数据"贵州省市域"面文件

(2)展开"转换工具"箱,打开"转为栅格"工具,双击"面转栅格"对话框。
(3)在"输入要素"下拉列表中选择输入需要转换的矢量数据。
(4)在"字段"下拉列表中选择数据转换时所依据的属性值。
(5)在"输出栅格"下拉列表中选择输出的栅格数据的路径和名称。
(6)在"输出像素大小"下拉列表中选择输出栅格的大小,或者浏览选择某一栅格数据,输出的栅格大小将与之相同,各项参数设置如图 1-3-24 所示。

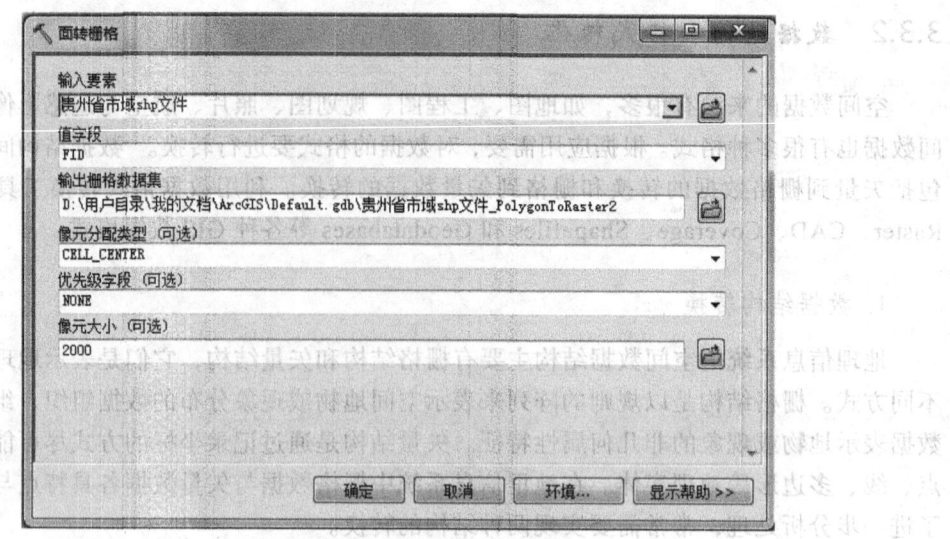

图 1-3-24 "面转栅格"对话框

（7）单击"确定"按钮，执行转换操作，转换结果在设置显示风格后如图 1-3-25 所示。

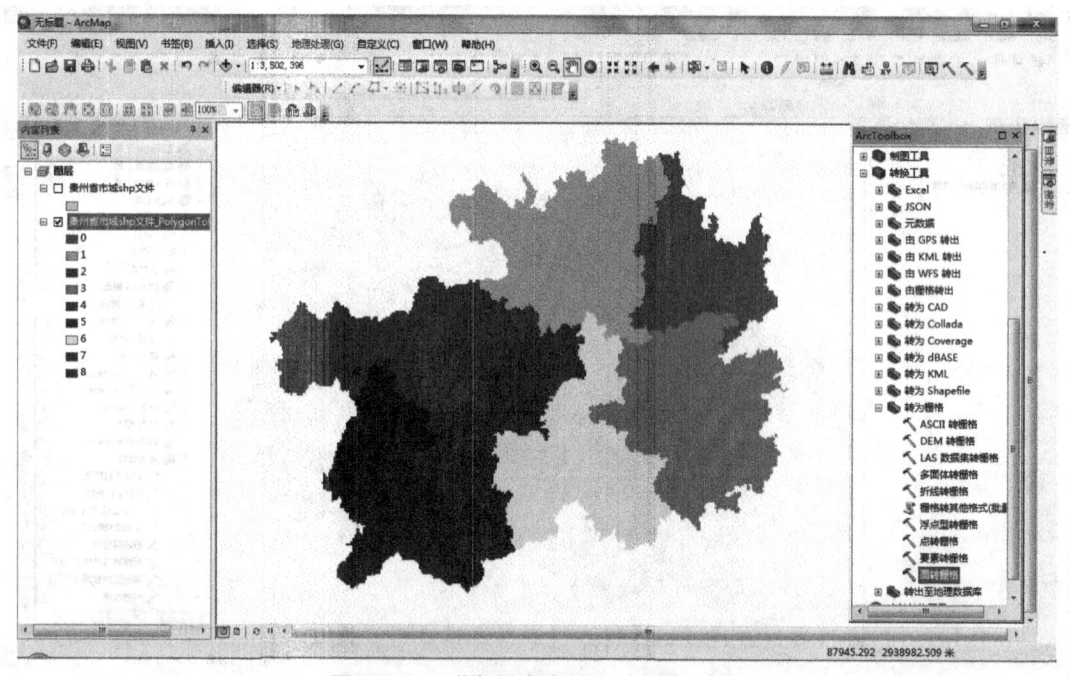

图 1-3-25 "贵州省市域"的栅格文件

由于栅格数据转矢量数据的转换操作方法与上面大同小异，这里不再具体说明。

2. 数据格式转换

对于 ArcGIS 来说，数据格式转换可分为两种，一种是其他数据格式的数据到 ArcGIS 需要数据格式的转换，另一种是 ArcGIS 支持数据格式到其他数据格式的转换。dBASE 表用于存储可以按属性关键字与 Shapefile 要素连接的属性。"表转 dBASE"工具可用于迁移 INFO

表甚至其他 dBASE 表，以供特定的 Shapefile 使用。"转为 CAD"工具集中的工具用于将地理数据库要素转换为本地 CAD 格式。下面以 CAD 数据转换为地理数据库为例。

CAD 数据的转换为地理数据库的操作步骤：

（1）展开"转换工具"箱，打开"转出至地理数据库"工具，双击"CAD 至地理数据库"对话框，如图 1-3-26 所示。

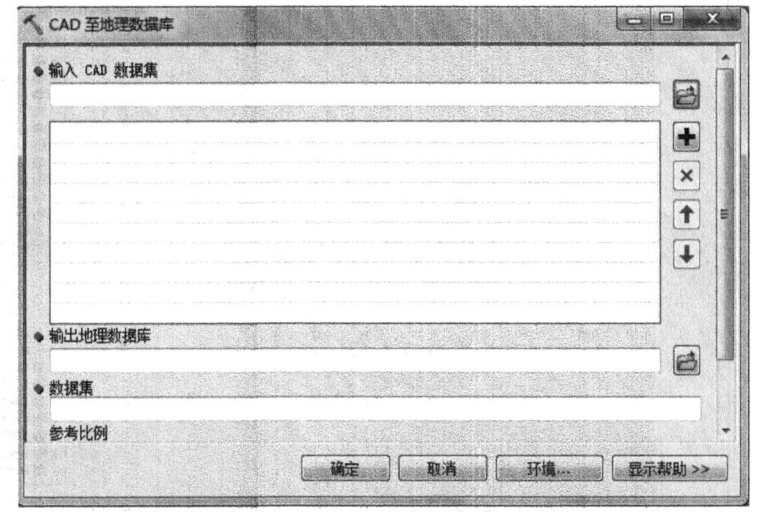

图 1-3-26 从"CAD 至地理数据库"对话框

（2）在"输入文件"下拉列表中选择输入需要转换的 CAD 文件（可使用"+"号添加多个数据层）。

（3）在输出地理数据库文本框中输出的地理数据库的路径与名称。

（4）单击"确定"按钮，执行转换操作。

3.4 空间数据的处理

数据处理是针对数据本身的操作，不涉及内容的分析。本节介绍数据的裁剪、拼接、提取等内容。

3.4.1 数据裁剪

数据裁剪是从整个区域裁剪出需要的区域，以减少不必要的数据参与运算。例如从贵州省地图数据中裁剪出黔东南州的数据。

1. 矢量数据的裁剪

对于矢量数据的裁剪，这里以一个实例进行介绍。现有数据"居民点"（海南省所有村庄的数据），剪切要素"陵水县边界"（陵水县域）。欲使用陵水县边界从海南省村庄数据中剪切陵水县范围内的数据，具体操作步骤如下：

(1)启动 ArcMap 软件,打开"我国三级以上河流.shp"和"贵州行政界"矢量数据,如图 1-3-27 所示。

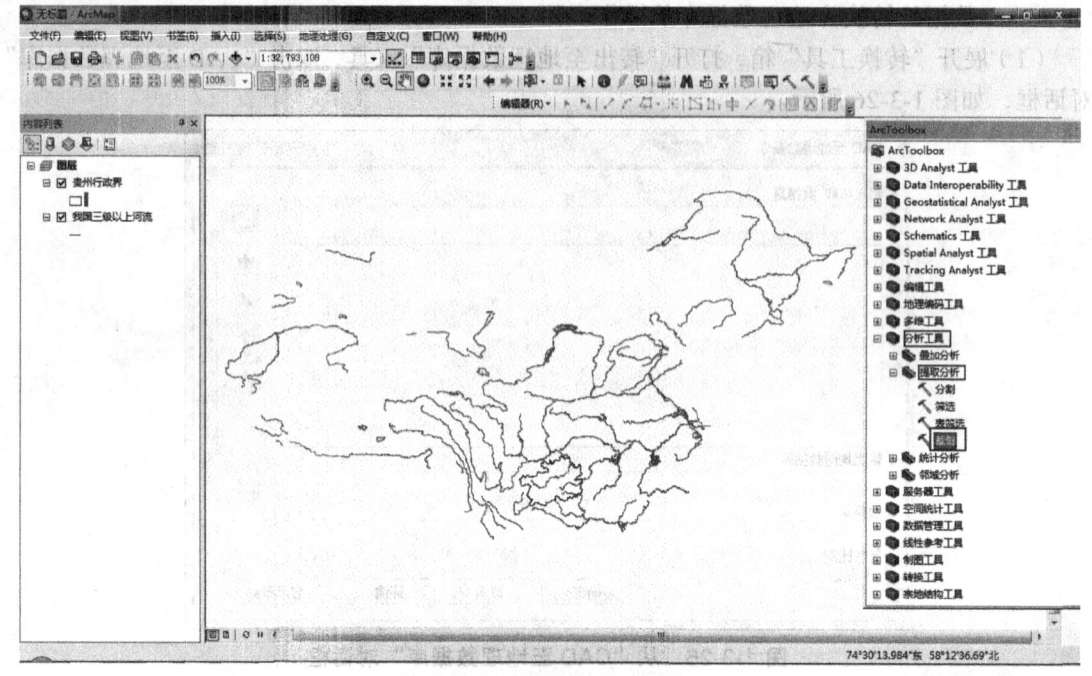

图 1-3-27 待裁剪的数据和裁剪范围

(2)在 ArcTooiBox 中,选择"分析工具"→"提取分析"→"裁剪"命令,弹出"裁剪"对话框,如图 1-3-28 所示。

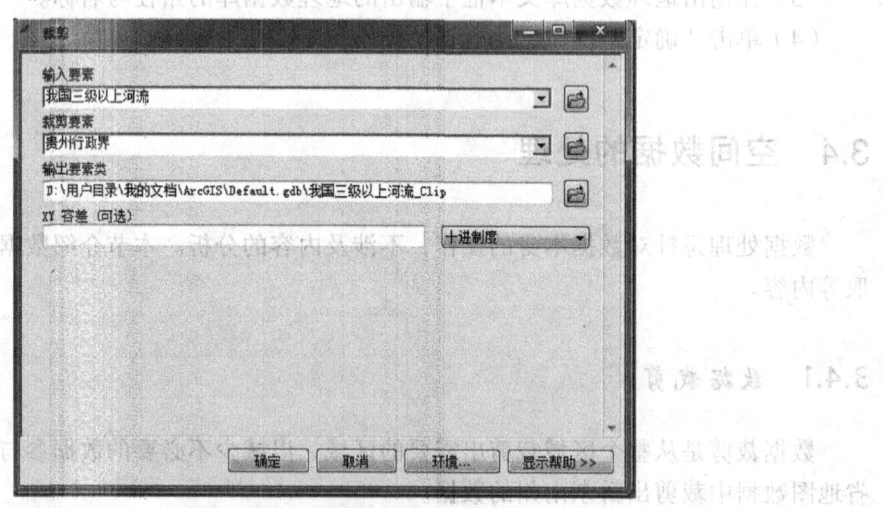

图 1-3-28 "裁剪"对话框

(3)在"输入要素"下拉列表框中输入要裁剪的数据要素"我国三级以上河流.shp"。
(4)在"裁剪要素"下拉列表框中输入裁剪范围数据文件"贵州行政界"。
(5)在"输出要素类"文本框中指定输出要素的路径和名称。
(6)"簇容限值"是可选项,用于确定容差的大小。

(7)单击"确定"按钮,执行裁剪操作,裁剪得到的数据如图 1-3-29 所示。

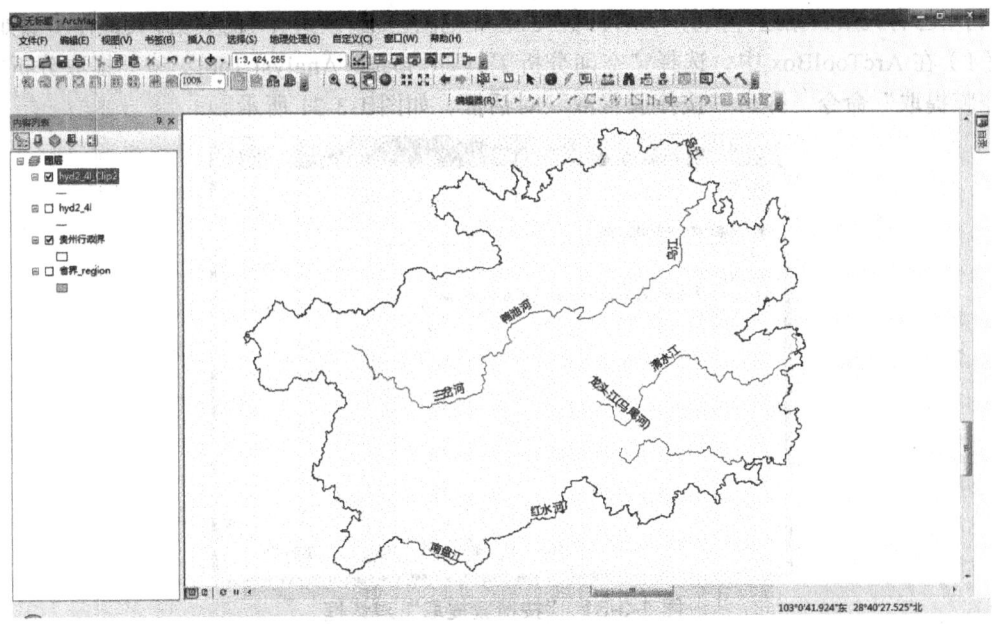

图 1-3-29 裁剪操作结果

2. 栅格数据的裁剪

栅格数据的裁剪原理和上述类似,其裁剪有多种方法,例如用已有矢量数据、圆形、矩形、多边形等进行裁剪。下面将以实例讲解利用已有矢量数据和圆形来进行裁剪操作。在裁剪操作之前,先在 ArcMap 中加载原始数据"dem"栅格数据(陕西省白水县周边 DEM 数据)和"白水县"矢量数据,加载的原始数据如图 1-3-30 所示。

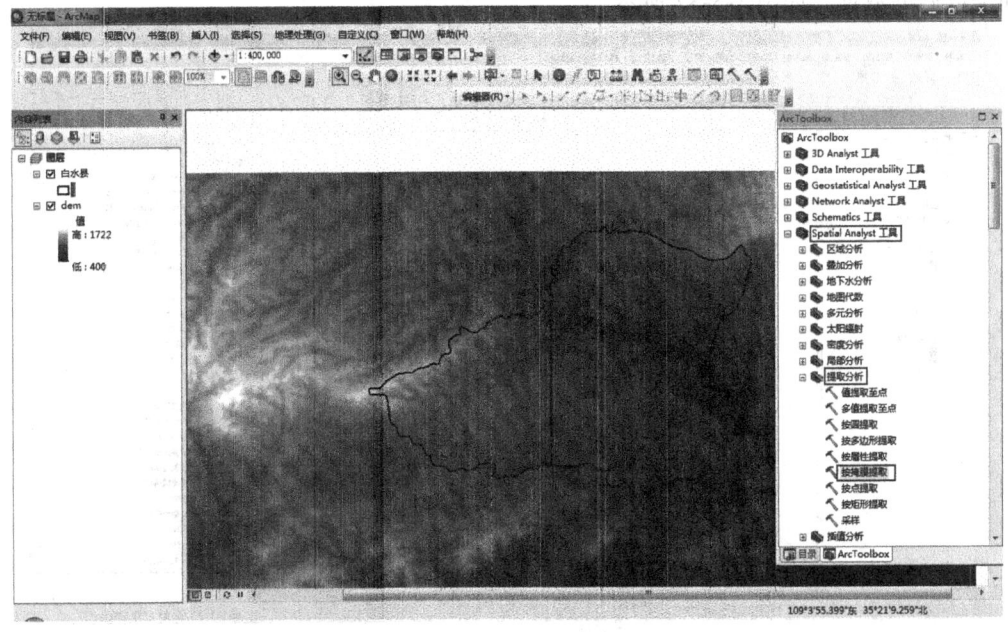

图 1-3-30 原始数据

1）利用已有矢量数据来裁剪

利用已有矢量数据进行裁剪可以得到自己想要范围（如行政边界）的数据，其操作步骤如下：

（1）在 ArcToolBox 中，选择"空间分析工具"（Spatial Analyst Tool）→"提取分析"→"按掩膜提取"命令，弹出"按掩膜提取"对话框，如图 1-3-31 所示。

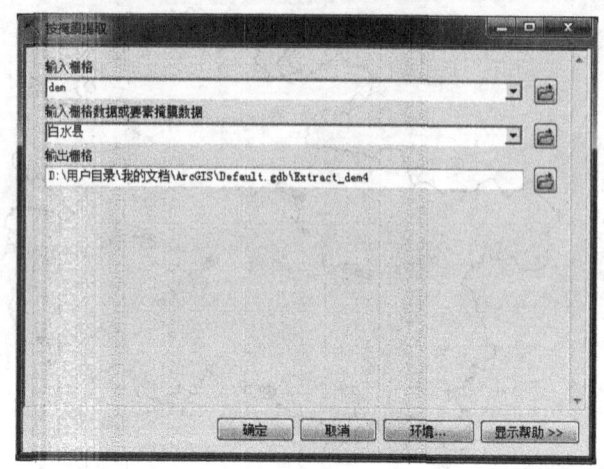

图 1-3-31 "按掩膜提取"对话框

（2）在"输入栅格"下拉列表框中单击旁边的打开文件按钮选择要裁剪的栅格图像"dem"栅格数据。

（3）在"输入栅格或要素掩膜数据"下拉文本框中单击旁边的按钮，选择剪切的范围数据文件"白水县"矢量数据。

（4）在"输入栅格"文本框中指定输出栅格的路径和名称，如图 1-3-31 所示。

（5）单击"确定"按钮，执行用掩膜提取操作，掩膜提取操作完成后，ArcMap 会自动添加提取后的数据，如图 1-3-32 所示。

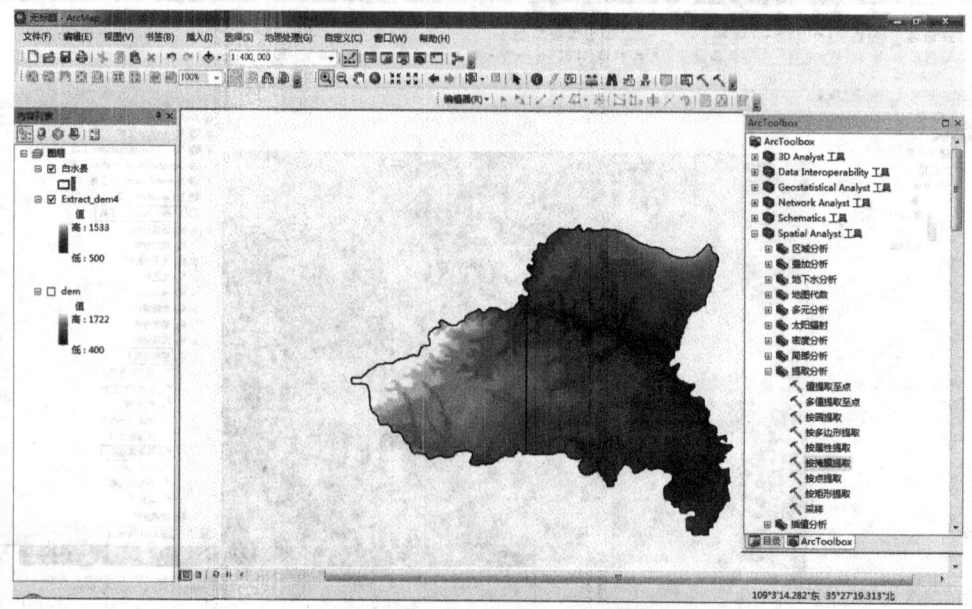

图 1-3-32 掩膜提取栅格的结果

2）利用圆的裁剪操作

如果在数据处理时需要的数据范围是一个圆形，这时就可以通过输入圆的范围方式来进行裁剪操作。利用设定的圆进行裁剪操作和上述操作方法基本一致。

在 ArcMap 中加载原始数据打开"剑河县.jpg"，然在 ArcToolBox 中选择"空间分析工具"（Spatial Analyst Tool）→"提取分析"→"按圆提取"命令，弹出"按圆提取"对话框，如图 1-3-33 所示。在对话框中指定"输入栅格""中心点坐标""半径""输出栅格""提取区域"后，单击"确定"按钮即可执行操作。

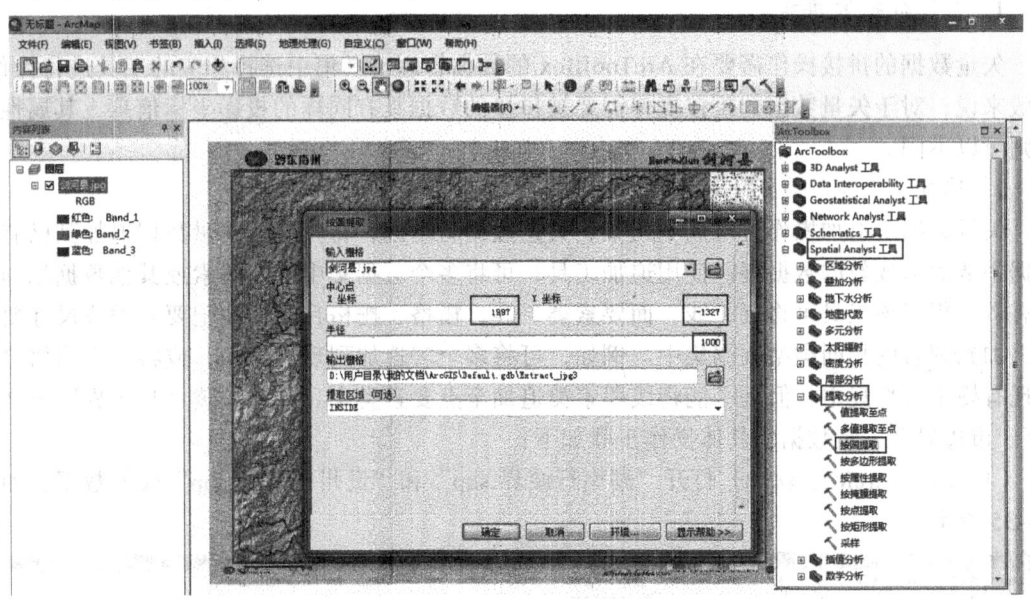

图 1-3-33　"按圆提取"对话框

按圆提取栅格图像的结果如图 1-3-34 所示。

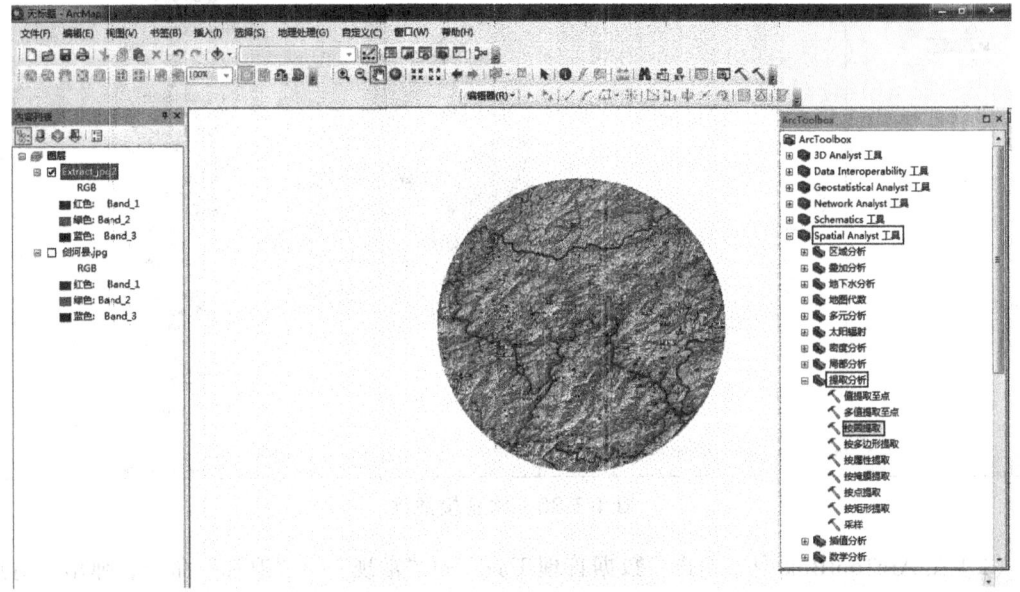

图 1-3-34　按圆提取栅格结果

3.4.2 数据拼接

由于研究区域可能是一个非常大的范围，跨越了若干相邻空间数据，而空间数据是按分幅方式存储的，因此要对这些相邻的数据进行拼接。数据拼接是指将空间相邻的数据拼接成为一个完整的目标数据。拼接的前提是矢量数据需要进行空间配准。空间数据拼接是空间数据处理的重要环节，也是地理信息系统空间数据分析中经常需要进行的操作。

1. 矢量数据的拼接

矢量数据的拼接操作需要在 ArcToolBox 的数据管理工具集中选择相应的工具进行操作。一般来说，对于矢量数据的拼接操作需要被拼接的数据具有同样的投影坐标信息，其属性结构则可以不同。

1）追加

矢量数据的追加操作通常用于以某一矢量数据为基础，将其他的矢量数据追加到已有的数据中从而形成新的数据集。使用追加工具，可将多个数据集中的新要素或其他数据添加至现有数据集。该工具可将点、线、面要素类，表，栅格，栅格目录，注记要素类或尺寸要素类追加到现有的相同类型数据集中。例如，可将多个表追加到现有表中，或将多个栅格追加到现有栅格数据集中，但是不能将线要素类追加至点要素类中。如将"陵水县边界"追加到"万宁市边界"矢量数据的具体操作步骤如下：

（1）启动 ArcMap 软件，打开"湖南行政界.shp"和"贵州行政界.shp"矢量数据，如图 1-3-35 所示。

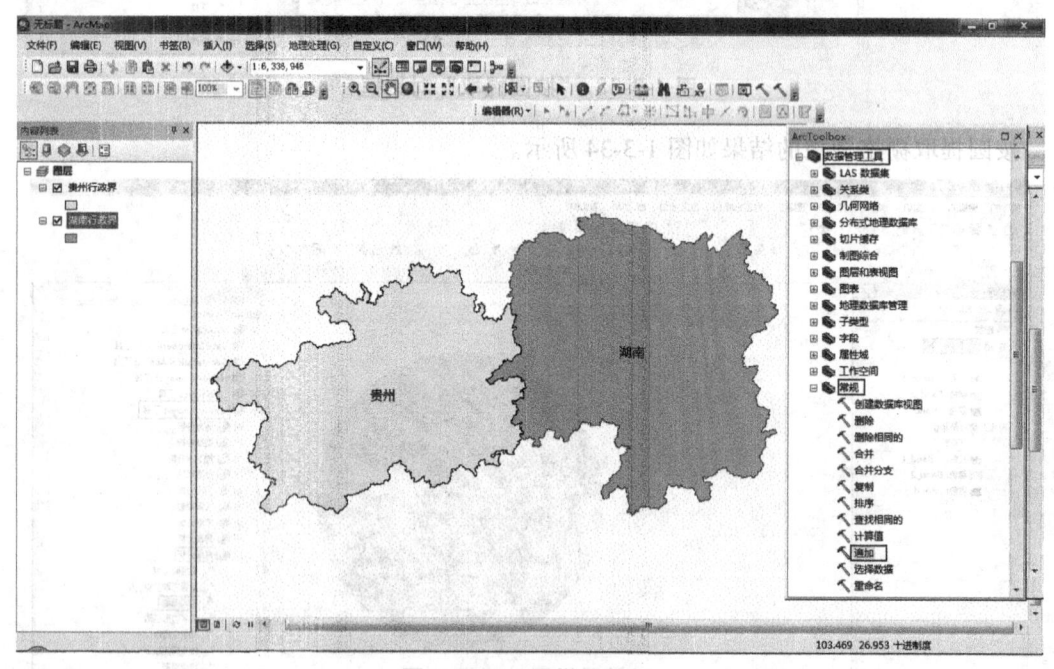

图 1-3-35 需拼接数据

（2）在 ArcToolBox 中，选择"数据管理工具"→"常规"→"追加"命令，弹出"追加"对话框，如图 1-3-36 所示。

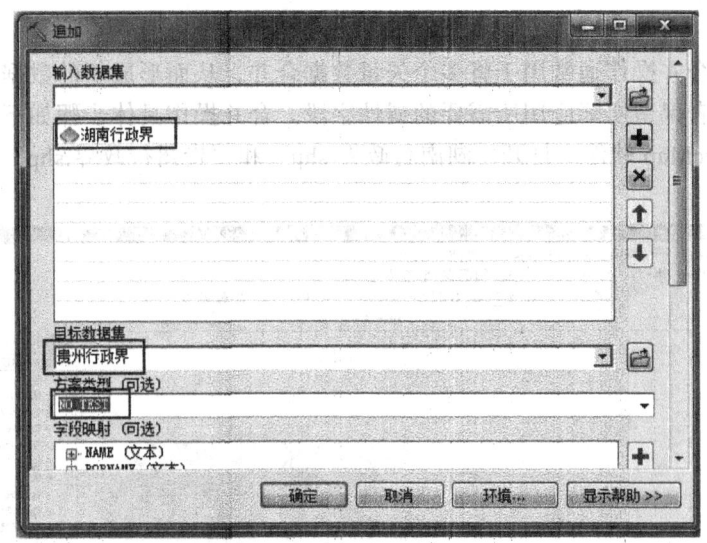

图 1-3-36 "追加"对话框

（3）在"输入要素"文体框中选择输入的数据"湖南行政界"。在"目标数据集"文本框中选择"贵州行政界"，如图 1-3-36 所示。

（4）指定输入要素的路径和名称，在方案类型中可以选择"TEST"或"NO_TEST"。如果选择了"TEST"，则表示输入数据集的方案（字段定义）必须与目标数据集的方案相匹配，然后才能追加要素，否则会报告错误；如果选择了"NO_TEST"，则输入数据集的方案（字段定义）不必与目标数据集的方案相匹配。

（5）单击"确定"按钮，执行追加操作。追加后数据的效果如图 1-3-37 所示。

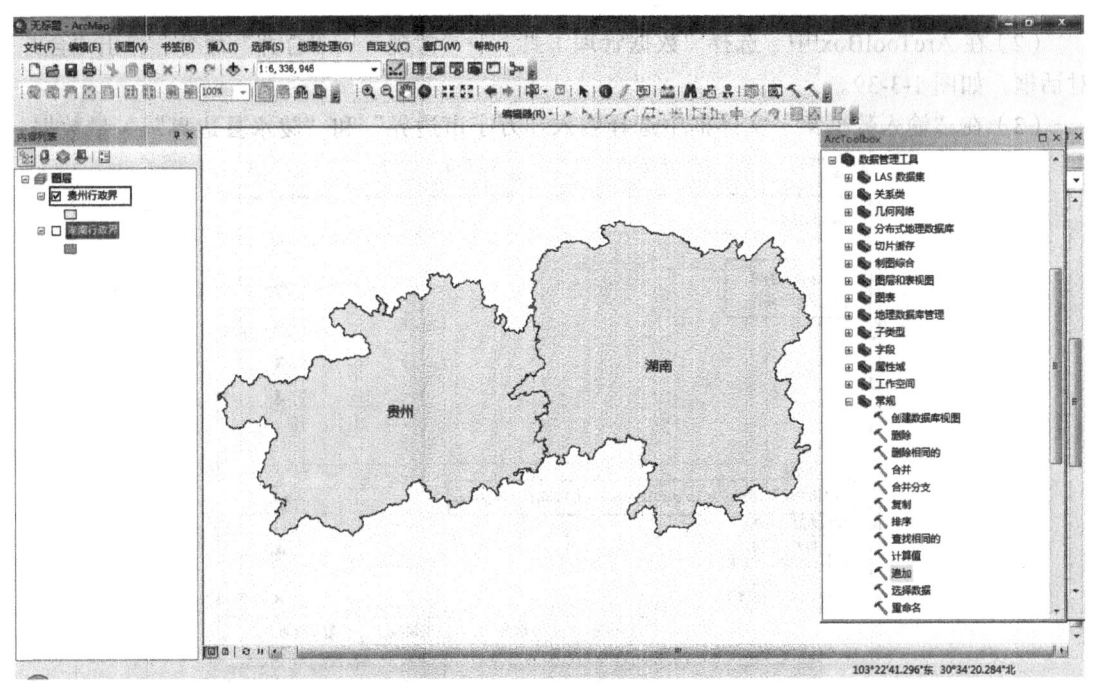

图 3.37 追加后的数据

2）合并

矢量数据的合并操作通常用于将多个矢量数据合并，从而形成新的数据，其字段映射功能可以帮助使用者保留实际应用所需要的属性字段。合并操作具体步骤如下：

（1）启动 ArcMap 软件，打开"湖南行政界.shp"和"贵州行政界.shp"矢量数据，如图 1-3-38 所示。

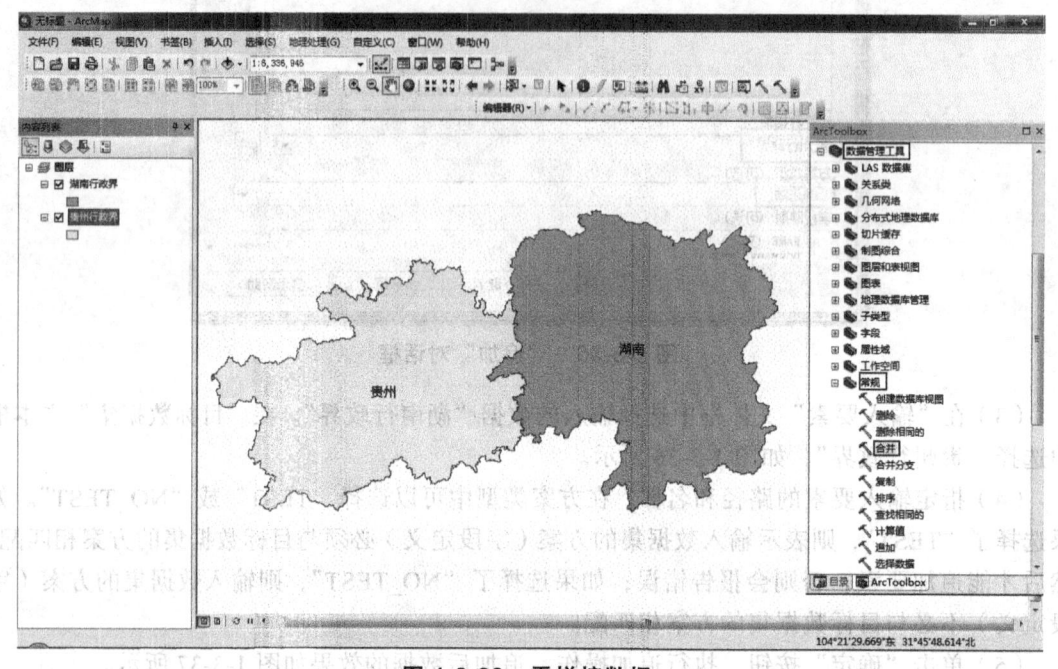

图 1-3-38　需拼接数据

（2）在 ArcToolBox 中，选择"数据管理工具"→"常规"→"合并"命令，弹出"合并"对话框，如图 1-3-39。

（3）在"输入数据集"文体框中选择输入"万宁市边界"和"陵水县边界"矢量数据。

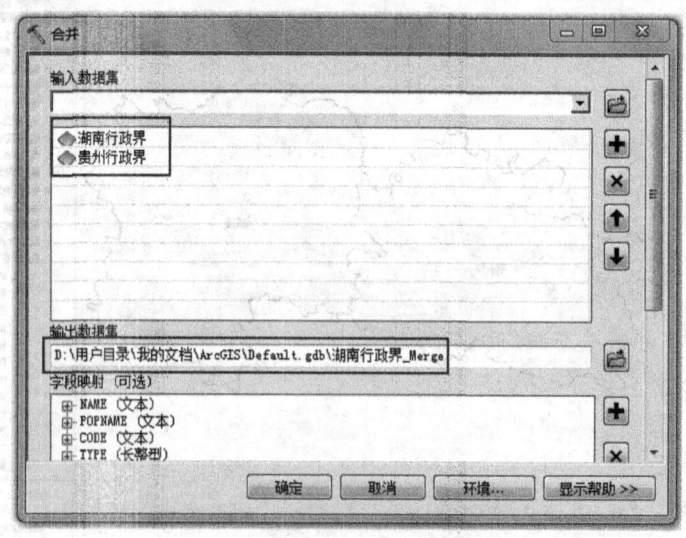

图 1-3-39　"合并"对话框

（4）指定输入要素的途径和名称，可以设置字段映射，如图1-3-39所示。

（5）单击"确定"按钮，执行合并操作。合并后两个数据的效果如图1-3-40所示。

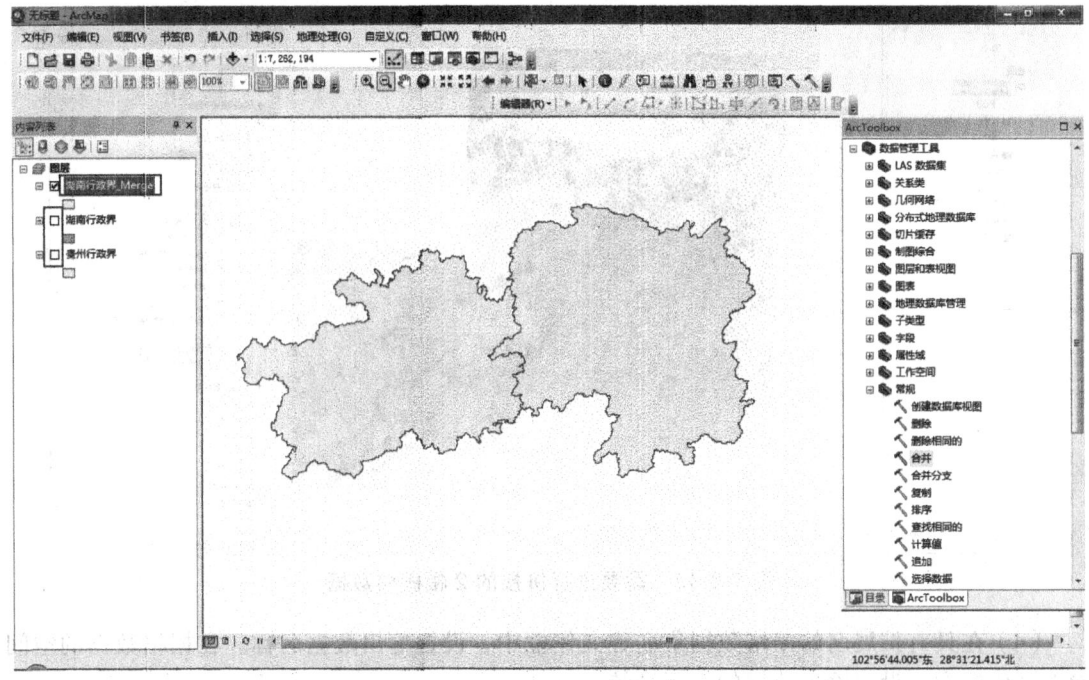

图 1-3-40　合并后的数据

注意：操作完后打开合并后数据的属性表，可以看到属性表一起被复制过来了，如图1-3-41所示。

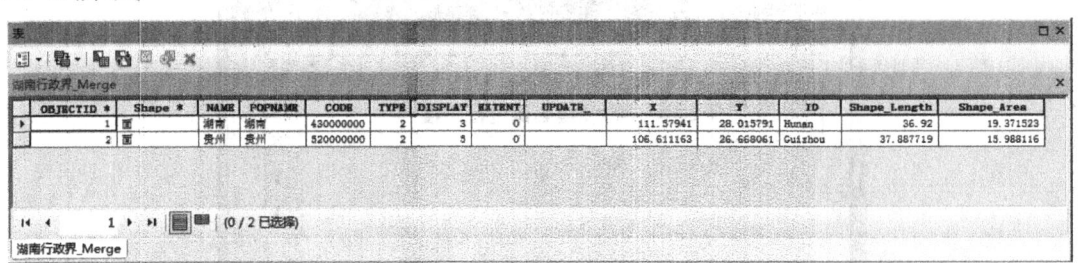

图 1-3-41　合并后的数据属性表

2. 栅格数据的拼接

栅格数据的拼接在实际应用中也非常普遍，可以便捷地将两幅或者多幅在地域上相互邻接，而在数据存储格式上相互分离的遥感图像、DEM数据等栅格结构的数据拼接在一起。下面以实例介绍栅格数据的拼接，具体操作步骤如下：

（1）加载需要进行拼接的2幅遥感影像（栅格数据mosaic1.img及mosaic2.img），如图1-3-42所示。

（2）在ArcToolBox中，选择"数据管理工具"→"栅格"→"栅格数据集"→"镶嵌到新栅格"命令，弹出"镶嵌到新栅格"对话框。

（3）在输入栅格文体框中选择输入进行拼接的数据；在输出位置文体框中选择输出数据位置。

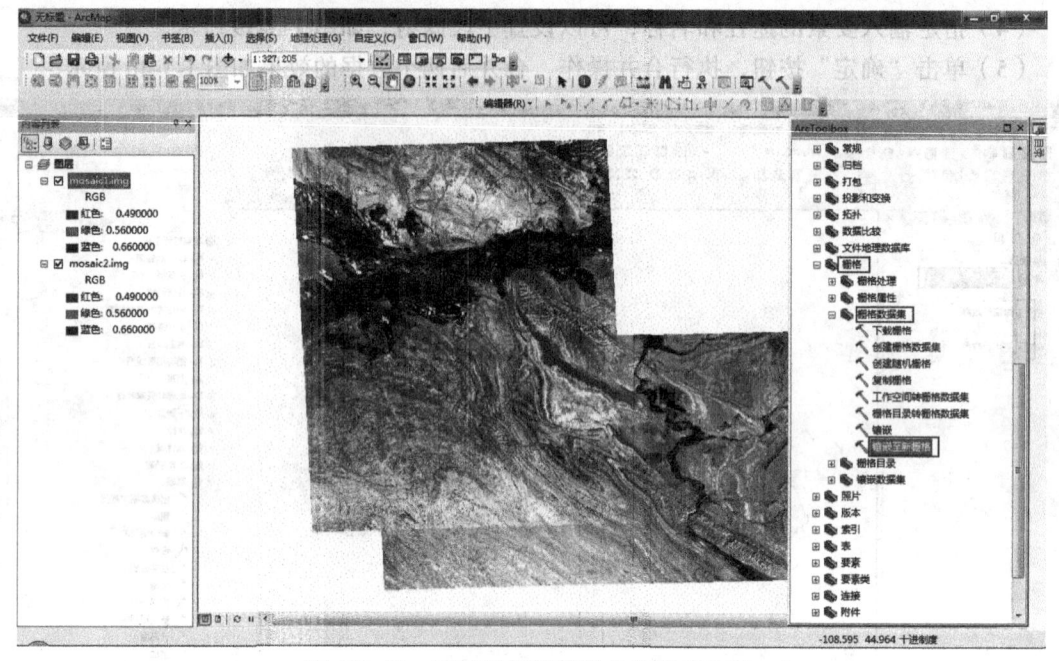

图 1-3-42 需要进行拼接的 2 幅栅格数据

（4）在具有扩展名的栅格数据集名称文体框中，设置输出数据名称。在栅格数据的空间参考文体框中，设置输出数据的坐标系统。

（5）在像素类型下拉列表框中，设置输入栅格数据的类型。在像元文体框中，设置输入栅格数据的大小。在波段数文体框中，设置输入数据的波段数，如图 1-3-43 所示。

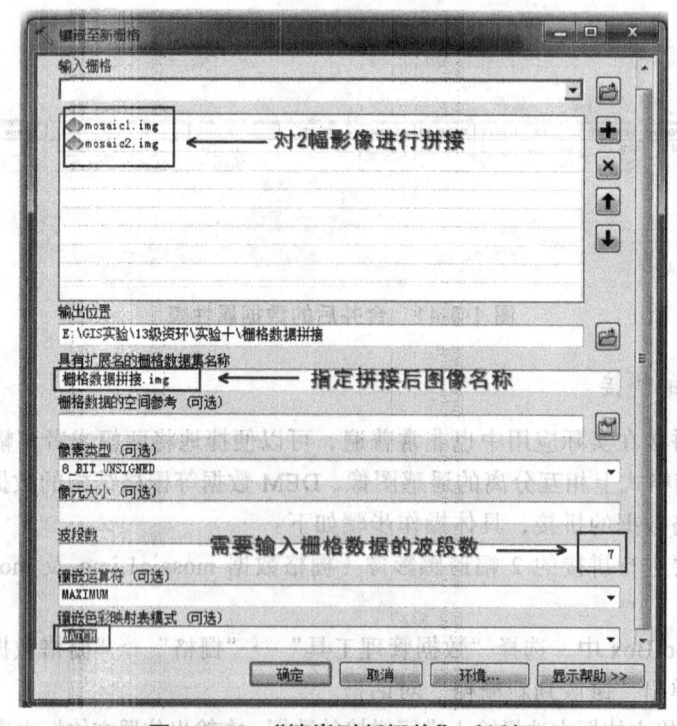

图 1-3-43 "镶嵌到新栅格"对话框

（6）在镶嵌运算符下拉列表框中选择镶嵌重叠部分的方法，例如默认状态 FIRST，表示重叠部分的栅格值取输入栅格窗口罗列的第一个数据的栅格值。在镶嵌色彩映射表模式下拉列表中选择输入数据的色彩模式。在默认状态下表示输入各数据的色彩将保持不变。

（7）单击"确定"按钮，执行镶嵌到新栅格操作。

镶嵌到新栅格操作结果如图 1-3-44 所示。

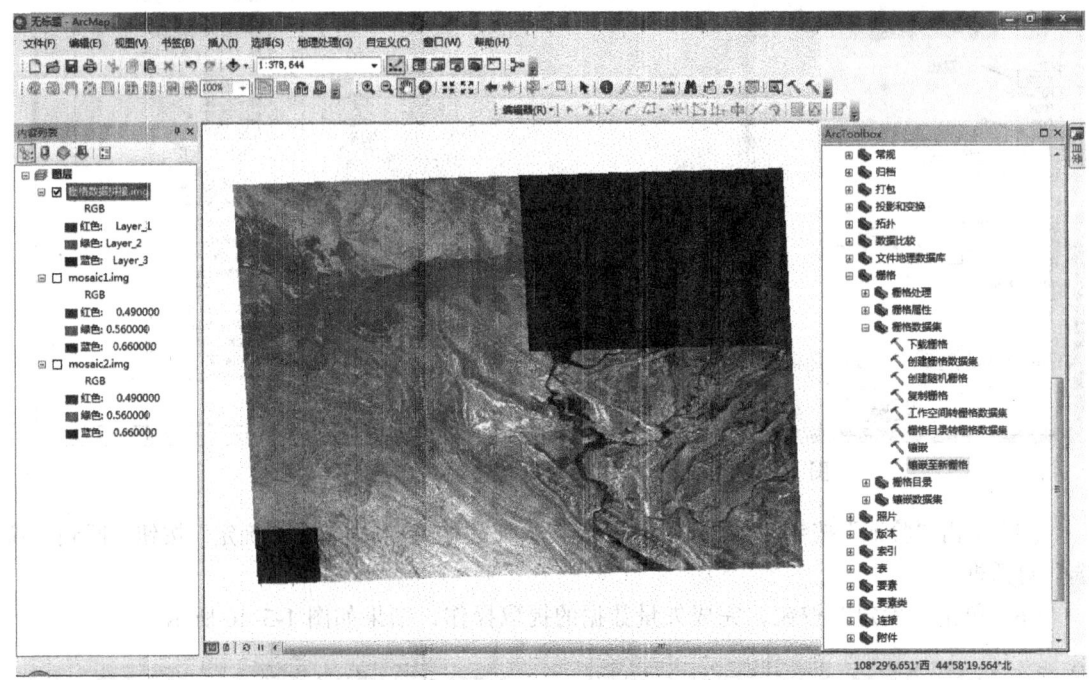

图 1-3-44　操作结果

3.4.3　数据提取

数据提取是从已有数据属性表内容选择符合条件的数据而构成新的数据层。可以通过设置 SQL（Structured Query Language，结构化查询语言）表达式进行条件选择。

1. 矢量数据的提取

如果某一次具体应用所需要的矢量数据在范围很大的数据集中，就需要首先将使用的数据从数据集中提取出来。下面以从西南五省行政区矢量数据中提取贵州省行政区界的实例来介绍矢量数据提取的具体操作：

（1）在 ArcToolbox 中，选择"分析工具"→"提取分析"→"筛选"命令，弹出"筛选"对话框，如图 1-3-45 所示。

（2）在"输入要素"下拉列表框中选择用于进行筛选的矢量数据。

（3）在"输出要素类"文体框键入输出数据的路径与名称。

（4）单击"表达式"文体框右边的按钮，弹出"查询构建器"对话框，设置 SQL 表达式，如图 1-3-45 所示。

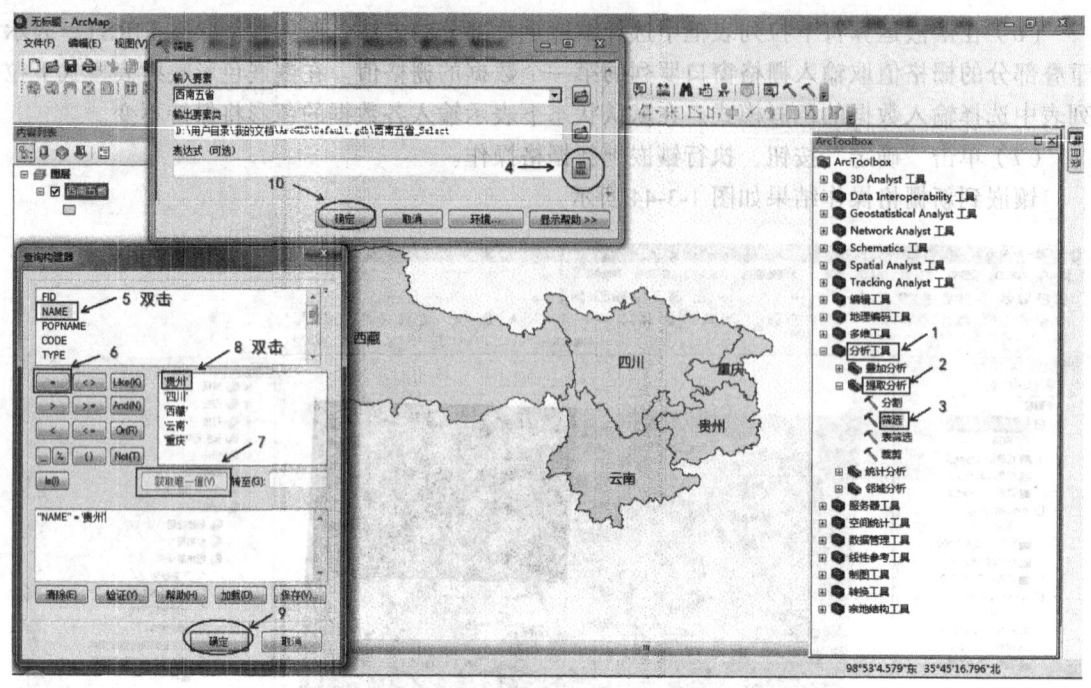

图 1-3-45 "筛选"对话框与"查询构建器"对话框

（5）单击"验证"按钮，如果显示"已成功验证表达式"，则单击"确定"按钮，回到"筛选"对话框。

（6）单击"确定"按钮，完成矢量数据的提取操作，结果如图 1-3-46 所示。

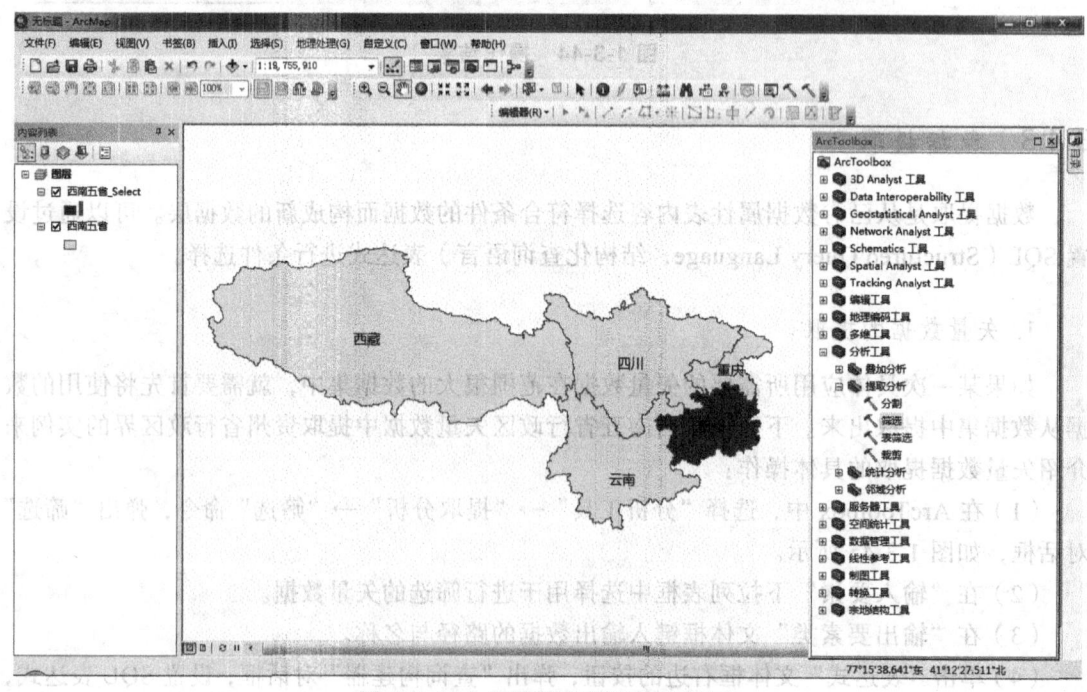

图 1-3-46 矢量数据提取操作结果

2. 栅格数据的提取

栅格数据的提取操作可以从原栅格数据中提取满足某一条件的栅格数据的集合。先在 ArcMap 中加载原始数据"dem"栅格数据。

（1）在 ArcToolBox 中，选择"空间分析工具"（Spatial Analyst Tool）→"提取分析"→"按属性提取"命令选项，如图 1-3-47 所示。

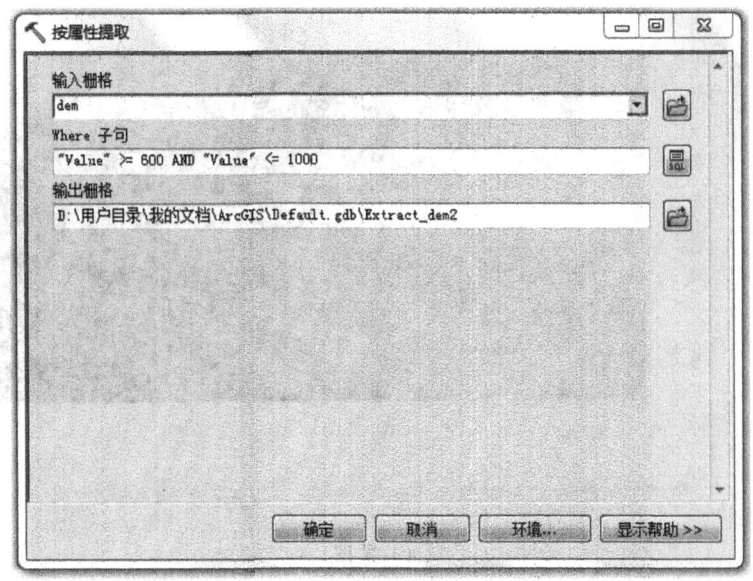

图 1-3-47 "按属性提取"对话框

提示：因为该功能是依据数据的属性进行提取，所以适用于具有属性表的栅格数据。

（2）在"输入栅格"下拉列表框中选择输入的矢量数据。

（3）单击"where 子句（即条件语句）"文本框旁边的按钮，弹出"查询构建器"对话框，如图 1-3-48 所示，并设置 SQL 表达式。

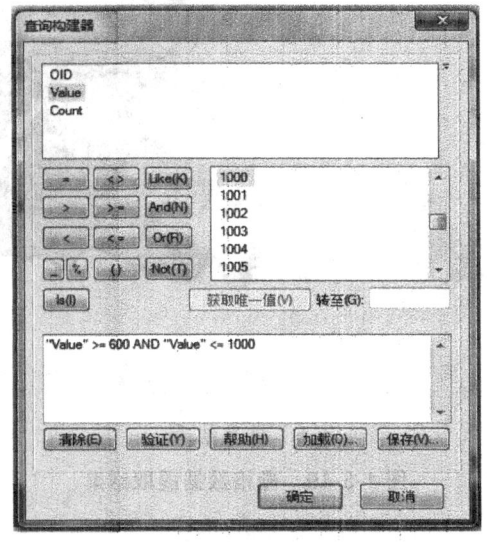

图 1-3-48 查询构建器

（4）在"输出栅格"文本框中键入输出数据的路径与名称。
（5）单击"确定"按钮，执行提取条件。操作结果如图1-3-49所示。

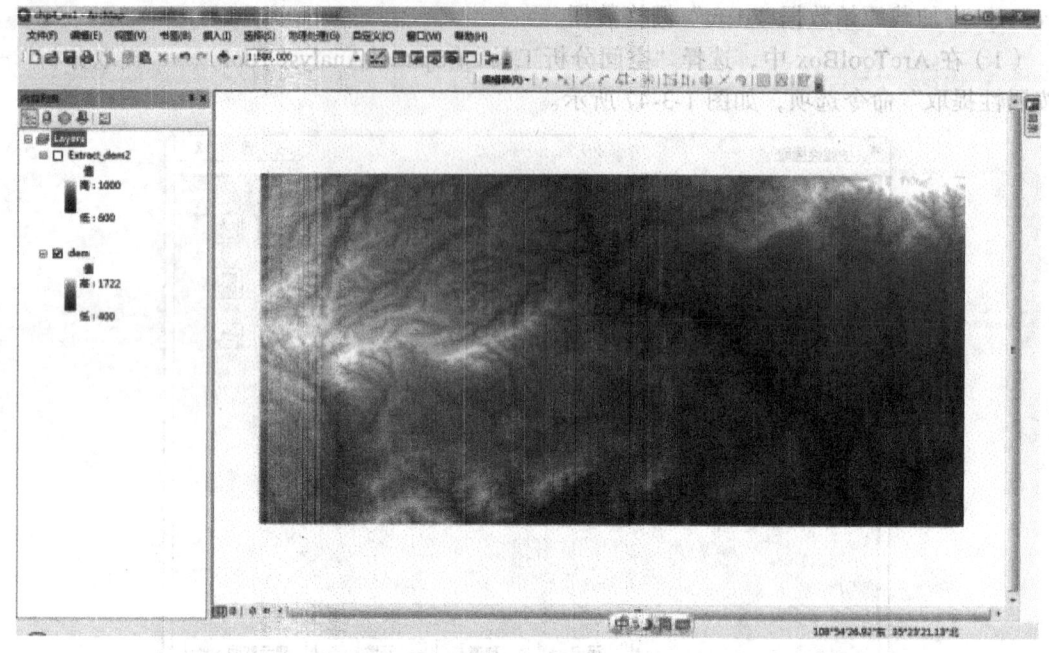

（a）原图

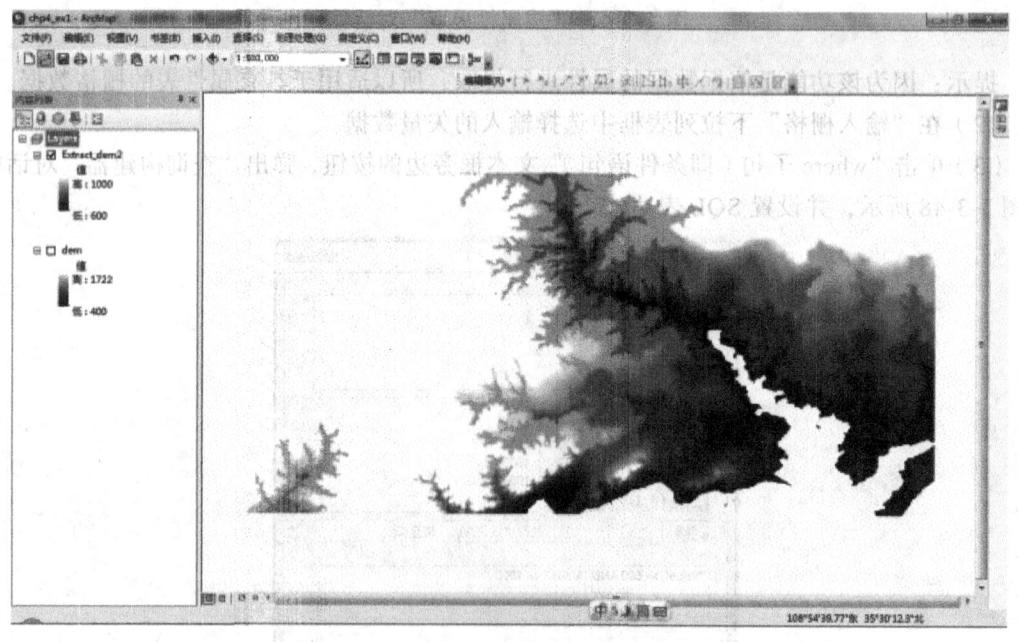

（b）提取结果

图 1-3-49　栅格数据提取结果

第4章 空间数据分析

从空间处理的角度看，GIS 可以被视为是一套用来从现有的数据集获取新数据集的信息转换工具。ArcGIS 空间分析提供了多种强大的空间建模与分析功能，用户可以实现创建、查询和分析基于单元的栅格数据并基于这些数据制图；进行整合式栅格/矢量分析；在多个数据图层中查询信息；将基于单元的栅格数据与传统的矢量数据源完全整合。它还包括从现有数据中获取新信息，然后进行分析，最终将结果导入到数据集中。使用者可以使用空间处理功能产生高质量的数据，并对数据进行质量检查、建模和分析等操作。在 ArcGIS 中，空间处理工具大部分集中在 ArcToolbox 工具箱中。

【空间分析基本术语】

- 单元

单元是栅格数据中最小的信息单位，每个单元都代表地球上对应单位区域位置上的某一测量数值。每个单元所表示的区域面积取决于栅格分辨率，高分辨率（大比例）栅格单元表示的区域面积较小，通常采用像平方米这样的单位来计量。低分辨率（小比例）栅格中的单元表示的是大面积区域的统一值，通常采用像公顷或平方公里这样的单位计量。也可将单元值用作与其他属性值相关联的索引，例如土壤或植被类型。

- 基于单元的分析

在基于单元的分析中，每个位置都是栅格数据集中的一个值，不同工具通过对输入的单元值应用数学规则、空间规则或算法规则来生成输出栅格数据。

- 地图代数

地图代数是一种语义语言，用于将数学运算和算法运算（总体上）应用于栅格数据以进行空间分析和创建新栅格数据集时所遵循的语法。通常地图代数具有四种主要运算类型：局部（local）、焦点（focal）、分区（zonal）和全局（global）。

- NoData

如果某单元所表示的位置不存在任何特征信息或特征信息不充足，则会为该位置分配一个"NoData"空值。请注意，NoData 与 0 不同，0 是有效数值。

- 栅格

是以一系列大小相等的单元来定义空间的空间数据模型，其中的数据按单元的行与列排列，整个模型由单个或多个波段（图层）构成。每个单元都包含一个属性值。栅格结构与矢量结构不同，前者是矩阵排序本身就包含坐标，而后者是需明确存储坐标。具有相同值的单元组表示同一类型的地理要素。

- 空间分析

通过叠加和其他分析方法对空间数据中各要素的位置、属性和关系进行研究，从而解决问题或获取有帮助的知识。空间分析基于空间数据提取信息或创建新信息。

- 空间建模

用于获取地理现象之间的空间关系信息的一套方法或分析过程。

4.1 空间分析工具 ArcToolbox 简介

GIS 包括了一套丰富的工具来处理和作用于地理信息，而 ArcToolbox 就是这样一组包含一系列用于空间处理的工具集，具有空间处理和空间分析的功能。

4.1.1 ArcToolbox 简介

ArcToolbox（工具箱）把 ArcGIS 桌面端的许多功能分门别类存放在不同的工具箱中，如可以完成数据转换、数据管理、空间分析、3D 分析和空间分析统计等一系列功能。其最大优势就是提供简明易懂的对话框，帮助使用者完成许多操作。ArcToolbox 工具集界面如图 1-4-1 所示。

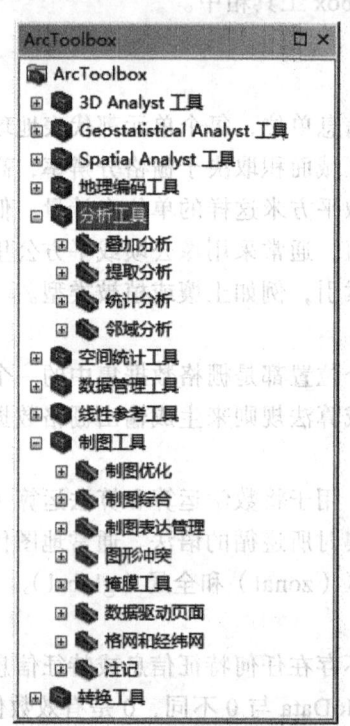

图 1-4-1　ArcToolbox 工具集

ArcToolbox 功能模块内嵌在 ArcCatalog、ArcMap、ArcScene 及 ArcGlobe 中，在 ArcView、ArcInfo 中都可以使用，但是每一个产品层次包含的空间处理工具并不完全不同。

● ArcView 具有核心、简单的数据加载、转换等基础的分析工具；

● ArcEditor 增加了少量的 GeoDatabase 的创建和加载的工具；

● ArcInfo 提供了进行矢量分析、数据转换、数据加载和对 Coverage 的最完整的空间处理工具集合。

● ArcView 中的 ArcToolbox 包含的工具超过 80 种，ArcEditor 超过 90 种，ArcInfo 则提供了大约 250 种工具。

另外，ArcGIS 具有可扩展性，其他的空间处理工具集合来自于 ArcGIS 扩展模块。例如，ArcGIS Spatial Analyst 它具有约 200 个栅格建模工具，3DAnalyst 含有 44 种 TIN 和地形分析的空间处理工具。ArcGIS 的 Geostatistical Analyst 提供克里格（kriging）和面插值工具。

4.1.2 ArcToolbox 的启动

在 ArcGIS8.3 版本以前，ArcToolbox 是个单独的应用程序。在 9.0 版本之后，ArcToolbox 已经集成在 ArcMap 等其他应用程序中，在应用程序界面的工具栏上红色的箱子就是 ArcToolbox。

由于 ArcToolbox 内嵌在其他的软件模块中，在 ArcCatalog、ArcMap、ArcScene、ArcGlobe 中是一个可以停靠的窗口，因此可以从这些软件中直接启动 ArcToolbox 并使用 ArcToolbox 中相关的功能模块。

1. 激活扩展工具

启动 ArcToolbox 功能模块后，其中的一些工具是不能使用的，需要先予以激活。用户可以通过激活扩展命令来使用这些额外的 GIS 功能。下面就以激活 3D Analyst 扩展工具为例，其操作的具体步骤如下：

（1）选择"自定义"→"扩展模块"命令，弹出"扩展模块"对话框，如图 1-4-2 所示。

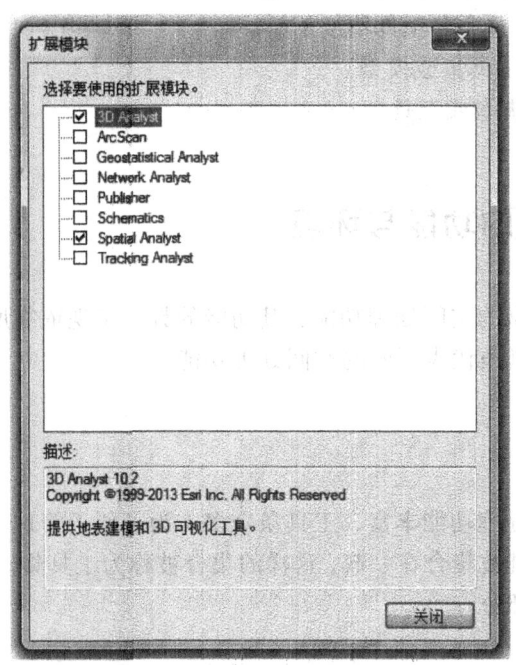

图 1-4-2 "扩展模块"对话框

（2）选择 3D Analyst 扩展工具，在 3D Analyst 复选框内打勾后，关闭对话框。
（3）这时 ArcToolbox 工具集的 3D Analyst Tools 中的工具都是可以被打开运行的。如果没有激活这个扩展工具，则 3D Analyst Tools 中的工具无法运行。

2. 创建新的 Toolbox

为了使用方便或是由于某些特殊的应用，使用者可以创建自己常用的工具集。

（1）用户可以在 ArcCatalog 中创建新的工具箱，然后再添加到 ArcToolbox 工具集面板上。

方法：打开 ArcCatalog，在 ArcCatalog（目录窗口）中选中要建立工具箱所在的文件夹，在文件夹或右边的内容浏览区任意位置，右击一下，弹出快捷菜单，选择"新建"→"工具箱"命令。这时，在指定位置就会出现一个新的工具箱。在 ArcToolbox 工具集面板上，右击打开快捷菜单，选择"添加工具箱"命令，弹出工具箱选择窗口，找到刚才建立的工具箱加入 ArcToolbox 工具集。

（2）用户也可以在 ArcToolbox 工具集面板上，右击打开快捷菜单，选择"新的工具箱"选项。这时，在工具集面板的最下方出现一个新的工具箱，可以随意命名。使用者可以在这个工具箱里选择自己需要的模块或脚本，也可以编写新脚本。

3. 管理工具

在 ArcToolbox 工具集面板上，右击任意一个 ArcToolbox 工具，都会弹出相同的快捷菜单，其提供的主要功能如下：

复制（Copy）：复制一个工具箱或者工具。

粘贴（Paste）：将复制的工具箱或者工具粘贴到这个工具箱里。

移除（Remove）：移除不需要的工具箱或工具。

重命名（Rename）：重命名工具箱或工具。

新建（New）：新建工具集或模型。

添加（Add）：添加脚本或工具。

4.2 ArcToolbox 的功能与环境

ArcToolbox 具有丰富的空间处理功能，其功能的具体实现依靠所包含的各种工具集和工具条，每个工具集和工具条代表不同的空间处理功能。

4.2.1 工具集简介

ArcToolbox 的空间处理功能丰富，工具条众多。为了便于管理和使用，一些功能接近或者属于同一种类型的工具被集合在一起，这样的集合被称为工具集。按照功能与类型的不同，工具集主要分为以下几部分：

1. 3D Analyst 工具箱（3D 分析工具箱）

3D 分析工具箱包括转换、表面功能、栅格修补、栅格计算、栅格重分类、栅格表面、TIN 创建、TIN 表面等工具和工具集。使用 3D 分析工具可以创建和修改 TIN 以及栅格表面，并从中抽象出相关信息和属性。在表面和三维数据中，使用者可以全面、清晰地掌握数据信息。

2. Data Interoperability 工具箱

数据互操作工具箱包含一组使用安全软件 FME 技术转换多种数据格式的工具。FME Suite 是用于空间数据的提取、转换和加载工具。ArcGIS 数据互操作扩展模块允许用户将空间数据格式集成到 GIS 分析中。

3. Geostatical Analyst 工具箱（地理统计分析工具箱）

地理统计分析工具集中只有一个工具——导出地理统计图层到 GRID 工具。在地统计分析中可以使用各种函数方法创建连续的表面，并对表面或地图进行可视化分析、评价。通过导出地理统计图层到 GRID 工具可以将这些数据输出 GRID 表面。

4. Network Analyst 工具箱（网络分析工具箱）

网络分析工具箱包含可执行网络分析和网络数据集维护的工具。使用此工具箱的工具，可以维护用于构建运输网模型的网络数据集，还可以对运输网执行路径、最近设施点、服务区、起始-目的地成本矩阵、多路径派发（VRP）和位置分配的等方面进行网络分析。

5. Schematics 工具箱

Schematics 工具箱包含用来执行最基本的逻辑示意图操作的工具。使用此工具箱中的工具，可以创建、更新和导出逻辑示意图或创建逻辑示意图文件夹。

6. Spatial Analyst 工具箱（空间分析工具箱）

空间统计工具箱提供了很丰富的工具来实现基于栅格的分析。空间分析工具箱主要包括条件、密度、距离、提取、一般、地下水、水文、添补、本地、地图代数、数学计算、逻辑运算、三角函数、多元多变量、邻域、叠加、栅格创建、重分类、表面、区域等工具和工具集。

7. Tracking Analyst 工具箱

Tracking Analyst 工具箱包含用于跟踪时间数据的工具以便与 Tracking Analyst 扩展模块结合使用。

8. 编辑工具箱

编辑工具箱中的编辑工具可以将批量编辑应用到要素类中的所选要素。提供了增密、擦除、延伸、翻转、概化、捕捉、修剪等功能，能快速解决这些类型的数据质量问题。

9. 多维工具箱

包含作用于 NetCDF 数据的工具。可使用这些工具：
- 创建 NetCDF 栅格图层、要素图层、表格视图；
- 从栅格、要素或表转换到 NetCDF；
- 选择 NetCDF 图层或表的维度。

10. 分析工具（Analyst Tools）

分析工具包括提取、叠加分析、领域分析、统计表等工具和工具集。对于所有类型的矢量数据，分析工具提供了一整套的方法，来运行多种地理处理框架。比如实现选择、裁剪、联合、判别、拆分、缓冲区、近邻、点距离、频度、总结统计等相关的功能。

11. 服务器工具

包含用于管理 ArcGIS Server 地图和 Globe 缓存的工具。也包含用于简化通过服务器提取数据过程的工具。

12. 空间统计工具箱（Spatial Statistics Tools）

空间统计工具包含了分析地理要素分布状态的一系列统计工具，这些工具能够实现多种适用地理数据的统计分析。空间统计工具主要包括分析模型、绘制群体、测量地理分布、实用工具等工具和工具集。

13. 数据管理工具箱（Data Management Tools）

数据管理工具包括数据库、分离编辑、值域、要素类、要素、字段、普通、一般、索引、连接、图层和表的查看、投影和转换、栅格、关系类、子类型、表、拓扑、版本、工作空间等工具和工具集。数据管理工具提供了丰富且种类繁多的工具，用来管理和维护要素类、数据集、数据层及栅格数据结构。

14. 线性参考工具箱（Linear Referencing Tools）

线性参考工具主要包括创建路径、校准路径及叠加、融合、转换路径事件，制作路径事件图层，沿路径定位要素等工具和工具条。利用线性要素工具可以生成和维护线性地理要素的相关关系，如实现线状 Coverage 到路径（Route）的转换，由路径事件（Event）属性表到地理要素类的转换等。

15. 制图工具箱（Cartography Tools）

制图工具主要是掩模工具集。包括制图优化、制图综合、制图表达管理、要素轮廓线掩模、相交图层掩模等工具。制图工具与 ArcGIS 中其他大多数工具有着明显的目的性差异，它是根据制图标准来设计的。

16. 转换工具箱（Conversion Tools）

转换工具包含了一系列不同数据格式之间的互相转换工具，涉及的数据主要有栅格数据、Shapefile、3DAnalysTools、GeoDatabase、table、CAD 等。转换工具的工具集主要由栅格格式到其他格式、转换为 CAD、转换为 3DAnalysTools、转换为 dBase、转换为 GeoDatabase、转换为栅格、转换为 Shapefile 等组成。

17. 地理编码工具（Geocoding Tools）

地理编码又叫地址匹配，是一个建立地理位置坐标与给定地址一致性的过程。使用该工具可以给各个地理要素进行编码操作、建立索引等。地理编码工具主要有创建、删除地址定位器，取消、运用自动生成地理编码索引，地理编码地址，标准化地址，重建地理编码索引等工具。

4.2.2 环境设置介绍

任意打开一个 ArcToolbox 工具，在对话框右下方均有一个"环境设置"按钮。这是因为对于某些特殊模型或者有特殊要求的计算，需要对输出数据范围、格式等进行调整，ArcToolbox 提供了一系列的环境设置，可以帮助完成此类问题。单击"环境设置"按钮，就会弹出"环境设置"对话框，如图 1-4-3 所示。"环境设置"对话框提供了 18 种设置，例如，工作空间、输出坐标系、处理范围、XY 分辨率及容差、M 值、Z 值、地理数据库（GeoDatabase）、字段、随机数、制图、Coverage、栅格分析、TIN、栅格存储等设置。

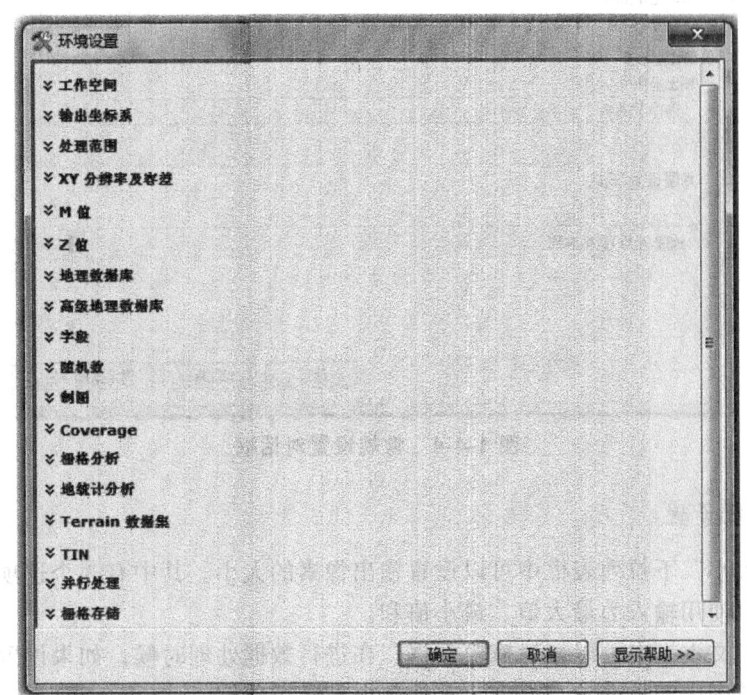

图 1-4-3 "环境设置"对话框

1. 常规设置

在常规设置中主要进行一般的设定，如对工作空间、输出坐标系、处理范围、XY 分辨率及容差、M 值、Z 值等进行设置。

在"当前工作空间"和"临时工作空间"文本框中，可以通过单击选择文件夹按钮，来指定输入和输出文件的工作空间以及临时工作空间。

在输出坐标系中可以指定输出要素的坐标系。可以选择"和输入一样"或者"和下面指定的一样"选项来指定输出要素的坐标系。如果选择"和下面指定的一样"选项，则需要通过单击按钮，从而设置其坐标系，如图 1-4-4 所示。

在默认的输出 Z 值栏中可以设定新的输出要素的默认 Z 值。这个 Z 值将被应用到新生成的输出要素中，如果输入要素类包含 Z 值，那么则输出被指定包含的 Z 值。在输出有 Z 值和输出有 M 值时可以设置是否包含 Z、M 值。

在输出范围中可以指定研究区的范围，其中有 4 个选项，分别代表"默认""输入的并集""输入的交集""和下面指定的一样"。在"捕捉栅格"下拉列表框中可以用一个栅格数据确保分析范围的像素排列。

在"簇容限值"选项中可以设定要素被整合的范围，在第 1 个文本中设置数值，在第 2 个下拉列表框中设置单位。

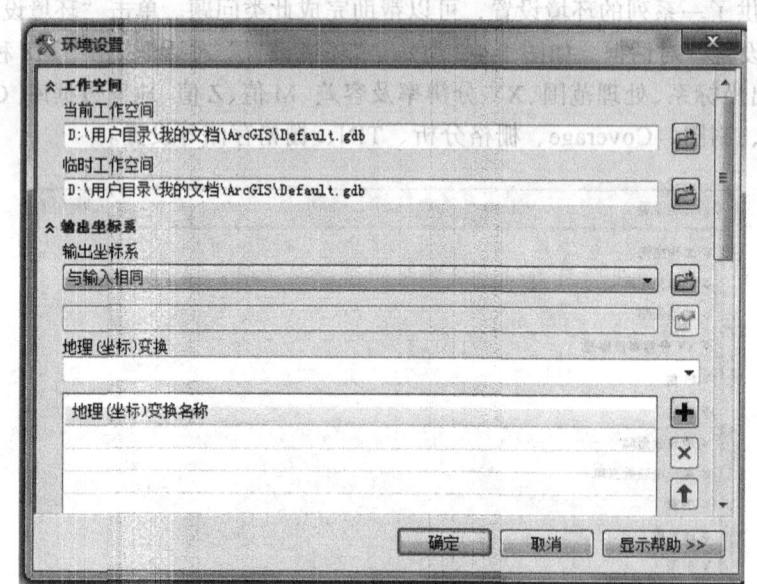

图 1-4-4　常规设置对话框

2. 栅格分析设置

在"像素大小"下拉列表框中可以设置输出像素的大小。其中有 3 个选项可以选择，分别代表输出像素使用输入的最大值、最小值和。

在"掩模"文本框中可以设置掩模数据。在进行数据处理时候，如果设置了掩模数据，则在掩模数据范围内的数据参与处理，其他数据被赋予空值。

4.3　ArcToolbox 工具集使用简介

ArcToolbox 工具集是各种工具的集合，其已经按不同功能类型进行合理分组。当需要运行某种处理功能时，只需要在 ArcToolbox 工具集中相应的位置找到需要的这个工具，打开工具对话框，填写相应的参数后就可以运行，并以此来实现所需的功能。ArcToolbox 工具集中有几百个工具，其使用方法类似，在此不做一一介绍，只选择一些常用的工具进行介绍，而且在后面的章节中还会涉及一些工具的使用介绍。

4.3.1 分析工具使用简介

分析工具可以实现相交、联合、分割、筛选、裁剪、判别、拆分、缓冲区分析、近邻分析、点距离、频度、汇总统计数据等功能，如图1-4-5所示。下面针对部分功能举例讲解。

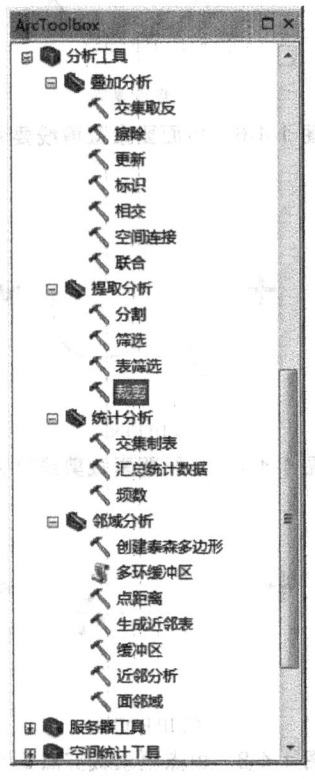

图 1-4-5 分析工具箱

1. 裁剪数据

裁剪工具用于提取与裁剪相重叠的输入要素，它是用其他要素类中的一个或多个要素作为模具来剪切掉要素类的一部分。在您想要创建一个包含另一较大要素类的地理要素子集的新要素类[也称为研究区域或感兴趣区域（AOI）]时，裁剪工具尤为有用。

注意事项如下：
- 裁剪要素可以是点、线和面，具体取决于输入要素的类型。
- 当输入要素为面时，裁剪要素也必须为面。
- 当输入要素为线时，裁剪要素可以为线或面，如图1-4-6所示。
- 用线要素裁剪线要素时，仅将重合的线或线段写入到输出中，如图1-4-7所示。
- 当输入要素为点时，裁剪要素可以为点、线或面。用点要素裁剪点要素时，仅将重合的点写入到输出中，如图1-4-8所示。用线要素裁剪点要素时，仅将与线要素重合的点写入到输出中。
- 输出要素类将包含输入要素的所有属性。
- 此工具通过切片的方式处理庞大的数据集以便提高性能和可扩展性。

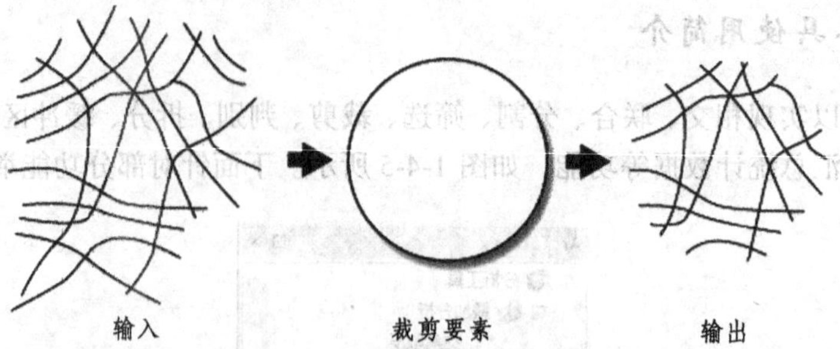

输入　　　　　　　　　裁剪要素　　　　　　　　输出

图 1-4-6　由面要素裁剪线要素

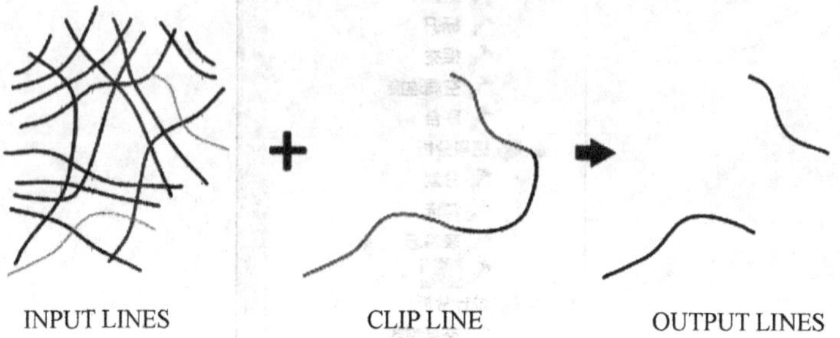

INPUT LINES　　　　　　CLIP LINE　　　　　　OUTPUT LINES

图 1-4-7　由线要素裁剪线要素

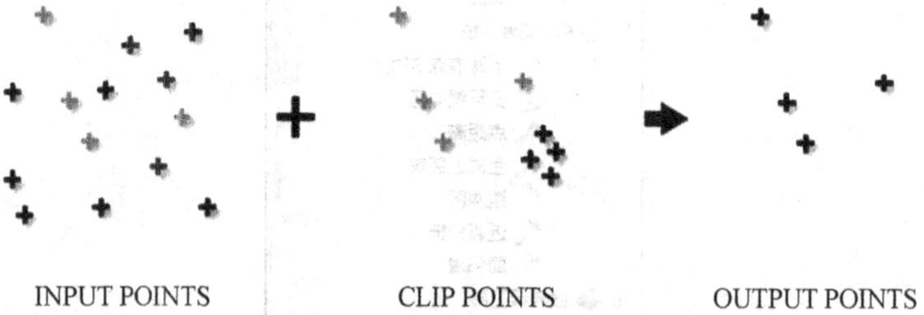

INPUT POINTS　　　　　CLIP POINTS　　　　　OUTPUT POINTS

图 1-4-8　由点要素裁剪点要素

2. 联合数据

在实际运用中有时会碰到联合数据的问题，如图 1-4-9 所示。如已知某个地区 1990 年和 2000 年土地利用数据，现在需要把 1990 年和 2000 年的数据联合为一个数据文件，可以利用联合工具将两个数据联合为一个数据文件，就容易找到发生变化的地方，从而得到该地区的土地利用以及覆盖变化情况。

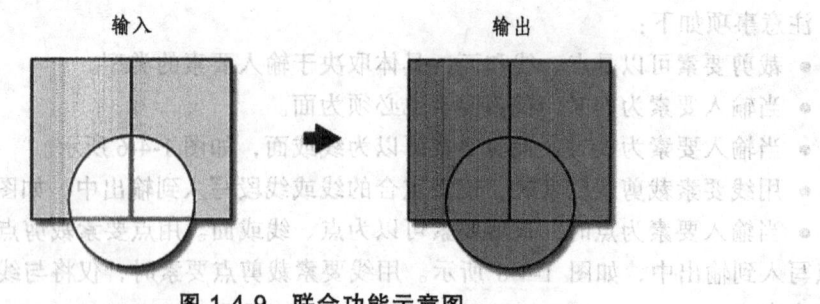

图 1-4-9　联合功能示意图

注意事项如下：
- 所有输入要素类和要素图层都必须有面几何。

- 允许间距参数可用于连接属性参数的 ALL 或 ONLY_FID 的设置。这样将可以识别出被生成面完全包围的生成区域。这些 GAP 要素的 FID 属性将为 –1。
- 输出要素类将包含各个输入要素类的 FID_<name>属性。例如，如果某个输入要素类的名称为 Soils，则输出要素类中将存在一个 FID_Soils 属性。与其他输入要素不相交的所有输入要素（或输入要素的任何部分）的 FID_<name>值均为 –1。在这种情况下，未检测到任何交集的并集中的其他要素类的属性值将不会传递到输出要素。
- 输入要素类的属性值将被复制到输出要素类。但是，如果输入是一个或多个通过要素图层工具创建的图层并且选中了字段的使用比率策略设置项，那么计算输出属性值时将按输入属性值的一定比例进行计算。

3. 缓冲区分析

缓冲区分析是指在输入要素周围某一指定距离内创建缓冲区多边形。在实际运用中，假设用户想了解一个地区人们出门购物的便利性，就可以简单地将超市或便利店的点进行缓冲区分析。假设距离是 1 000 米，凡是落在缓冲区内的地区用户就认为这些地区的人们购物很方便；否则被认为不方便。这时就需要用到缓冲区分析功能，其功能如图 1-4-10 所示。

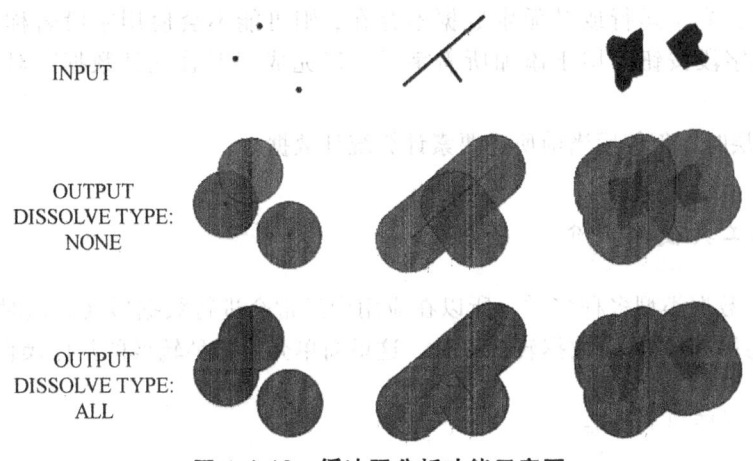

图 1-4-10 缓冲区分析功能示意图

注意事项如下：
- 如果对面要素进行缓冲，则可使用负缓冲距离在面要素内部创建缓冲区。使用负缓冲距离将会使面边界向内缩减指定的距离。
- 如果负缓冲距离足够大，使得面缩减至不存在，则将生成空几何。此时将出现一条警告消息，并且不会将任何空几何要素写入输出要素类。
- 如果使用"输入要素"中的字段来获取缓冲距离，则该字段的值可以是数字（如 5），也可以是数字加上有效的线性单位（如 5 千米）。
- 如果字段值只包含数字，则距离使用"输入要素"空间参考的线性单位（如果该"输入要素"位于地理坐标系中，该值以米为单位）。如果在字段值中指定的线性单位无效或无法识别，则默认情况下将使用输入要素空间参考的线性单位。

4. 汇总统计数据

该工具是将属性表中的字段计算汇总后得到统计数据。

注意事项如下：

- 输出表将由包含统计运算结果的字段组成。
- 以下统计运算可用于此工具：总和、平均值、最大值、最小值、范围、标准差、计数、第一个和最后一个。注意，中值运算不可用。
- 将使用以下命名规则约定为每种统计类型创建字段：SUM_<field>、MAX_<field>、MIN_<field>、RANGE_<field>、STD_<field>、FIRST_<field>，LAST_<field>、COUNT_<field>（其中 <field> 是计算统计数据的输入字段的名称）。当输出表是 dBASE 表时，字段名称会被截断为 10 个字符。
- 如果已指定案例分组字段，则单独为每个唯一属性值计算统计数据。如果未指定案例分组字段，则输出表中将仅包含一条记录。如果已指定一个案例分组字段，则每个案例分组字段值均有一条对应的记录。
- 空值将被排除在所有统计计算之外。例如，10、5 和空值的 AVERAGE 为 7.5[(10+5)/2]。COUNT 工具可返回统计计算中所包括值的数目，如本例中为 2。
- 统计字段参数添加字段按钮仅可以在"模型构建器"中使用。在模型构建器中，如果先前的工具尚未运行或其派生数据不存在，则可能不会使用字段名称来填充统计字段参数。添加字段按钮可用于添加所需字段，以完成"汇总统计数据"对话框并继续构建模型。
- 使用图层时，仅使用当前所选要素计算统计数据。

4.3.2 转换工具使用简介

由于 GIS 数据类型多种多样，所以在应用中经常会进行数据转换。这时，就可以使用 ArcToolbox 工具集中的相关数据转换工具，这里简单介绍两种转换的具体操作。

1. 矢量数据转出到栅格

在实际运用中经常需要将矢量数据转换为栅格数据，例如要进行叠加分析，其中一个是栅格数据，而另一图层是矢量数据，而要求叠加的结果又是栅格格式的，这时就需要将矢量数据为栅格。要素转栅格的用法如下：

- 任何包含点、线或面要素的要素类（地理数据库、Shapefile 或 Coverage）都可以转换为栅格数据集。
- 输入字段类型决定输出栅格的类型。如果字段是整型，则输出栅格也是整型；如果字段是浮点型，则输出栅格也是浮点型。
- 当选择输入要素数据时，默认字段将是第一个有效的可用字段。如果不存在其他有效字段，则 Object ID 字段（例如 OID 或 FID）将成为默认字段。
- 仅支持金字塔环境设置中的构建金字塔设置。通过使用构建金字塔工具，可在后续步骤中对金字塔特性进行更好地控制。

2. 要素转出到地理数据库（Geodatabase）

很多情况下，在建立要素的时候没有考虑到整个数据库数据的整体设计而单独建立了很多单一的要素。如果要将这些要素进行整合就需要使用要素到 Geo Database 的转换操作，下面介绍要素类至要素类转换的用法。

要素类至要素类转换指将 Shapefile、Coverage 要素类或地理数据库要素类转换为 Shapefile 或地理数据库要素类。

注意事项：

- 字段映射参数控制输入要素中的输入字段写入输出要素的方式。
- 要在转换过程中删除字段，请从字段映射中将输入字段删除。该操作不会影响输入要素类。
- 如果创建了新字段，并且输出字段的内容是根据多个（名称不同的）字段生成的，则单个输出字段可根据多个输入字段生成。
- 输出字段的数据类型将默认为与其所遇到的第一个名称相同的输入字段的数据类型相同。可以随时手动将该数据类型更改为任意有效的数据类型。如果使用工具的对话框，则将列出所有有效的数据类型。
- 如果使用合并规则，则可自行指定分隔符，例如，空格、逗号、句点和短划线等。如果想要使用空格，请确保鼠标指针位于输入框的起始位置处，然后单击空格键。
- 可用的"合并规则"有很多：第一个、最后一个、连接、总和、平均值、中值、最小值、最大值和标准差。
- 格式选项仅适用于文本型输入字段（且与"连接"合并规则结合使用）。可以指定起点和终点等。使用格式可以将更改应用到所选的输入字段或者所有相同的输入字段。
- 将包含子类型或域的地理数据库数据转换为 Shapefile 时，子类型和域代码以及描述都将包含在输出中。
- 转换为包含子类型和域描述的 Shapefile 比转换为不包含描述的 Shapefile 可能需要更多时间。

4.3.3 数据管理工具使用简介

数据管理工具用来管理和维护要素类、数据集、数据层及栅格数据结构，其功能很多，可以实现包括数据库、分离编辑、值域、要素类、要素、字段、普通、一般、索引、连接、图层和表的查看、投影和转换、栅格、关系类、子类型、表、拓扑、版本、工作空间等功能。这仅列举部分工具使用方法。

1. 添加字段

空间对象的属性信息存储在属性表中，属性表的一列称为一个字段，在这个字段中存储着不同空间对象的同一种属性。在数据被创建的初期，可能对空间对象的属性列表设计不够，在后期的应用中需要添加字段来丰富数据的属性信息；又或者由于时间等因素的变化，数据的属性结构发生变化，需要使用添加字段操作来修改属性数据结构。添加字段工具是向表或要素类表、要素图层、栅格目录和带属性表的栅格添加新字段。

注意事项：

● Coverage、独立表、ArcSDE 和个人或文件地理数据库的要素类、图层文件、栅格目录以及 Shapefile 均可作为此命令的有效输入。

● 对于 Coverage、Shapefile 和 dBase 表，如果字段类型定义为字符型，则会为每条记录插入空白行；如果字段类型定义为数值型，则将为每条记录插入零值。

● 所添加的字段会始终显示在表的末尾。

● 字段长度仅适用于文本或 blob 类型的字段。

● 对于地理数据库，如果字段类型定义为字符或数字，则在接受字段为空参数默认值的情况下将<null>插入每条记录。

● Shapefile 不支持字段别名，所以无法将字段别名添加到 Shapefile。

● 只能将不可为空的字段添加到空地理数据库要素类或表。当行已经存在时，此工具无法添加不能为空的字段。

● 字段属性域参数可使用个人、文件或 SDE 地理数据库要素类的现有属性域。

● 栅格类型的字段允许将栅格影像作为属性，它存储在地理数据库中或与其一同存储。当图片是描述要素的最佳途径时，这很有用。无法为栅格类型的字段设置精度、小数位数和长度。

● 在地理数据库要素类或表中创建新字段时，可指定字段的类型，但无法指定其精度和小数位数。即使对话框允许为精度或小数位数添加值，它在执行期间也会被忽略。

● 字段的精度和小数位数用于描述可存储于字段中的数据的范围大小和精确度。精度描述可存储在字段中的位数，小数位数描述浮点型和双精度字段的小数位数。例如，如果字段值是 54.234，则小数位数为 3，精度为 5。

● 使用以下原则为给定的精度和小数位数选择正确的字段类型：

在创建浮点型、双精度或整型字段并将精度和小数位数指定为 0 时，如果基础数据库支持二进制类型字段，则该工具将尝试创建该字段。个人和文件地理数据库仅支持二进制类型字段，并忽略精度和小数位数。

在创建浮点型和双精度字段并指定精度和小数位数时，如果精度大于 6，则使用双精度；如果创建双精度字段并指定等于或小于 6 的精度，则创建浮点型字段。

如果指定的小数位数等于 0，精度等于或小于 10，则会创建整型字段。创建整型字段时，精度应等于或小于 10，否则可能将字段创建为双精度字段。

2. 融合工具

当同一个图形中，不同的斑块具有相同的属性的时候，就可以根据这个属性进行融合，从而消除这种同一属性的不同斑块。融合功能如图 1-4-11 所示。

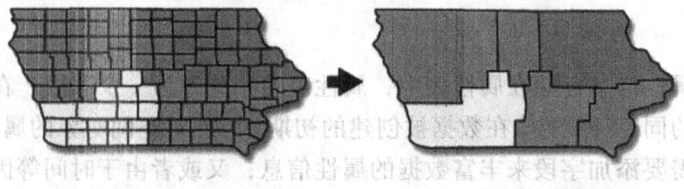

图 1-4-11　数据融合过程示意图

注意事项：
●可使用各种统计对已通过融合而聚合的要素的属性进行汇总或描述。以"统计类型＋下划线＋输入字段名"为命名标准，将用来汇总属性的统计以单个字段的形式添加到输出要素类中。例如，如果对名为 POP 的字段使用 SUM 统计，则输出中将存在名为 SUM_POP 的字段。

●融合可在输出要素类中创建超大型要素。当融合字段中存在少量唯一值时或将所有要素融合为单个要素时尤其适用。超大型要素可能会引起处理、显示故障或降低在地图上进行绘制或编辑时的性能。

●可用物理内存量会对可处理并融合为单个输出要素的输入要素的数量（和复杂性）造成限制。此限制会导致错误，因为融合过程需要的内存量可能会超过可用的内存量。为防止出现此问题，融合可以使用适当的切片算法对输入要素进行分割和处理。要确定要素是否已被切片，可对此工具的结果运行频数工具，将频数字段参数指定为融合过程中所使用的字段。

ArcToolbox 工具集中还有很多类似的工具，其功能各异，但使用方法基本类似，读者可以自己在实际操作中尝试使用。

第 2 篇
实践与技能

第２篇

文献ら技能

实验一　ArcGIS 软件安装

一、实验目的

（1）熟悉 ArcGIS 的安装过程，能熟练安装 ArcGIS10.2 for Desktop 软件。
（2）初步了解 ArcMap、ArcCatalog、ArcToolbox 的运行环境。

二、实验内容

学习安装 ArcGIS10.2 for Desktop 中文版。

三、实验原理与方法

ArcGIS 安装完毕后会出现四个组成部分，在"开始"→"所有程序"→"ArcGIS"→中可以看到。ArcGIS 的四个组成部分如下：

1. ArcMap10.2
ArcMap 是编辑地图的软件，也是最常用的软件。

2. ArcCatalog10.2
ArcCatalog 是用于地理信息数据管理的软件。

3. ArcScene10.2
ArcScene 是一个适合于展示三维透视场景的平台，可以在三维场景中漫游并与三维矢量和栅格数据进行交互。ArcScene 将所有数据投影到当前场景所定义的空间参考中，默认情况下，场景的空间参考由所加入的第一个图层空间参考决定。ArcScene 中场景表现为平面投影，适合于小范围内精细场景刻画。

4. ArcGlobe10.2
ArcGlobe 基于全球视野，所有数据均投影到全球立方投影（World Cube Projection）下，并对数据进行分级分块显示，使场景显示更接近现实世界，有点类似谷歌地图。为提高显示效率，ArcGlobe 按需将数据缓存到本地，矢量数据可以进行栅格化。ArcGlobe 与 ArcScene 的主要区别在于 ArcGlobe 是将所有数据投影到球体表面上，更适合于全省、全国甚至全球大范围内的数据展示。

四、实验步骤

1. 安装 license Manager10.2

安装 LicenseManager10.2（ArcGIS10.2\LicenseManager 文件夹下），双击 Setup.exe，如图 2-1-1 所示。

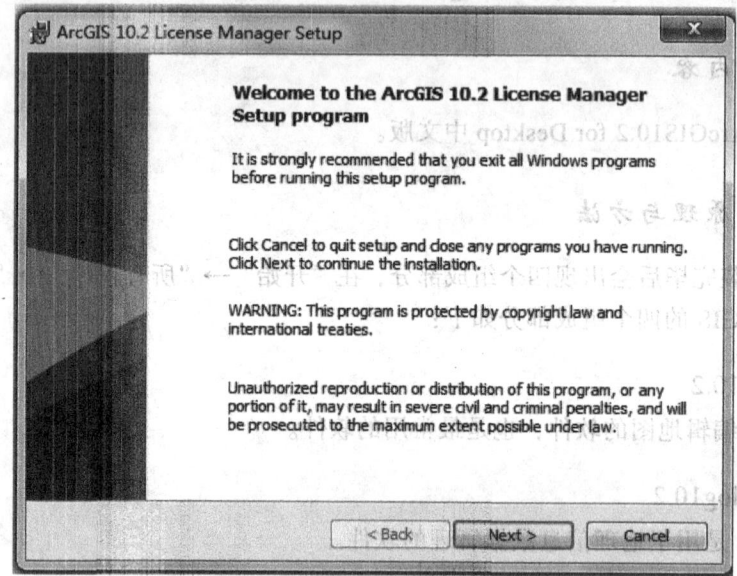

图 2-1-1 双击 Setup.exe 安装文件

进入 LicenseManager10.2 安装步骤，如图 2-1-2 ~ 图 2-1-7 所示。

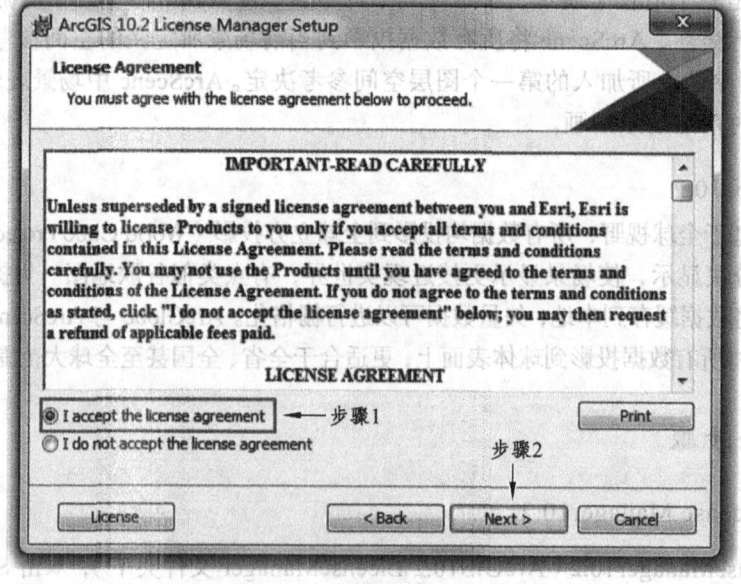

图 2-1-2 License Manager10.2 安装向导对话模式

图 2-1-3 接受安装协议对话框

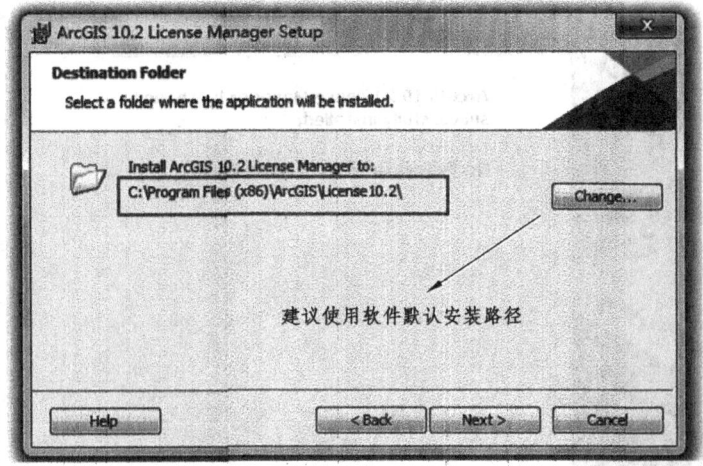

图 2-1-4 选择安装路径对话模式

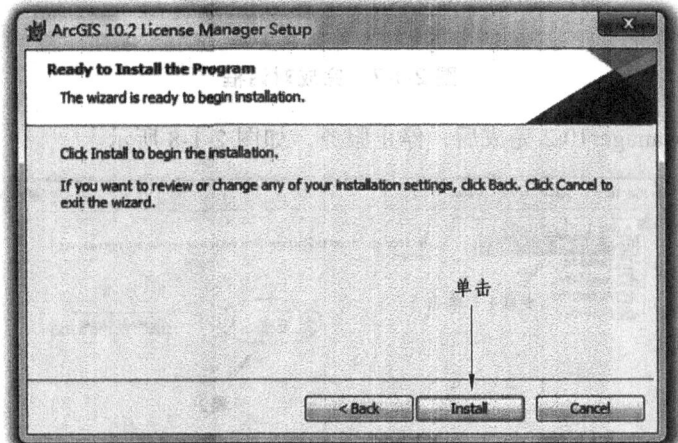

图 2-1-5 确认安装对话框

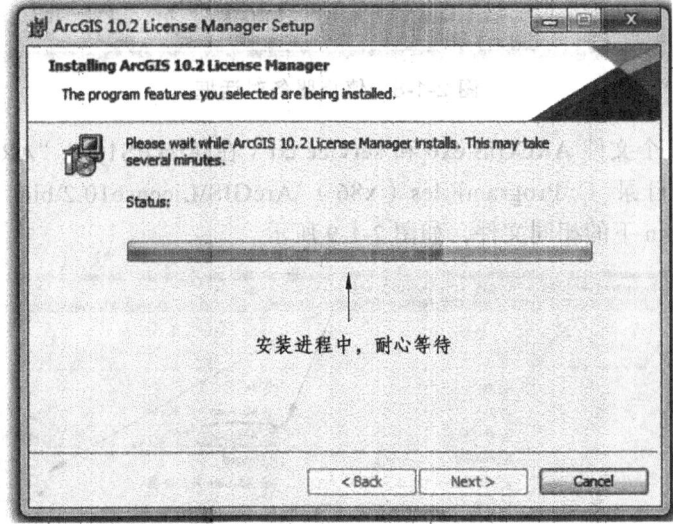

图 2-1-6 安装过程对话框

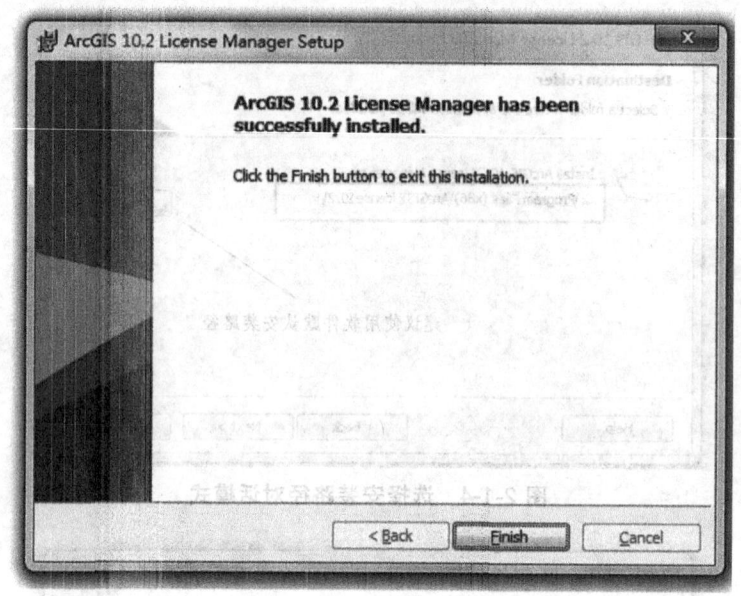

图 2-1-7 完成对话框

安装 license Manager10.2 完成后，停止服务，如图 2-1-8 所示。

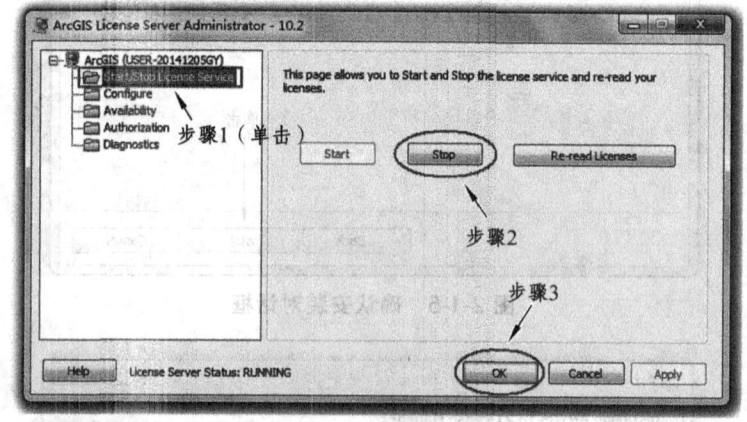

图 2-1-8 停止服务对话框

然后，复制 2 个文件 ARCGIS.exe 和 service.txt（在 ArcGIS10.2\ "ARCGIS_service" 文件夹下）到安装目录 C:\ProgramFiles（x86）\ArcGIS\License10.2\bin 文件夹下，替换 License10.2 目录 bin 下的相同文件，如图 2-1-9 所示。

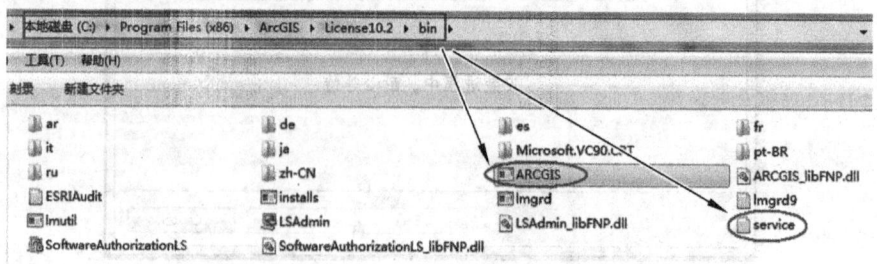

图 2-1-9 bin 文件夹里面的文件

2. 安装 ArcGIS Desktop10.2

单击 setup.exe（在 ArcGIS10.2\"ArcGIS10.2 DesktopCN"文件夹下），安装如图 2-1-10 所示。

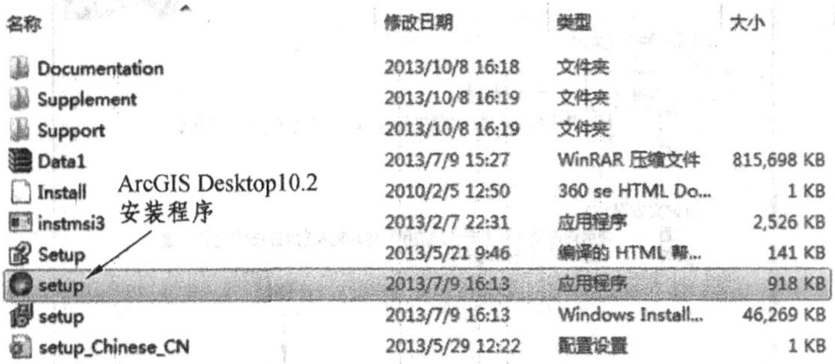

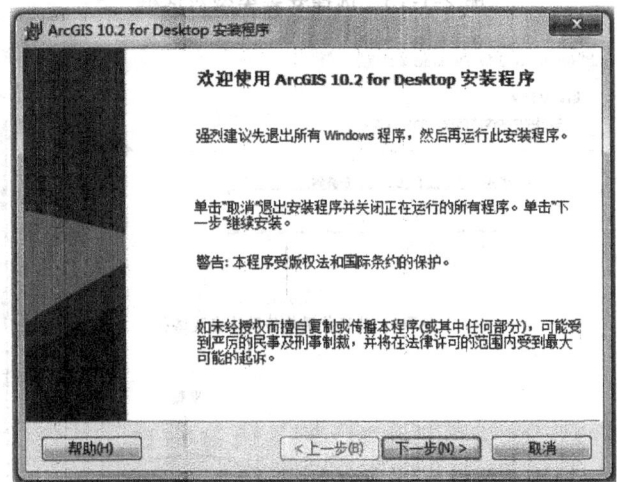

图 2-1-10 双击 Setup 文件

进入 Arcgis Desktop10.2 软件安装步骤，如图 2-1-11~图 2-1-17 所示。

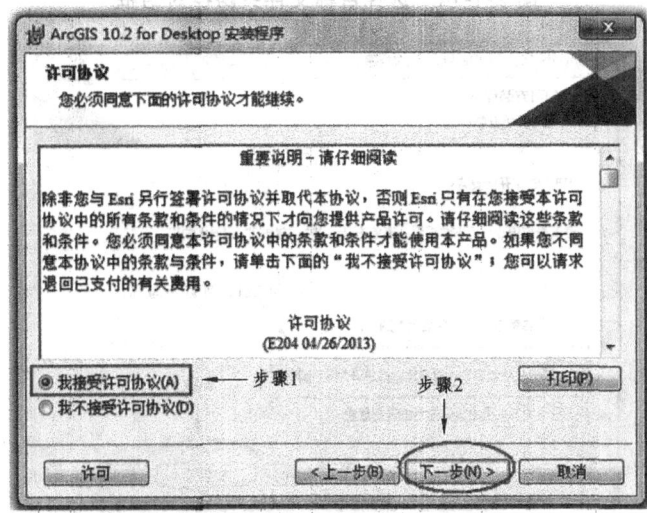

图 2-1-11 Arcgis Desktop10.2 安装向导对话模式

图 2-1-12 许可协议对话框

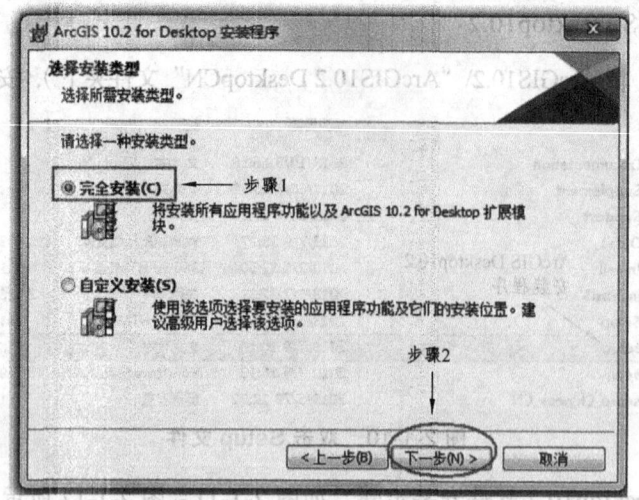

图 2-1-13 选择安装类型对话框

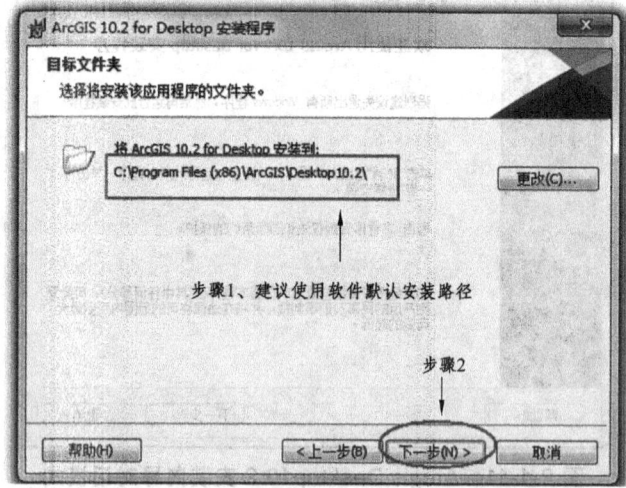

图 2-1-14 选择目标文件夹路径对话框

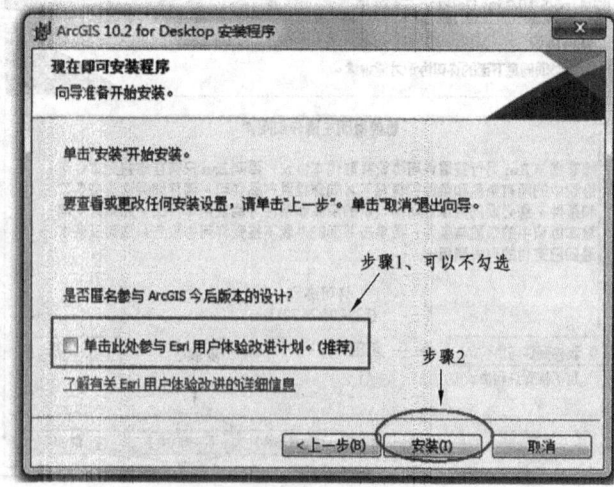

图 2-1-15 确认安装对话框

软件安装时间较长,约半个小时左右,具体看计算机性能。

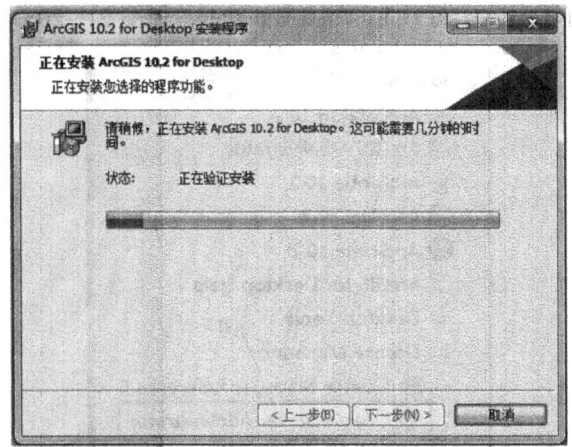

图 2-1-16　安装过程对话框

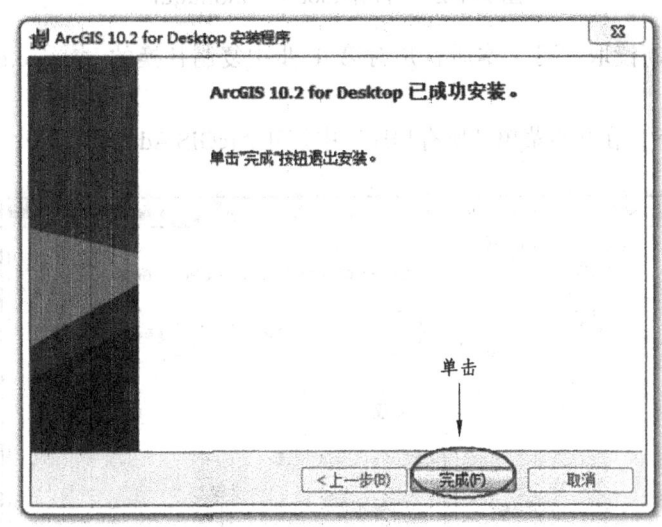

图 2-1-17　完成对话框

单击完成,关闭弹出的 ArcGIS 管理器向导(ArcGIS Administrator)窗口,随后弹出安装 ArcGIS10.2 for Desktop 中文(简体)语言包安装,单击安装如图 2-1-18 所示。(注意:安装完成后,会弹出一个 ArcGIS Administrator 窗口,如果单击该窗口右下方"确定",可能会造成中文简体语言包安装不成功,直接单击关闭。关闭再安装 ARCGIS_service。)

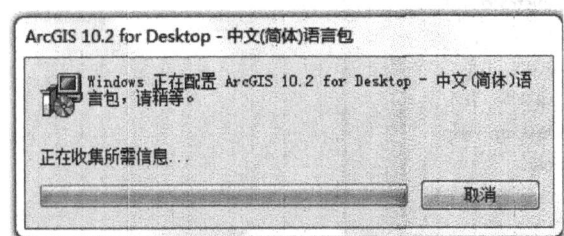

图 2-1-18　中文(简体)语言包安装进程

图 2-1-19　安装完成对话框

3. 安装 ARCGIS_service

在开始菜单"所有程序"中打开 License Manager，如图 2-1-20 所示。

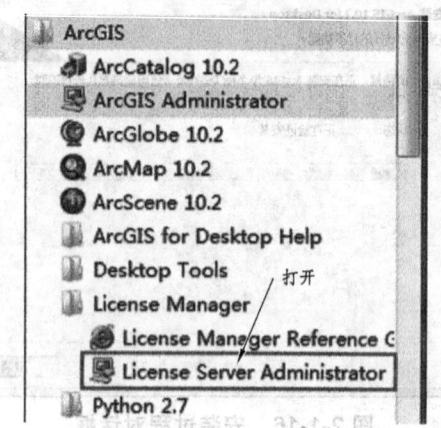

图 2-1-20　打开 License Manager

单击启动，重新读取许可（本质就是对第 1 步中复制替换的 service.txt 的读取），如图 2-1-21 所示。

重新获取成功后，在开始菜单"所有程序"中打开 ArcGIS Administrator，如图 2-1-22 所示。

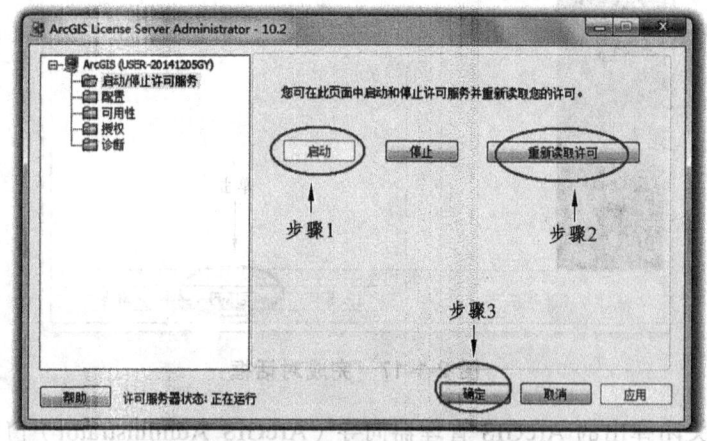

图 2-1-21　重新读取许可

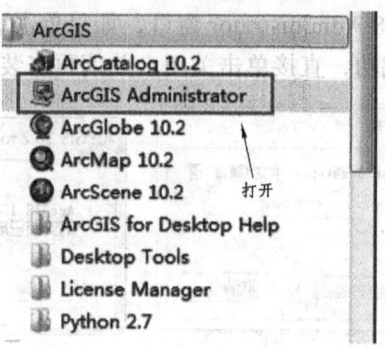

图 2-1-22　打开 ArcGIS Administrator

选择"Arcinfo 浮动版",下面输入"Localhost",如图 2-1-23 所示。

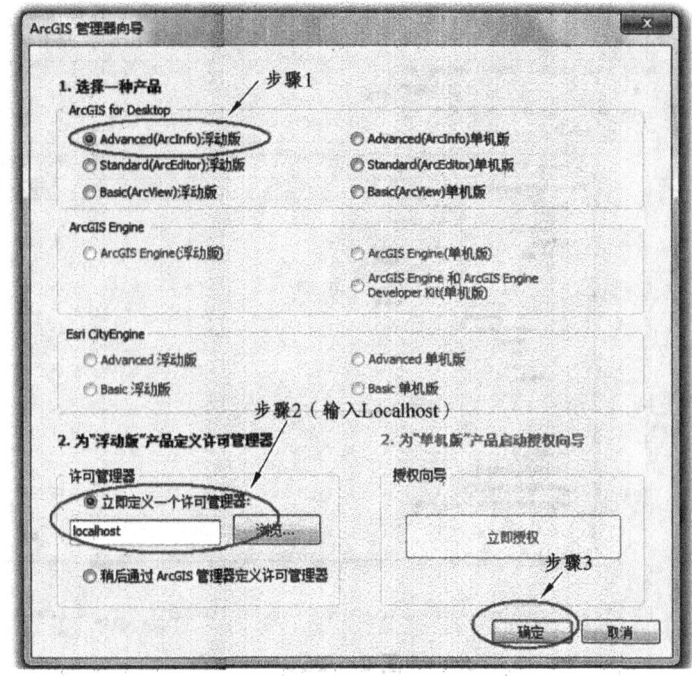

图 2-1-23　ArcGIS 管理器向导

当安装 ARCGIS_service 成功时,即可看到界面(ArcGIS Administrator)。如图 2-1-24 所示。注意,此处不用更改 localhost 为自己的电脑名。

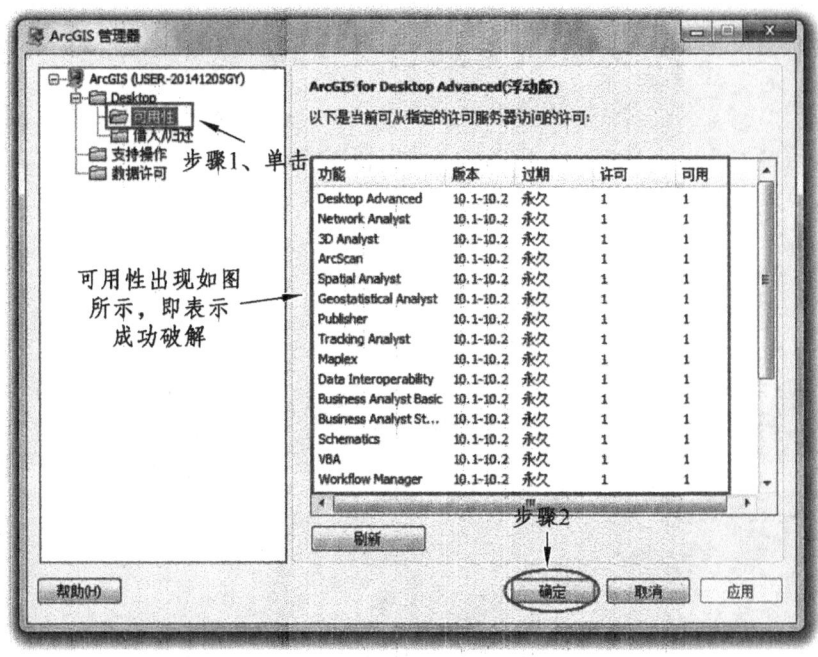

图 2-1-24

安装 ARCGIS_service 成功。可以在开始菜单"所有程序"中打开 Arcmap10.2，如图 2-1-25 所示。

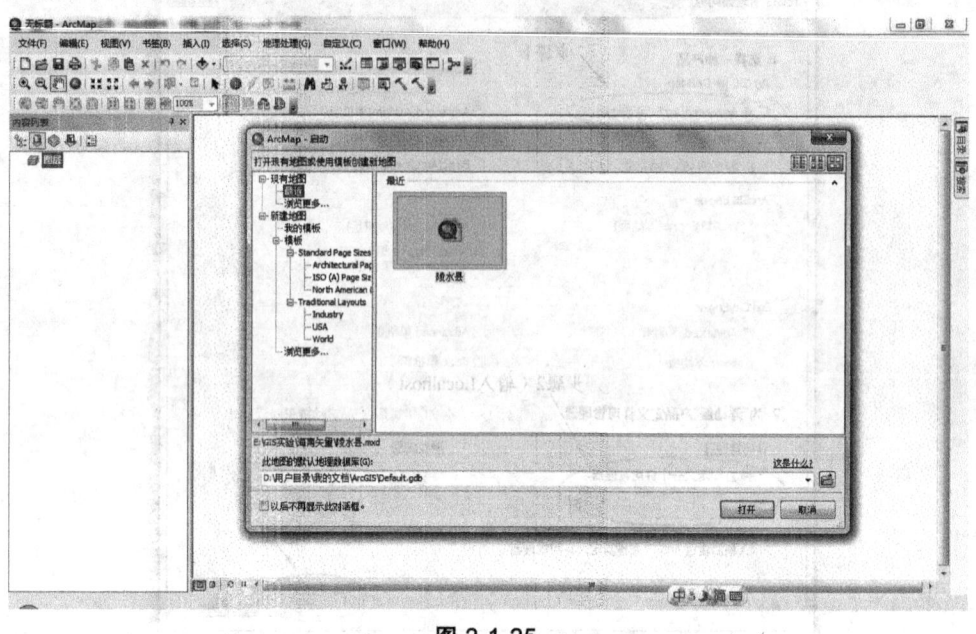

图 2-1-25

实验二　空间数据库管理及属性编辑

一、实验目的

（1）利用 ArcCatalog 管理地理空间数据库，理解个人 Geodatabse 空间数据库模型的有关概念。

（2）初步了解关系数据库中的基础知识，熟悉 ArcGIS 中空间数据和属性数据的关系。

（3）掌握在 ArcGIS 中增加及删除属性数据字段和记录的方法。

（4）掌握在 ArcGIS 中修改数据值的方法。

二、实验内容

（1）练习属性表中记录的增加、删除操作。

（2）练习属性的编辑操作、数据的排序、属性表的关联与合并。

三、实验原理与方法

1. 实验原理

ArcCatalog 模块是空间数据的资源管理器，用于组织和管理所有 GIS 数据。它包含一组工具用于浏览和查找地理数据、记录和浏览元数据、快速显示数据集及为地理数据定义数据结构。ArcCatalog 的功能如下：

- 浏览和查找地理信息。
- 记录、查看和管理元数据。
- 创建、编辑图层和数据库。
- 导入和导出 Geodatabase 结构和设计。
- 在局域网和广域网上搜索和查找 GIS 数据。
- 管理 ArcGIS Server。

2. 实验方法

先运用 ArcCatalog 添加空间数据连接，连接对象包括文件夹、数据库、服务器等。建立 ArcCatalog 数据连接后，用户可以运用不同的视图方式查看每个连接中的空间数据和单个数据源中的内容，用同样的方法可以查看各类格式的数据。最后，利用 ArcCatalog 提供的各类工具还可以帮助组织和维护数据，无论是对于制图者还是对于数据管理者来说，ArcCatalog 都可以使他们工作简化。

四、实验步骤

1. 启动 ArcCatalog，打开一个地理数据库（见图 2-2-1）

当 ArcCatalog 打开后，单击，按钮 ![] （连接到文件夹），建立包含练习数据的文件夹连接（比如"E：\GIS 实验\实验数据\Chp3\Montgomery.mdb"）。

在 ArcCatalog 窗口左边的目录树中，单击上面文件夹的连接图标旁的"+"号，双击个人空间数据库"Montgomery.mdb"打开。在"Montgomery.mdb"中包含有 2 个要素数据集，1 个关系类和 1 个属性表如图 2-2-2 所示。

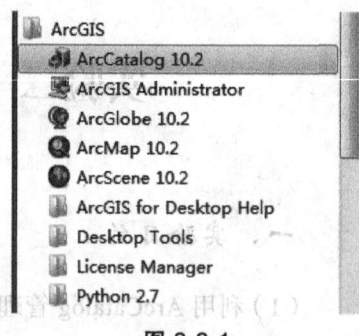

图 2-2-1

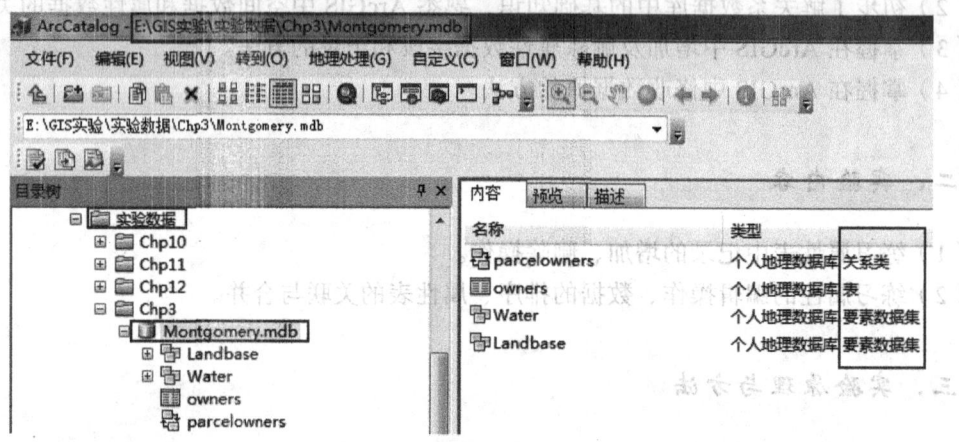

图 2-2-2 打开个人空间数据库 Montgomety.mdb

2. 预览地理数据库中的要素类

在 ArcCatalog 窗口右边的数据显示区内，单击"预览"选项页切换到"预览"视图界面，如图 2-2-3 所示。在目录树中，双击地理数据库要素集"Landbase"，单击要素类"Road_cl"激活它。

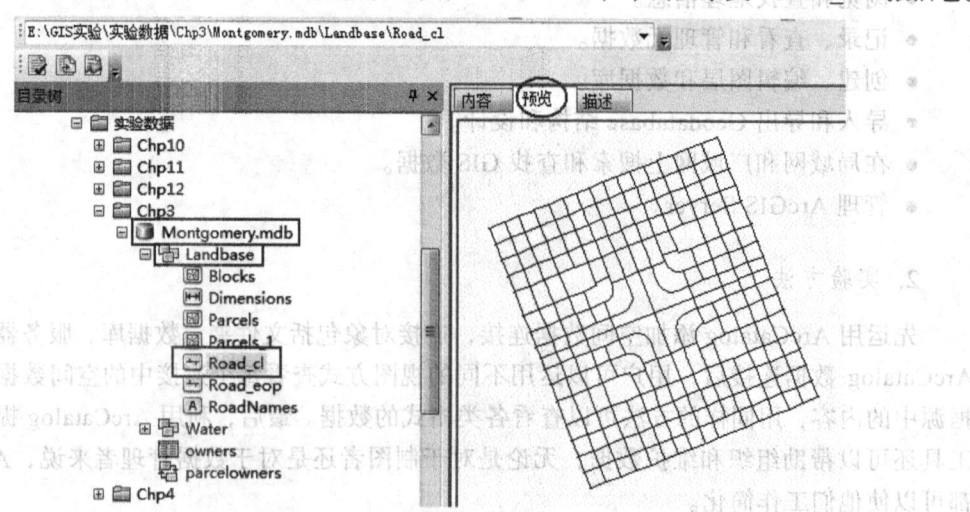

图 2-2-3 "预览"视图界面

在此窗口的下方,"预览"下拉列表中,选择"表格"。现在,用户可以看到要素"Road_cl"的属性表,如图 2-2-4 所示。查看它的属性字段信息,并花几分钟,以同样的方法查看一下地理数据库"Montgomery.mdb"中的其他数据。

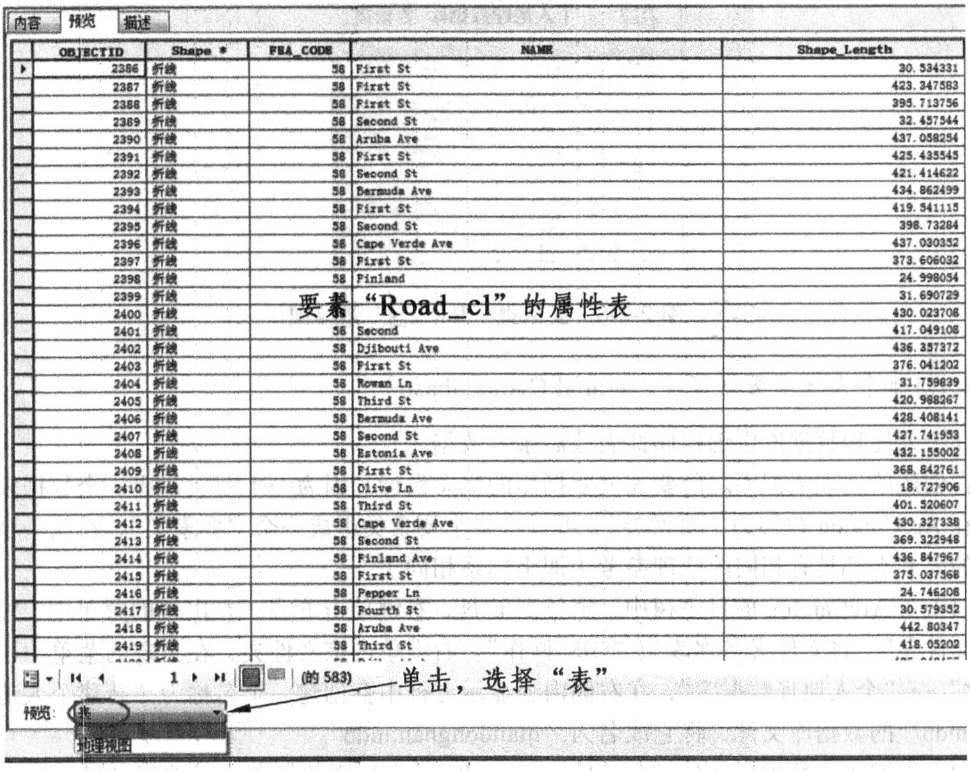

图 2-2-4 "Road_cl" 属性表

3. 创建缩图

在目录树中,选择地理数据库"Montgomery.mdb"中的要素类"Landbase",切换到"预览视图",单击工具栏 上的放大按钮,将图层放大到一定区域,然后再单击工具栏内的 ,生成并更新缩略图,如图 2-2-5 所示。这时,切换到"内容"视图界面下,并在目录树中选择要素集"Landbase",数据查看方式更改为"缩略图方式"。

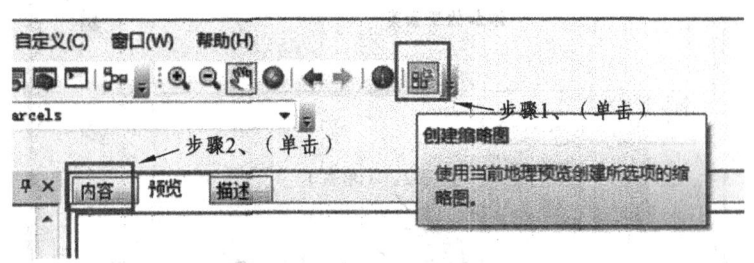

图 2-2-5 创建缩略图方式

此时，查看要素类"Parcels"的缩略图是否发生了改变，如图 2-2-6 所示。

图 2-2-6　要素类"Parcels"缩略图

4. 创建个人地理数据库（Personal Geodatabase）

在个人地理数据库中创建属性表然后录入数据。

在创建的地理数据库之前要完成数据库的概念设计。因为一个图层对应一个数据表，数据表在 ArcCatalog 被称为"要素类"。可以将多个要素类组成一个"要素集"，在同一个要素集中的要素类都具有相同的地理参考（即坐标系相同）。

（1）在 ArcCatalog 的目录树中，定位到 E 盘，右键单击 E 盘，在出现的菜单中，"新建"→"文件夹"，将文件夹名称改为"GIS 操作"。右键单击该文件夹，在出现的菜单中，单击"新建"→"个人地理数据库"，在右侧内容显示方框中会创建一个名称为"新建个人地理数据库.mdb"的数据库文件，将它改名为"qiandongnan.mdb"。

（2）右键单击数据库文件"qiandongnan.mdb"，在出现的菜单中，选择"导入"→"要素类（多个）"，在出现的对话框中，打开要导入的要素，当按住 Shift 键并单击鼠标可同时选择多个 Shapefile 文件，如图 2-2-7 所示。

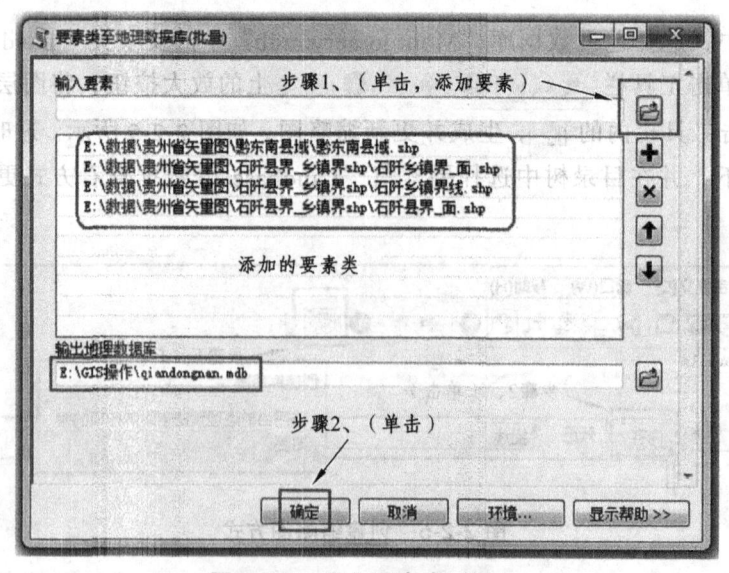

图 2-2-7　导入要素类对话框

（3）单击确定后可以看到这 4 个图层已经被导入到数据库"qiandongnan.mdb"中，如图 2-2-8 所示。

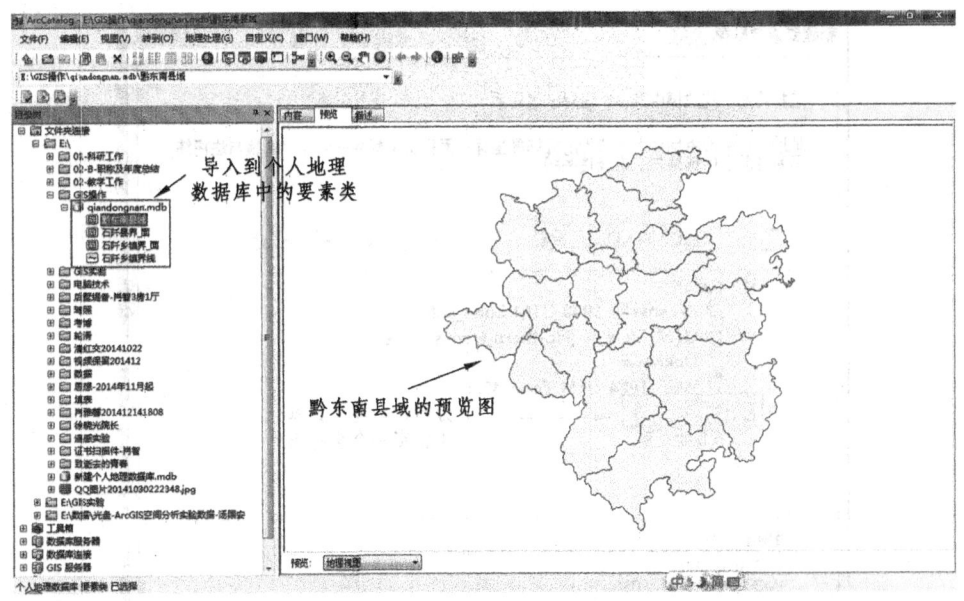

图 2-2-8　查看导入的 4 个图层

（4）右键单击数据库文件"qiandongnan.mdb"，在出现的菜单中，选择"新建"→"要素数据集"，如图 2-2-9 所示。

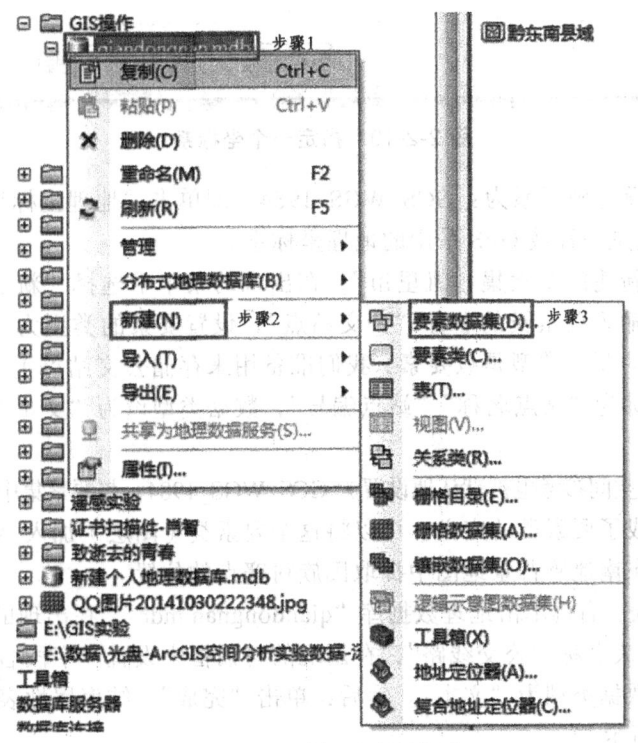

图 2-2-9　选择要素数据集

(5)在出现的对话框中输入要素集的名称"凯里市",单击下一步,单击按钮"地理坐标系"为其指定一个坐标系,如图2-2-10所示。

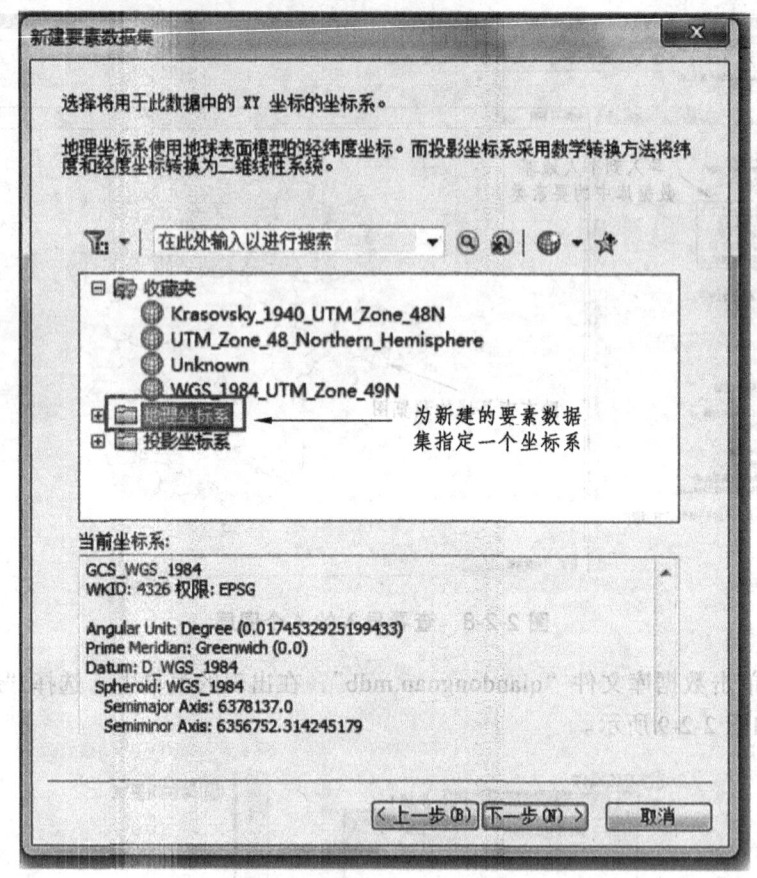

图2-2-10 指定一个坐标系

在这里,我们设定坐标系为:GCS_WGS_1984(即单击"地理坐标系"→"World"→"WGS1984.prj",这是一种被GPS采用的地理坐标系。

(6)右键单击新建的要素集"凯里市",在出现的菜单中选择"新建"→"要素类",在出现的对话框中输入要素类的名称"公交站点",设置要素的类型为"点要素"(表示此要素类中将要存储的要素类型是点要素,我们准备用来存储公交站点)。在出现的对话框中设置"字段名"名称为"站点名称""站点编号",数据类型设为"文本""短整型"。然后,单击"完成"。

注意:要素类的空间参考也被默认地设置为GCS_WGS_1984,与要素集中指定的坐标系相同。

这样我们就完成了要素类的定义。可以将这个要素类(图层)加入ArcMap中,进行数字化的工作,从黔东南遥感背景地图中提取民族村寨点的位置。

(7)新建数据表:右键单击地理数据库"qiandongnan.mdb",在出现的菜单中,选择"新建"→"表",输入表名称"公交线路",在出现的对话框中设置"字段名"名称为"站点编号""公交线路",数据类型为"文本"。然后,单击"完成",结束属性表的定义,过程如图2-2-11,图2-2-12所示。

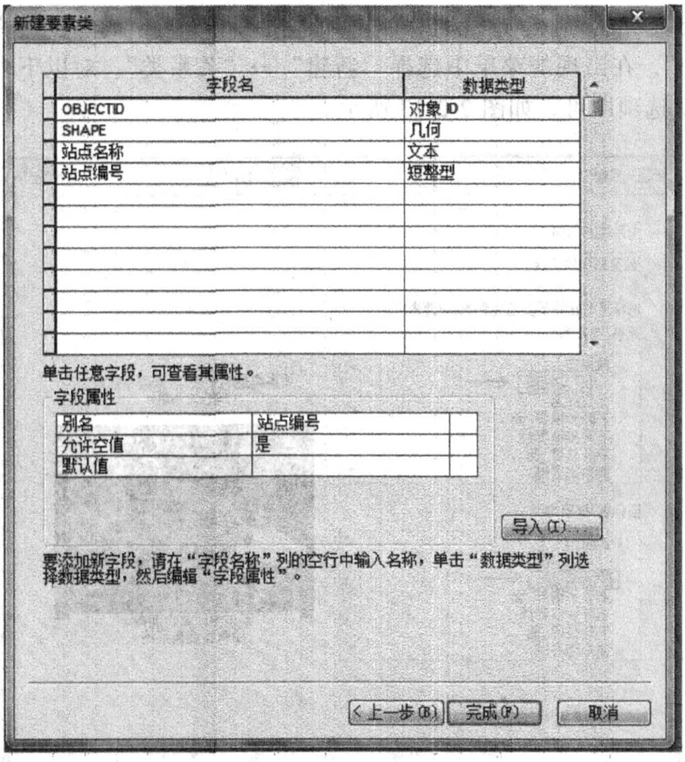

图 2-2-11　新建要素类对话框

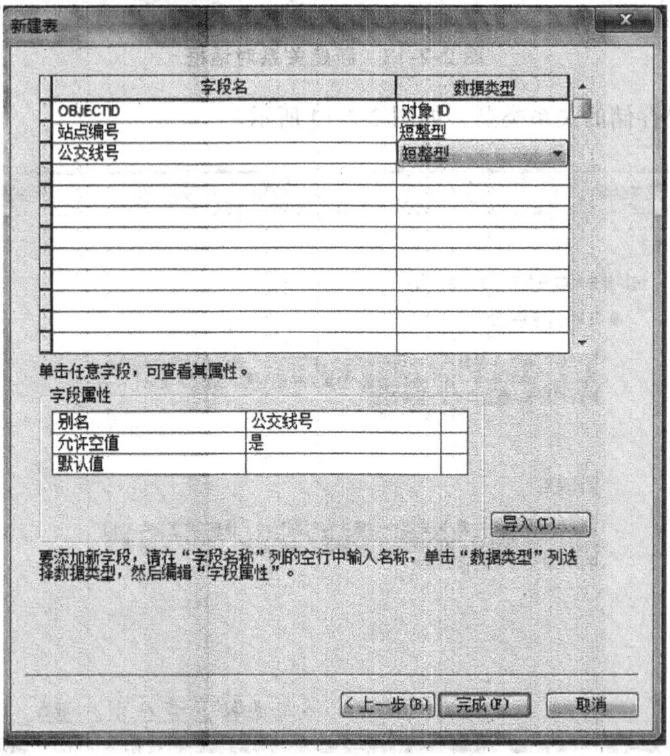

图 2-2-12　新建数据表对话框

（8）创建公交站点到公交线路一对多的关系（1∶M）。右键单击地理数据库"qiandongnan.mdb"，在出现的菜单中选择"新建"→"关系类"，对以下内容进行设定，其他设置为接受默认选项即可，如图 2-2-13 所示。

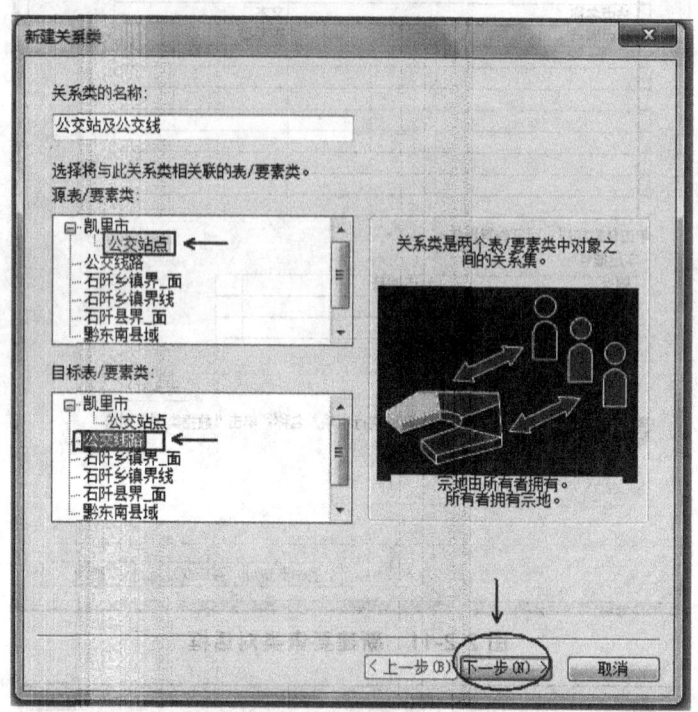

图 2-2-13　新建关系对话框

选择关系类要存储的关系类型，如图 2-2-14 所示。

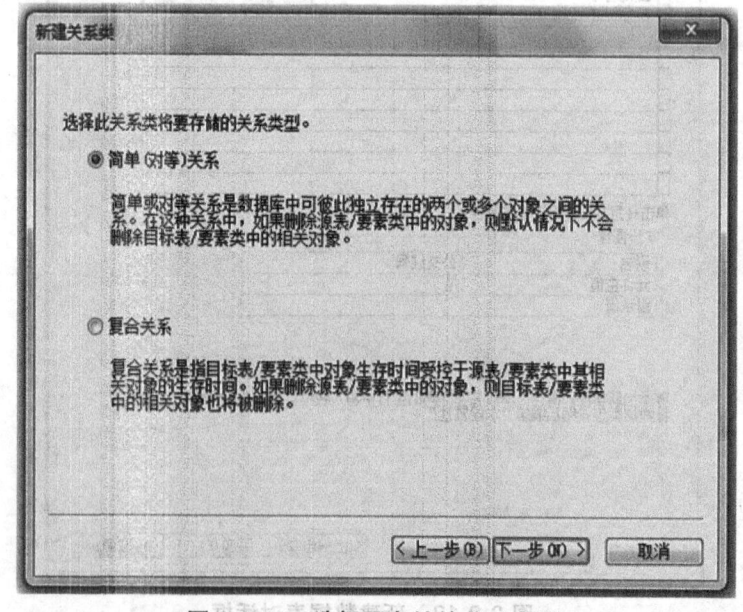

图 2-2-14　选择要存储的关系类型

设定源表和目标表的标注，如图 2-2-15 所示。

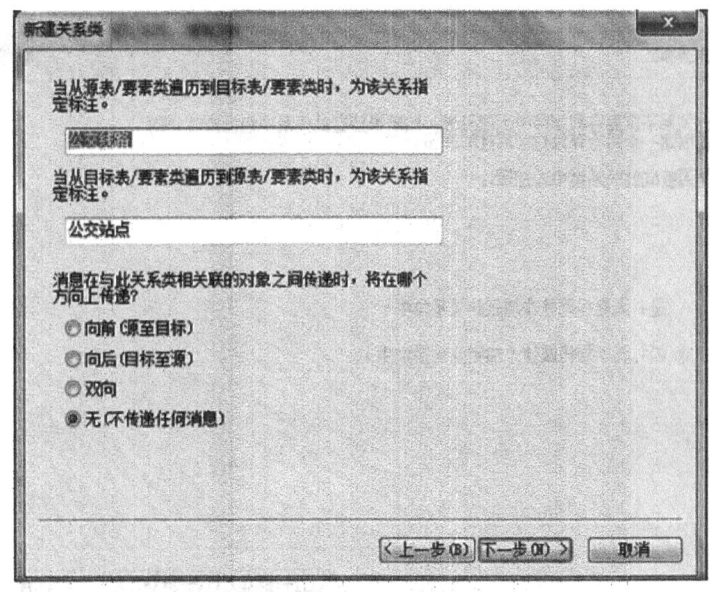

图 2-2-15　设置源表和目标表的标注

选择关系类型为一对多关系，这样可以建立公交站点到公交线路一对多的关系，因为经过一个公交站点的公交线路有多条。这样，在我们从公交站点分布图查询某个公交站点时就可以查询经过这个站点的所有公交线路，如图 2-2-16 所示。

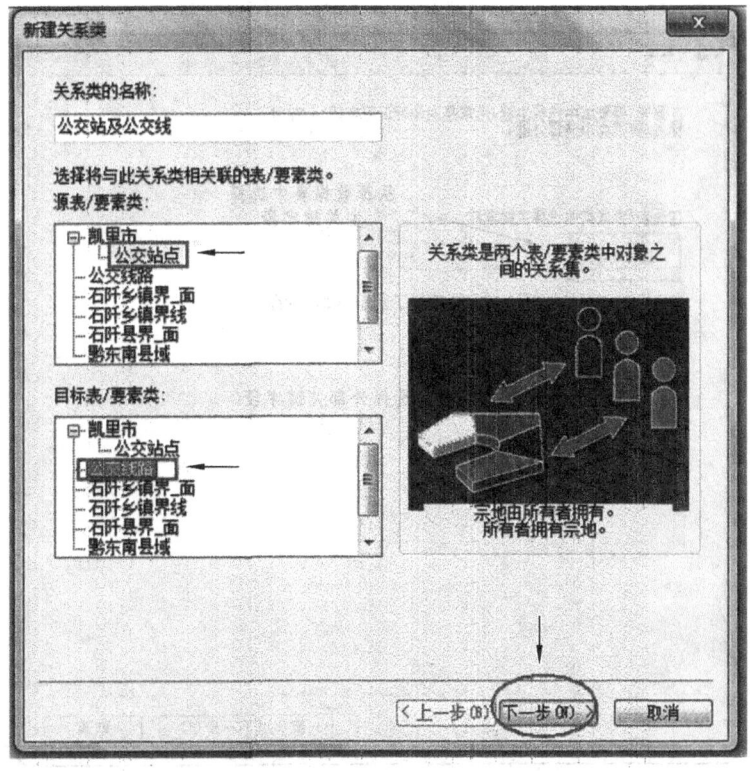

图 2-2-16　选择表间的关系

接下来，询问是否在数据库中创建新表，选择"否"，如图2-2-17所示。

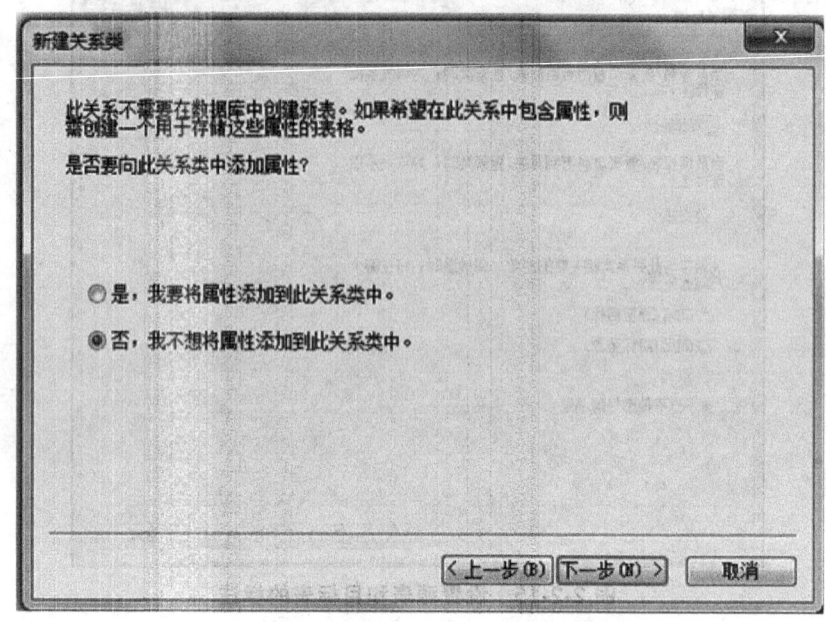

图 2-2-17　不需在数据库中创建新表

设定主关键字段和外部关键字段。然后单击下一步，直到完成关系类的定义，如图2-2-18所示。

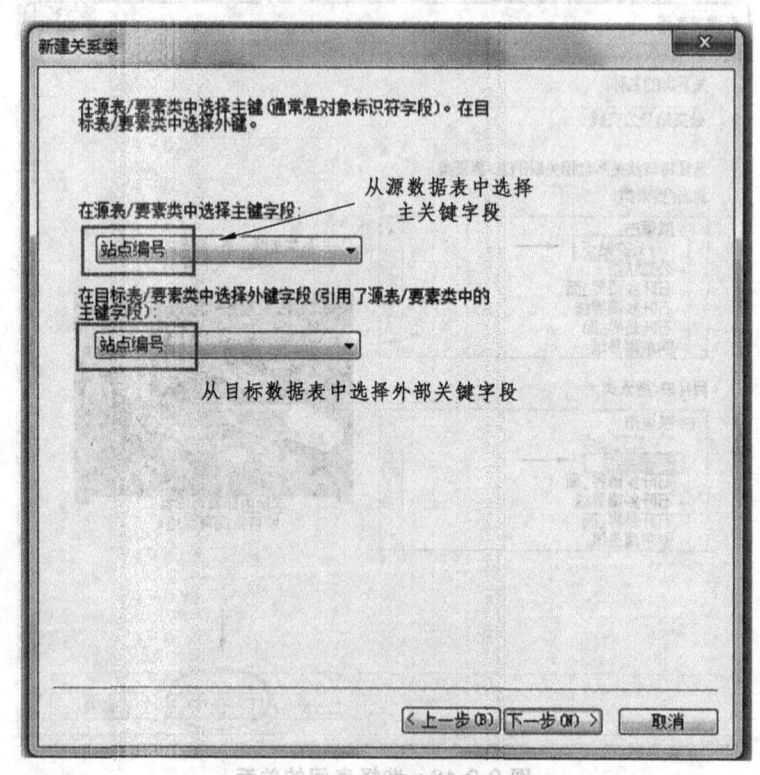

图 2-2-18　设置主键与外键

以上步骤完成后，ArcCatalog 中就可以看到，在地理数据库"qiandongnan.mdb"中，有一个数据表（公交线路）、一个关系类（公交站及公交线 1：M）以及一个要素数据集（凯里市），其中还包含一个要素类（公交站点），如图 2-2-19 所示。

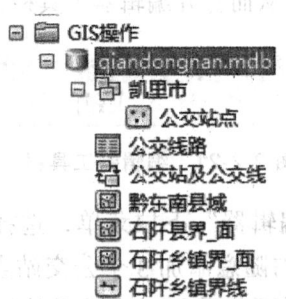

图 2-2-19　查看新建的各类数据

5. 拖放数据到 ArcMap 中进行属性的编辑

启动 ArcMap，新建一个空的地图文档，在 ArcCatalog 的目录树中，单击地理数据库"qiandongnan.mdb"，将要素类"公交站点"及属性数据表"公交线路"拖放到 ArcMap 中，如图 2-2-20 所示。

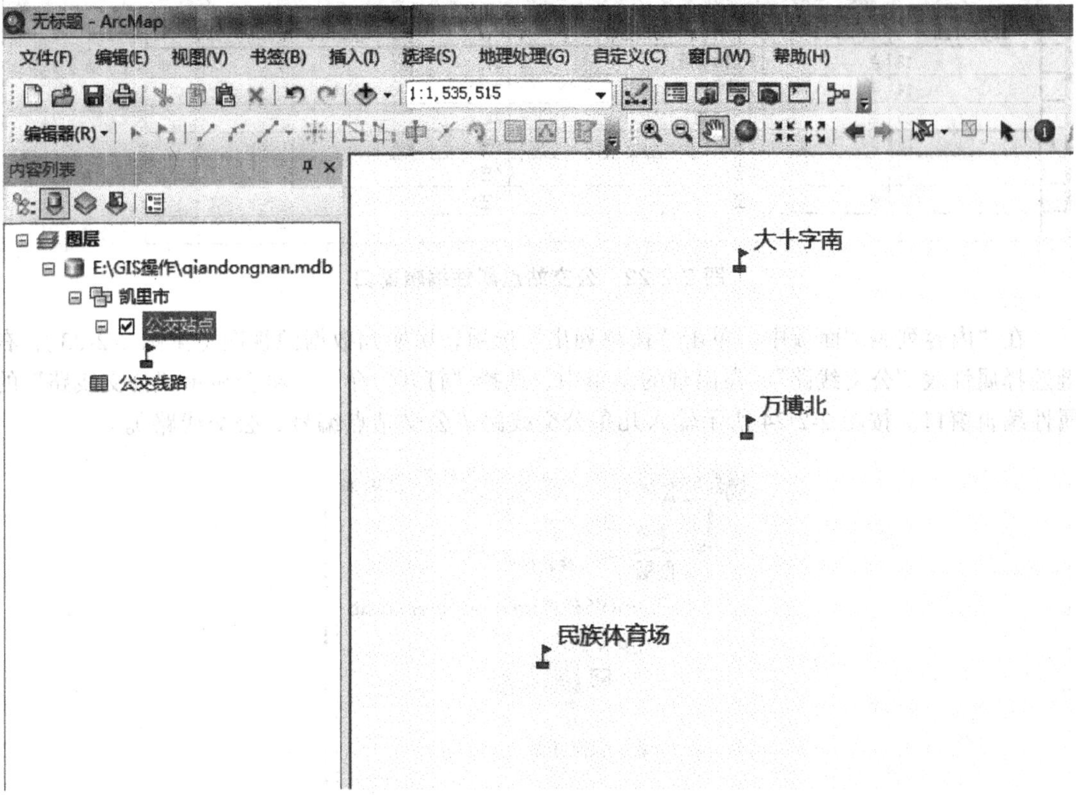

图 2-2-20　拖放数据到 ArcCatalog 中

6. 编辑属性数据及进行 1∶M 的空间查询

为了让大家了解属性编辑的过程，我们需要在要素类公交站点中添加 3 个公交站点。

首先，在工具栏显示区的空白处单击右键，在出现的菜单选中"编辑器"，或者单击"自定义"→"工具条"→"编辑器"，从而打开编辑器工具栏，如图 2-2-21 所示。

图 2-2-21　编辑器工具栏

在编辑器工具栏中，单击"编辑器"下拉菜单，选择"开始编辑"命令。按下"创建要素"按钮，在地图显示区内随意添加 3 个公交站点（这里只做演示使用，实际的凯里市公交站点的数字化过程还需要加载经过配准后的扫描地图作为背景）。

在 ArcMap "内容列表"面板中，右键单击图层"公交站点"，在出现的菜单中，选择"打开属性表"命令，将显示公交站点的属性编辑窗口，在其中输入站点名称和公交站点编号，如图 2-2-22 所示。字段 OBJECTID 是关键字段，是自动生成的不需要输入。

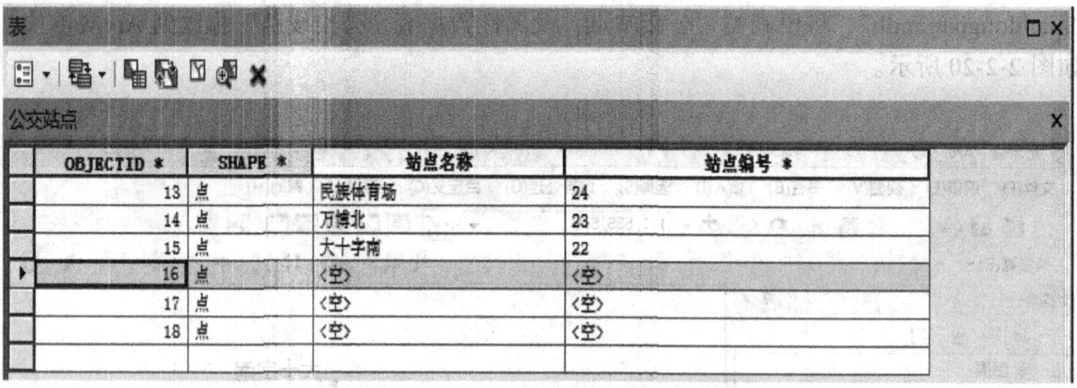

OBJECTID *	SHAPE *	站点名称	站点编号 *
13	点	民族体育场	24
14	点	万博北	23
15	点	大十字南	22
16	点	<空>	<空>
17	点	<空>	<空>
18	点	<空>	<空>

图 2-2-22　公交站点属性编辑窗口

在"内容列表"面板中，单击"按源列出"选项，切换到数据源视图（见图 2-2-23），右键选择属性表"公交线路"，在出现的菜单中，选择"打开"命令，将会显示"公交线路"的属性编辑窗口。按图 2-2-24 所示输入几条公交线路（公交站点编号、公交线路）。

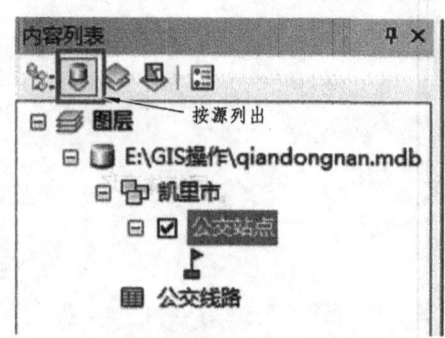

图 2-2-23　数据源视图

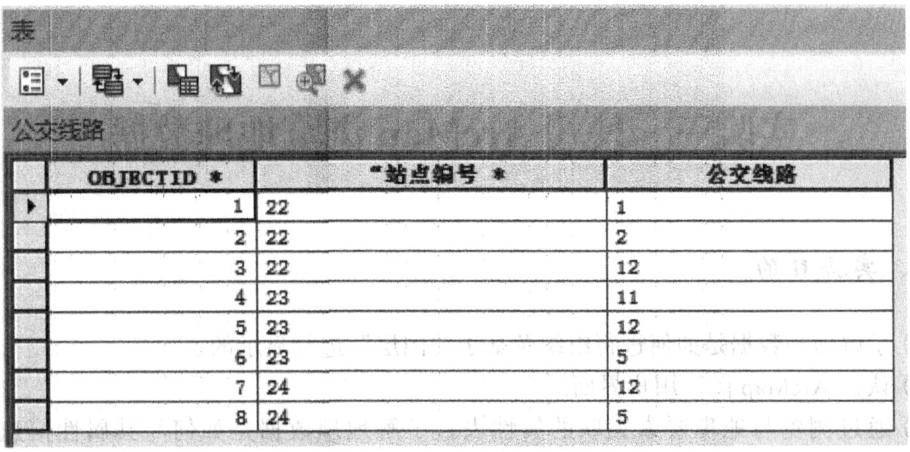

表

公交线路

	OBJECTID *	*站点编号 *	公交线路
▸	1	22	1
	2	22	2
	3	22	12
	4	23	11
	5	23	12
	6	23	5
	7	24	12
	8	24	5

图 2-2-24　公交线路属性编辑窗口

单击“编辑器”工具栏中的“编辑器”下拉菜单，选择“停止编辑”命令，将以上输入的编辑结果保存。

单击属性查询按钮，查询地图显示区中任意公交站点的属性，并可进一步查询每条公交线路的详细数据。

实验三　使用 ArcMap 浏览地理数据

一、实验目的

（1）了解地理数据是如何进行组织及基于"图层"进行显示的。
（2）认识 ArcMap 图形用户界面。
（3）通过浏览与地理要素关联的属性表，了解地理数据是如何与其属性信息进行连接的。
（4）掌握 GIS 两种基本查询操作，加深其实现原理的理解。
（5）初步了解设置图层显示方式及图例显示设置方法。

二、实验内容

查看矢量数据的要素图层，查询地理要素的属性，设置并显示地图标注信息。

三、实验原理与方法

1. 实验原理

在 GIS 中，你可以在地图上单击一个要素来查看数据库中与之相关联的属性。查询通常是通过语句或表达式来定义的，以便从地图及数据库中选择要素。假定你想查找人口数大于两千万的内陆国家，应该使用这个限定条件创建一个查询表达式。一旦 GIS 找到符合查询限定条件的要素，将会在地图上高亮显示这些要素。

2. 实验方法

最普通的 GIS 查询就是使用"按属性选择"工具，通过写入 SQL 表达式查询用于选择要素和表记录的子集；另一种是按位置选择，用户可以根据要素相对于另一图层要素的位置来进行选择。例如，如果用户想了解最近的洪水影响了多少家庭，那么可以选择该洪水边界内的所有家庭。用户可使用多种选择方法，选择与同一图层或其他图层中的要素接近或重叠的点、线或面要素。

数据准备：贵州省市、县矢量.shp。

3. ArcMap 界面介绍

ArcMap 界面如图 2-3-1 所示。

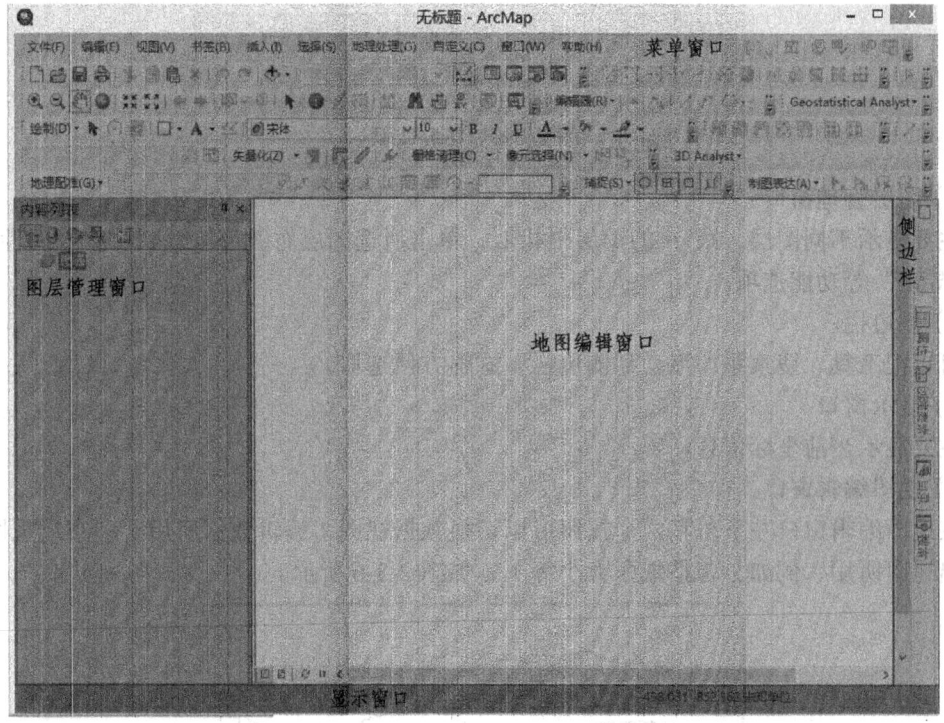

图 2-3-1 ArcMap 主界面

1）菜单窗口

里面包含了常用的制图工具，刚安装完毕的 ArcMap 没有这些工具。使用前可以在主菜单中选择"自定义"→"工具条"下勾选添加需要的工具。

（1）地理配准工具。该工具在我们进行配准时要用到，如图 2-3-2 所示。

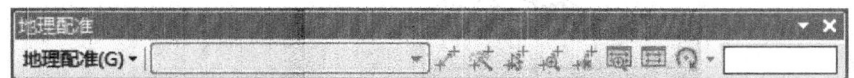

图 2-3-2 地理配准工具条

（2）编辑工具。该工具是我们在矢量化中编辑节点等要素要用到的工具，如图 2-3-3 所示。

图 2-3-3 编辑工具条

（3）高级编辑工具。高级编辑工具比较重要的是 ◉（大地测量工具），当我们做光照图就能用到，如图 2-3-4 所示。

图 2-3-4 高级编辑工具条

（4）拓扑工具。该工具用于删除重复线、相交线断点等，如图 2-3-5 所示。

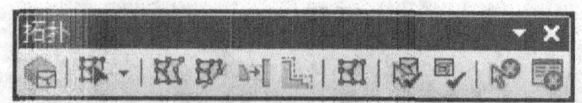

图 2-3-5 拓扑工具

2)图层管理窗口

主要显示不同图层,跟 ps 的图层很相似,单击所选图层右键可以看到"打开属性表"、"数据导出"等功能选项。

3)侧边栏

可以把工具、搜索添加拖动到侧边栏,这样方便选取。

4)显示窗口

主要显示当前坐标信息。

5)地图编辑窗口

在地图编辑窗口左下角有两个按钮可以切换数据视图(编辑数据所用)和布局视图(为了输出地图所用,例如,调整纸张大小等),如图 2-3-6 所示。

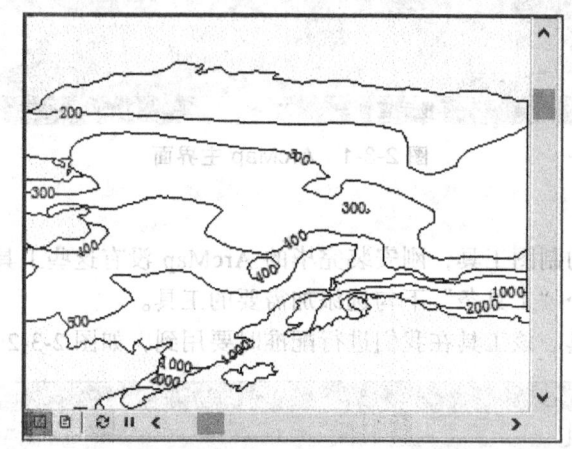

(a)数据视图

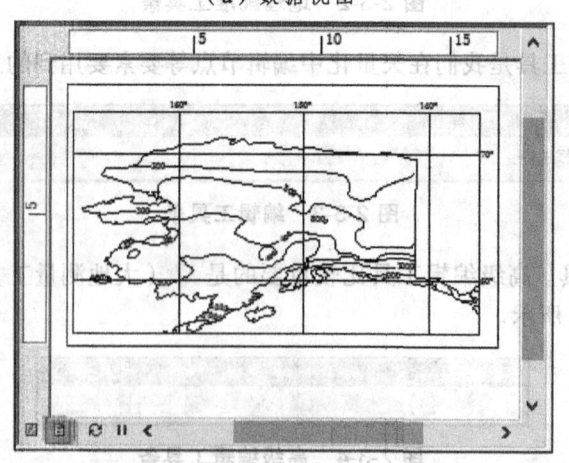

(b)布局视图

图 2-3-6 地图编辑窗口视图

四、实验步骤

1. 启动 ArcMap

可单击"开始"→"所有程序"→"ArcGIS"→"ArcMap10.2",然后,点击 ArcMap10.2 图标。当出现 ArcMap 启动对话框"打开现有地图或使用模板创建新地图"时,你可以选择一个现有的地图文档或单击"取消",创建一个新的地图文档,如图 2-3-7 所示。

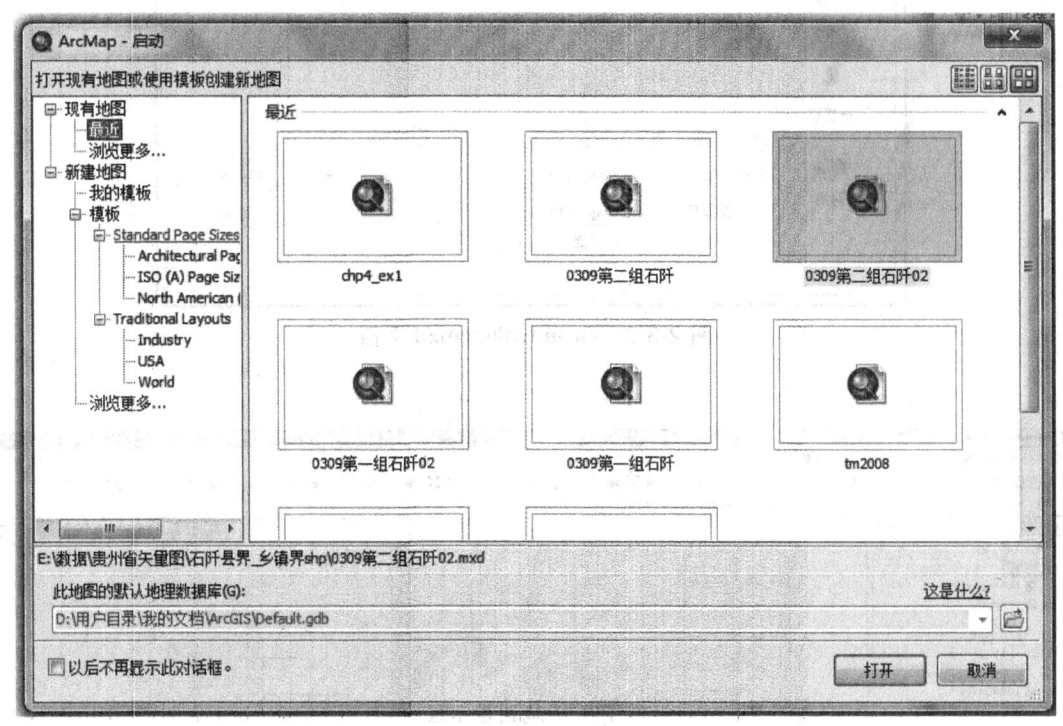

图 2-3-7　ArcMap 启动对话框

当你在 ArcMap 中进行各种操作时,你的操作对象是一个地图文档。该地图文档是存储在扩展名为.mxd 文件中。

2. 查看要素图层

选择主菜单"文件"→"打开"命令,弹出打开对话框,如图 2-3-8 所示。

浏览你电脑中的带有要素类数据的文件夹,打开一个现有的地图文档。如"E:\GIS 实验\实验 05\Greenvalley",单击"Greenvalley.mxd",然后单击"打开"按钮,如图 2-3-8 所示。

打开地图文档"Greenvalley.mxd"后,你会看到加载的地图,如图 2-3-9 所示。地图显示以图层表示每一个地理要素,一个图层表示某种专题信息。

在 ArcMap 窗口的左边区域是图层的内容列表,右边区域显示的是图层列表中各图层的图形内容。

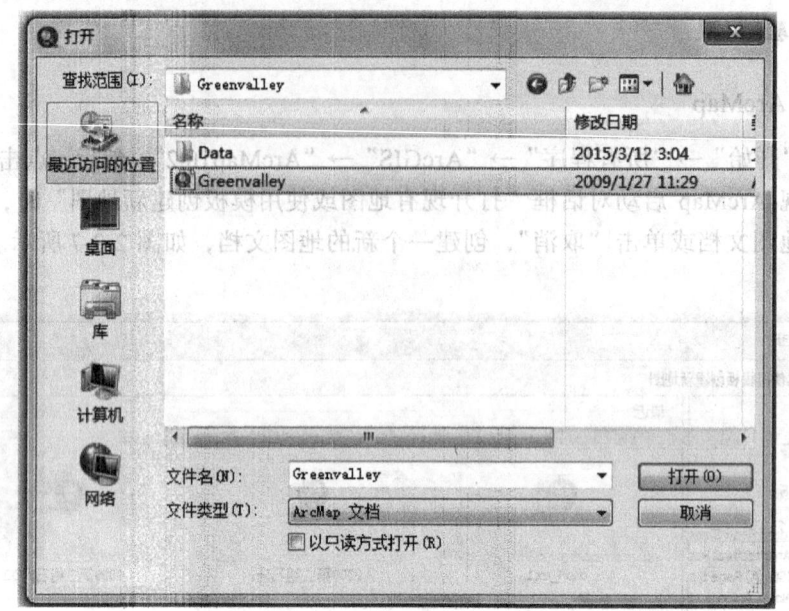

图 2-3-8 Greenvalley.mxd 文档

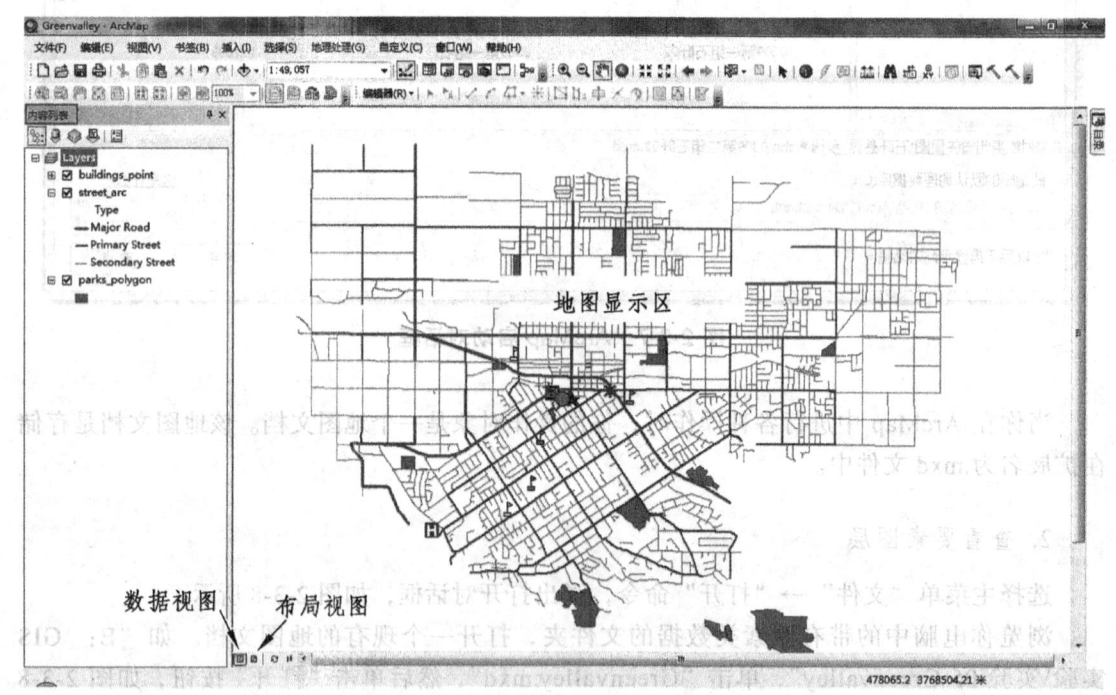

图 2-3-9 加载的地图信息

3. 显示其他图层

在地图中显示其他图层,例如湖泊、街道、公共图书馆等的位置;同时勾选上 Street_arc 旁边的方框就可以显示城市的主干道、二级街道等信息,如图 2-3-10 所示。

138

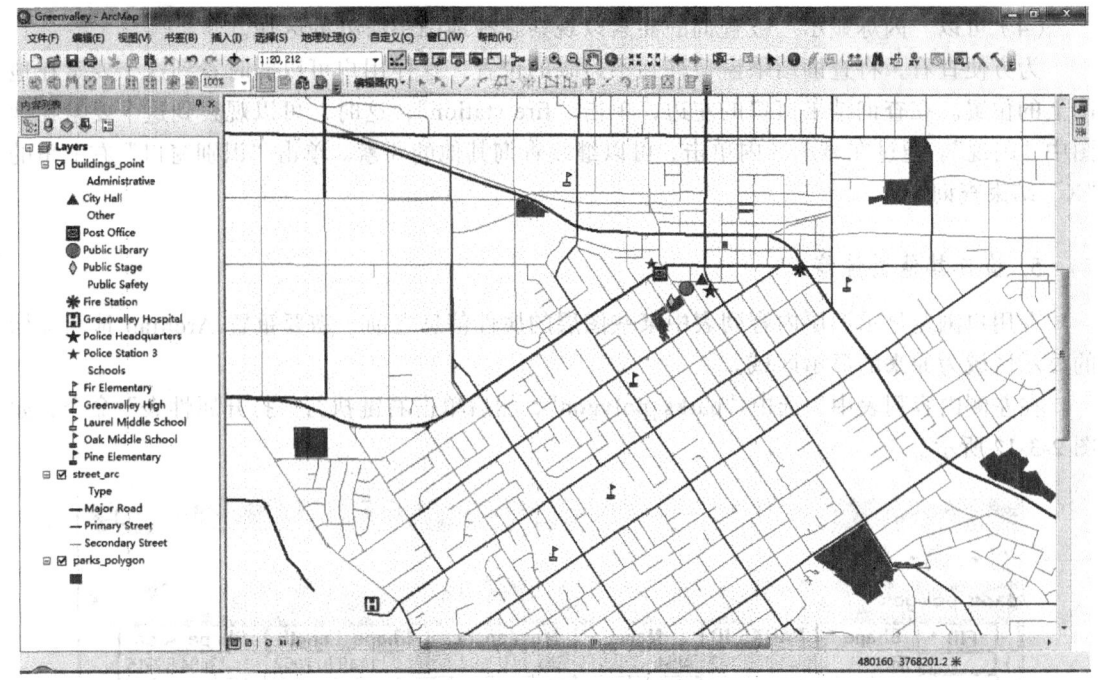

图 2-3-10 显示其他图层信息

4. 查询地理要素

在 ArcMap 中，通过在地图显示区单击某个要素你就可以查询其属性，了解其作用。

（1）首先应放大地图，这样能更清楚地查看单个的要素。

（2）单击工具栏上的"识别"按钮 ⓘ。如果看不到"工具"（Tools）工具栏，在菜单栏"帮助"的右边的空白区域单击右键，然后单击"工具"选项。

（3）在图中任何一个点、线、面要素上单击，如单击"Public Library"点要素，识别窗口打开并显示数据库中该要素的所有属性，如图 2-3-11 所示。

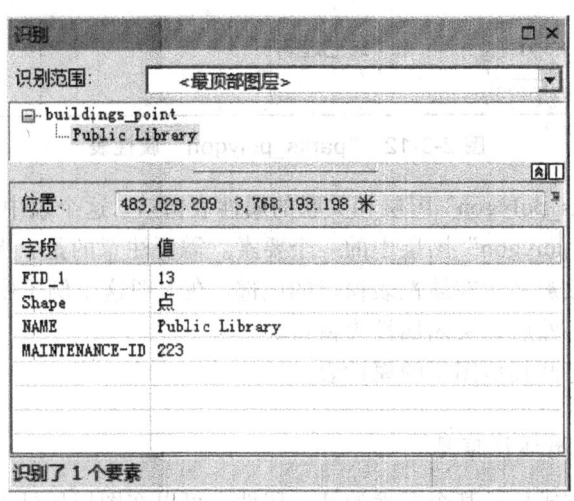

图 2-3-11 识别要素属性对话框

(4)可以"闪烁显示"被查询的要素以观察它在地图中所处的区域。

为方便查看,将查询结果窗口移到不碍眼的位置,这样用户可以同时看到这个要素在地图上的位置。在查询结果窗口的左边,单击"fire station",这时,可以观察到这个要素在地图中"闪现"。通过在显示区内单击,可以继续查询其他的要素。单击"识别窗口"右上角的"X"结束查询。

5. 检查其他属性信息

在用户浏览显示图层内容列表中某些图层的属性信息之前,需要重置 ArcMap 地图文档的显示区域为原来的显示区域。

在左侧内容列表中,选中"parks_polygon",然后单击右键执行"打开属性表"命令,如图 2-3-12 所示。

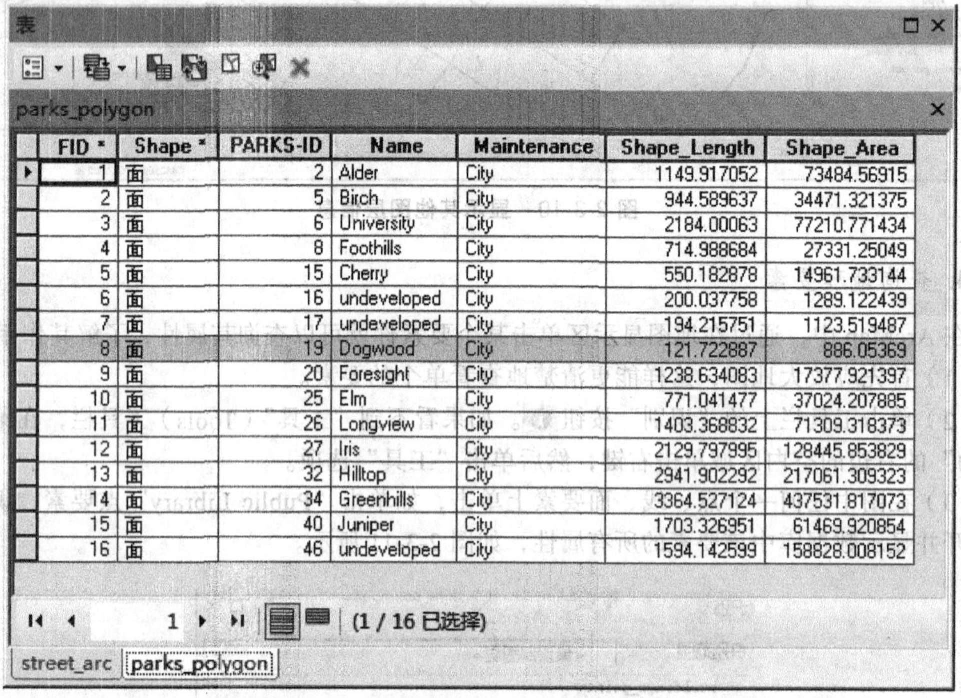

FID	Shape	PARKS-ID	Name	Maintenance	Shape_Length	Shape_Area
1	面	2	Alder	City	1149.917052	73484.56915
2	面	5	Birch	City	944.589637	34471.321375
3	面	6	University	City	2184.00063	77210.771434
4	面	8	Foothills	City	714.988684	27331.25049
5	面	15	Cherry	City	550.182878	14961.733144
6	面	16	undeveloped	City	200.037758	1289.122439
7	面	17	undeveloped	City	194.215751	1123.519487
8	面	19	Dogwood	City	121.722887	886.05369
9	面	20	Foresight	City	1238.634083	17377.921397
10	面	25	Elm	City	771.041477	37024.207885
11	面	26	Longview	City	1403.368832	71309.318373
12	面	27	Iris	City	2129.797995	128445.853829
13	面	32	Hilltop	City	2941.902292	217061.309323
14	面	34	Greenhills	City	3364.527124	437531.817073
15	面	40	Juniper	City	1703.326951	61469.920854
16	面	46	undeveloped	City	1594.142599	158828.008152

图 2-3-12 "parks_polygon" 属性表

这时会显示"parks_polygon"图层相关联的属性表窗口。这个表中的每一行为一个记录,每个记录表示"parks_polygon"图层中的一个要素。需要注意的是:图层中要素的数目也就是数据表中记录的个数被显示在属性表窗口的底部。在上图这个例子中,共有 16 个记录,其中第 8 条记录被选中。然后,关闭属性表窗口。

用同样的方法,打开其他图层的属性表。

6. 设置并显示地图标注信息

地图提示以文本方式显示某个要素的某一属性,可以在图层属性对话框中设置地图显示信息来自于数据表中的哪一个字段。

在图层列表中,右键单击图层的名字,然后单击"属性"命令。在出现的属性对话框中,单击"字段"选项页,通过设置主显示字段来设定地图提示信息的对应字段。你可以指定属性表的任一个字段作为地图提示字段,如图 2-3-13 所示。

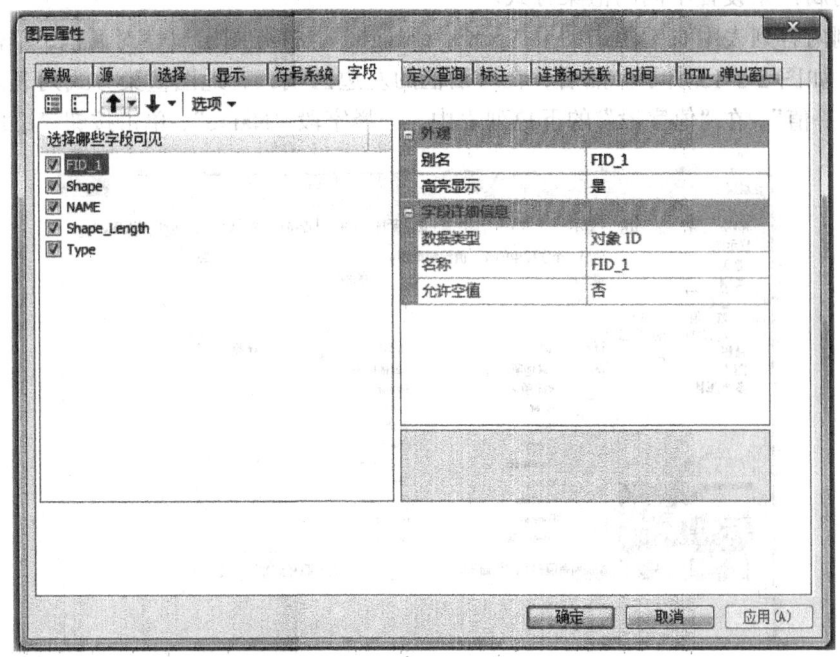

图 2-3-13 设置"字段"选项页

默认情况下,ArcGIS 使用字段"Name"作为地图提示字段,如图 2-3-14 所示。可以改变为其他的字段。

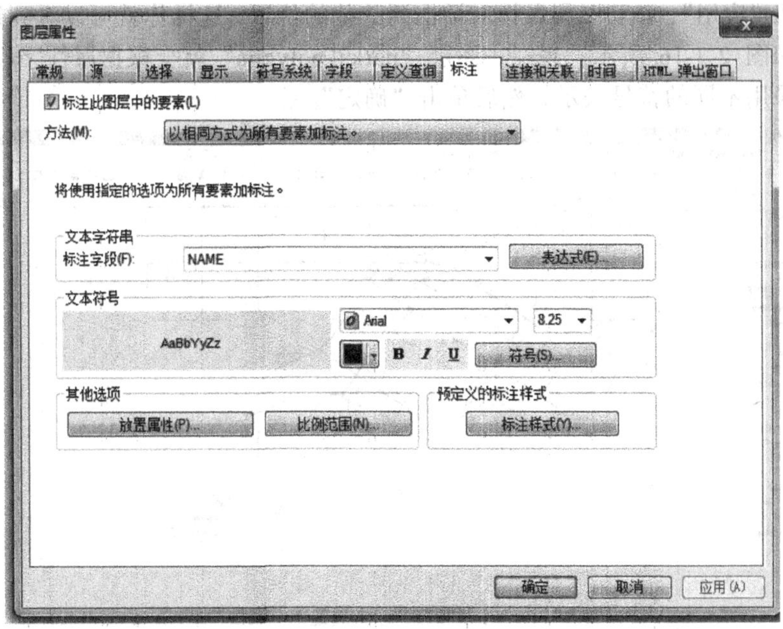

图 2-3-14 设置地图标注

7. 根据要素属性设置图层渲染样式

现在，图层"parks_polygon"是以单一符号进行渲染，每个要素都是同一种符号。可以根据要素的属性来设置不同的渲染方式。

在左侧内容列表中右键单击图层"parks_polygon"，打开图层属性对话框，单击"符号系统"选项，如图 2-3-15 所示。然后，在对话框的左边区域，有地图渲染方式列表。单击"类别"→"唯一值"。在"值字段"的下拉列表中，选择字段"Name"，单击按钮"添加所有值"。

图 2-3-15 "符号系统"选项页

单击按钮"应用"，移动图层属性对话框到其他的位置，这样你就可以看到地图的显示发生了变化，如图 2-3-16 所示。现在，图层"parks_polygon"就会根据属性字段"Name"的取值不同而采用不同的符号表示，然后单击"确定"。

图 2-3-16 根据属性字段"Name"显示地图信息

8. 根据属性选择要素

有时,你可能需要显示满足特定条件的那些要素。你可以单击主菜单"选择"→"按属性选择",在弹出的"按属性选择"对话框中,你可以构造一个查询条件。通过构造表达式:[Name] = 'Elm',可以从数据库中找出名为"Elm"的湖泊。选中的要素将会在属性表及地图中高亮显示。

具体操作如下:

(1)在图层下拉列表中,选择"Street_arc",弹出"按属性选择"对话框,如图 2-3-17 所示。在方法下拉列表中,选中"创建新选择内容",在字段列表中,调整滚动条,双击"NAME"。然后,单击" = "按钮,再单击"获取唯一值"按钮,在唯一值列表框中,找到"Greenwalley"后双击。

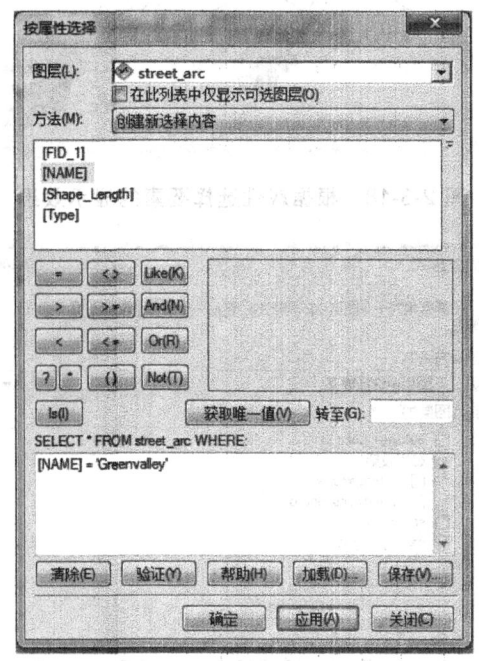

图 2-3-17 "按属性选择"对话框

(2)单击"应用"按钮,将"属性选择"对话框移开。这样,就可以方便地看到被选中要素的显示效果,如图 2-3-18 所示。

(3)关闭"属性选择对话框"。

9. 使用空间关系选择地理要素

使用空间关系选择是根据要素相对于另一图层要素的位置来进行选择。例如,现在选择位于距黔东南州沪昆高速公路 1 000 m 范围内的所有宾馆,这样如果你开车从长沙到凯里,在饥肠辘辘时就可以很快找到住宿的地方,可以美餐一顿。

单击主菜单"选择"→"按位置选择",在"按位置选择"对话框中,通过选择操作,形成一个表达式:我想要从图层"parks_polygon"中选择要素,这些要素位于距图层"buildings_point"中被选中的要素 1 000 m 的区域内,如图 2-3-19 所示。

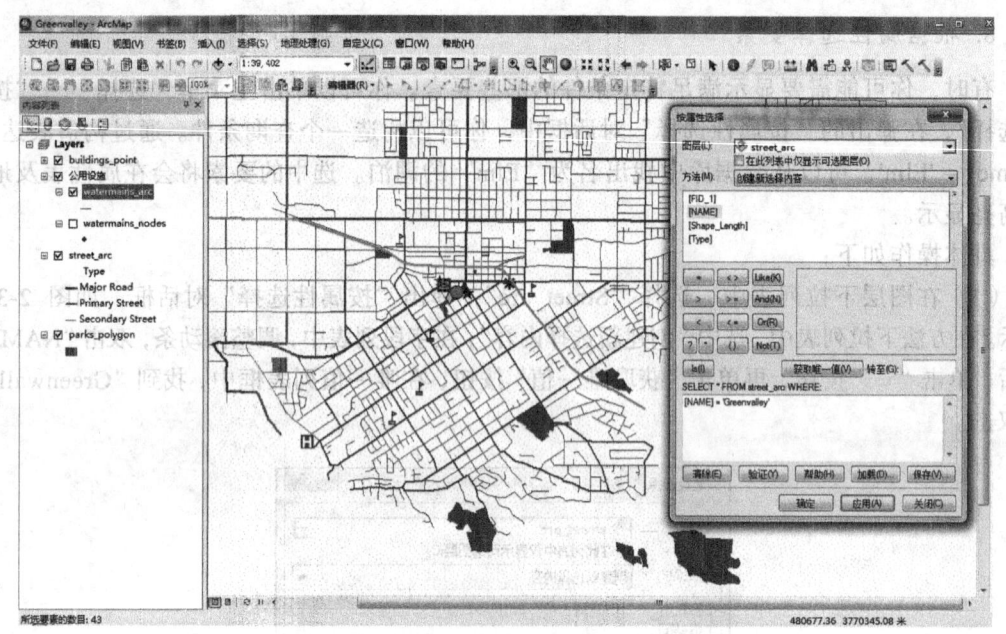

图 2-3-18 根据属性选择要素的显示效果

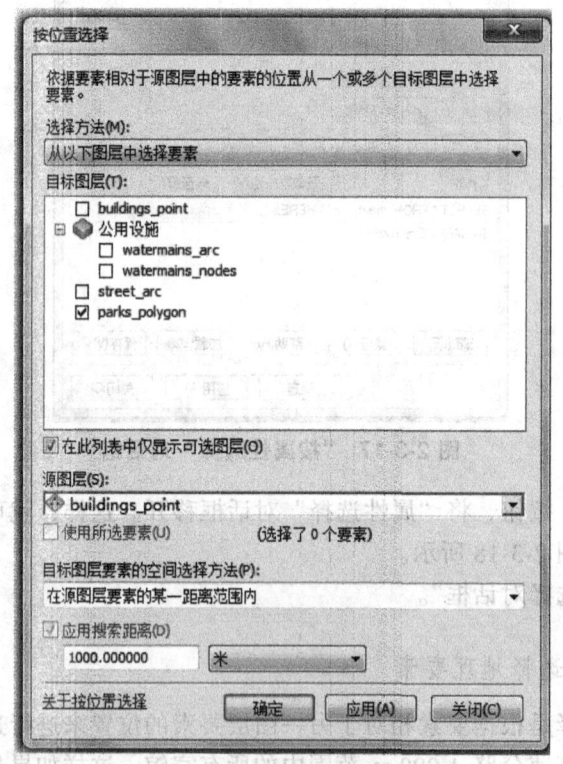

图 2-3-19 使用空间关系选择要素

点击"应用"→"关闭"按钮，完成操作。

这时，在地图显示区中，处于"buildings_point" 1 000 m 缓冲区范围内的湖泊就会被高亮显示，如图 2-3-20 所示。

144

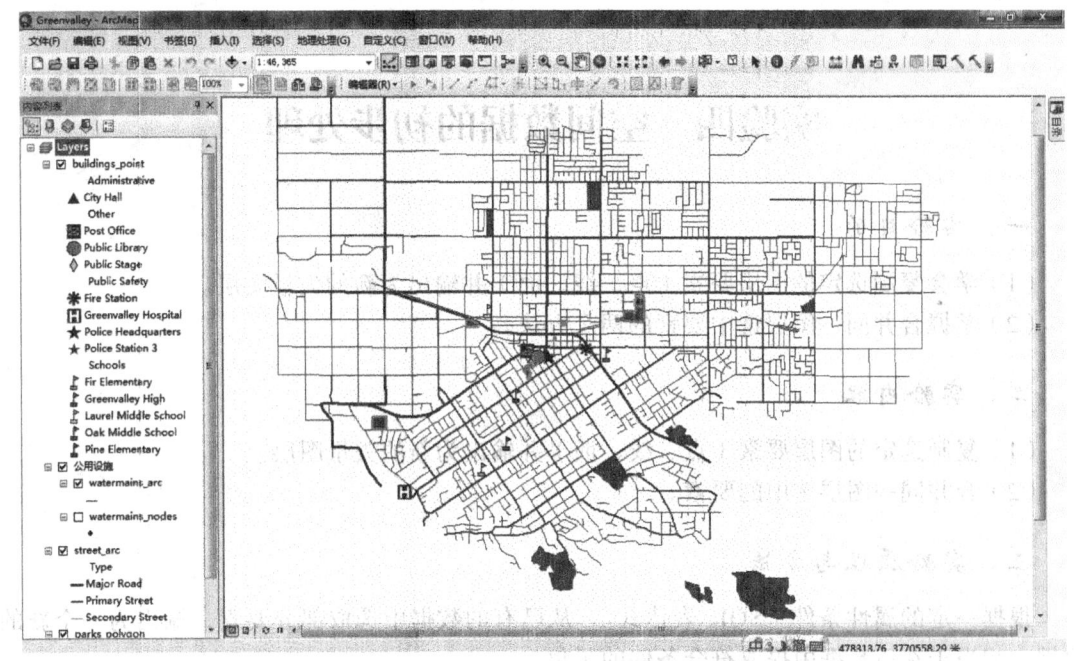

图 2-3-20 使用空间关系选择要素的显示效果

在左侧窗口内容列表中,右键单击图层"parks_polygon",然后点击"打开属性表"命令。图层"parks_polygon"中被选中的那些要素就被高亮显示出来,如图 2-3-21 所示。

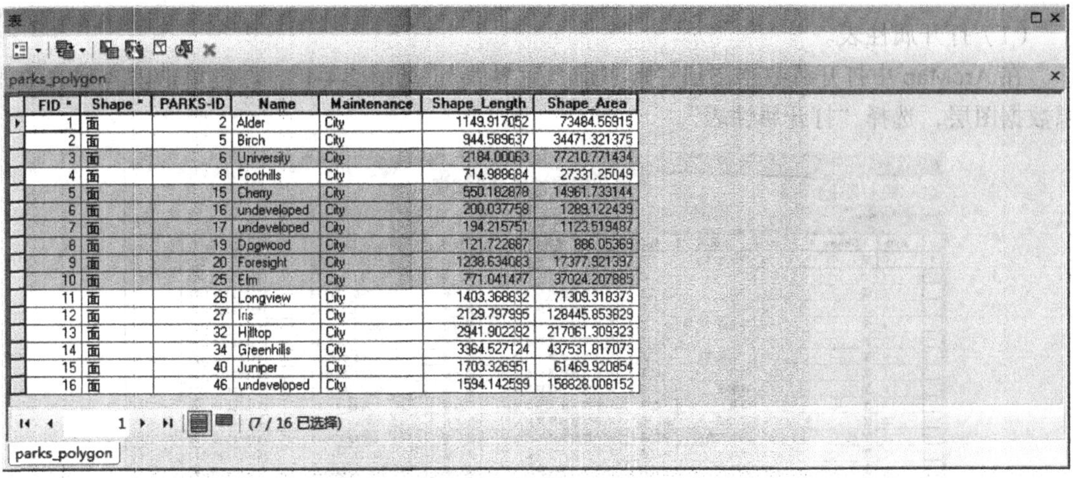

图 2-3-21 "parks_polygon"属性表

查看后关闭属性表。上述的操作是通过空间分析实现的。在以后的实验中,你将学会更多更深入的空间分析功能的使用。

10. 退出 ArcMap

执行菜单命令"文件"→"退出",关闭 ArcMap。系统会提示是否保存修改该文件,单击"否"。

实验四 空间数据的初步处理

一、实验目的

（1）学会复制选定的图层要素（点、线、面）并输出为新的矢量图层。
（2）掌握合并同一图层选中要素的两个方法。

二、实验内容

（1）复制选定的图层要素（点、线、面）并输出为新的矢量图层。
（2）合并同一图层选中的要素。

三、实验原理与方法

根据一定的属性条件（SQL 表达式），从已有的数据中选取部分要素，输出为一个新的数据。相当于在原数据中提取符合条件的子集。

四、实验步骤

1. 复制选定的图层要素（点、线、面）并输出为新的矢量图层

（1）打开属性表。

在 ArcMap 中打开源数据图层"黔东南乡镇界线"（见图 2-4-1），右键单击内容列表中的源数据图层，选择"打开属性表"。

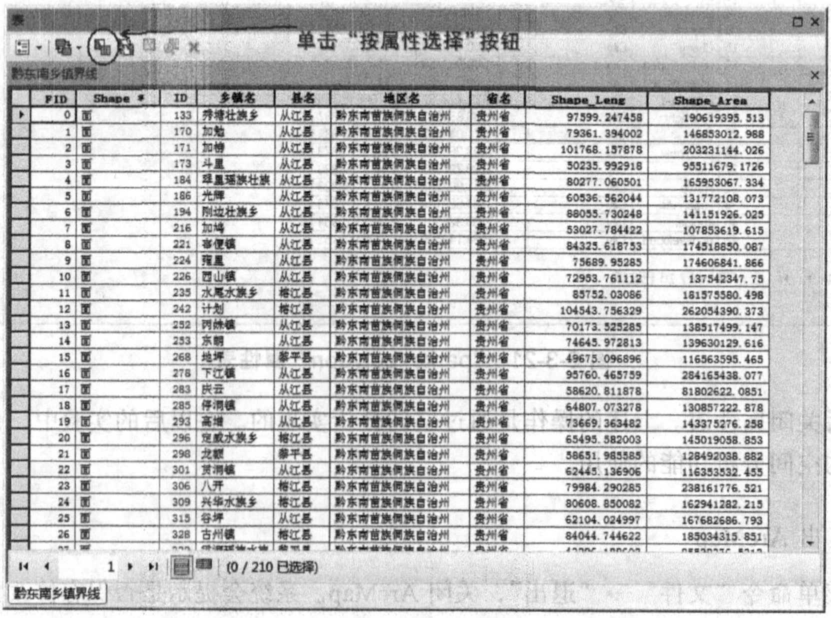

图 2-4-1 "黔东南乡镇界线"属性表

（2）利用"按属性选择"命令选择指定要素类的属性。

单击菜单"选择"→"按属性选择"命令，打开"按属性选择"对话框，在其下方文本框中输入选择条件："县名" = '锦屏县'，单击"应用"，如图 2-4-2 所示。

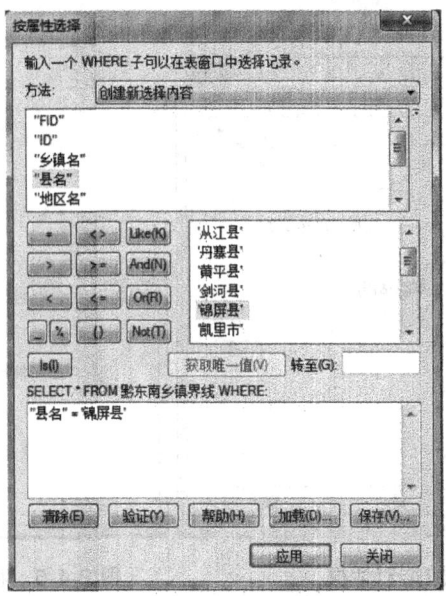

图 2-4-2　按属性选择对话框

观察属性表，此时，属性表中所有"县名"为"锦屏县"的数据呈高亮显示，如图 2-4-3 所示。

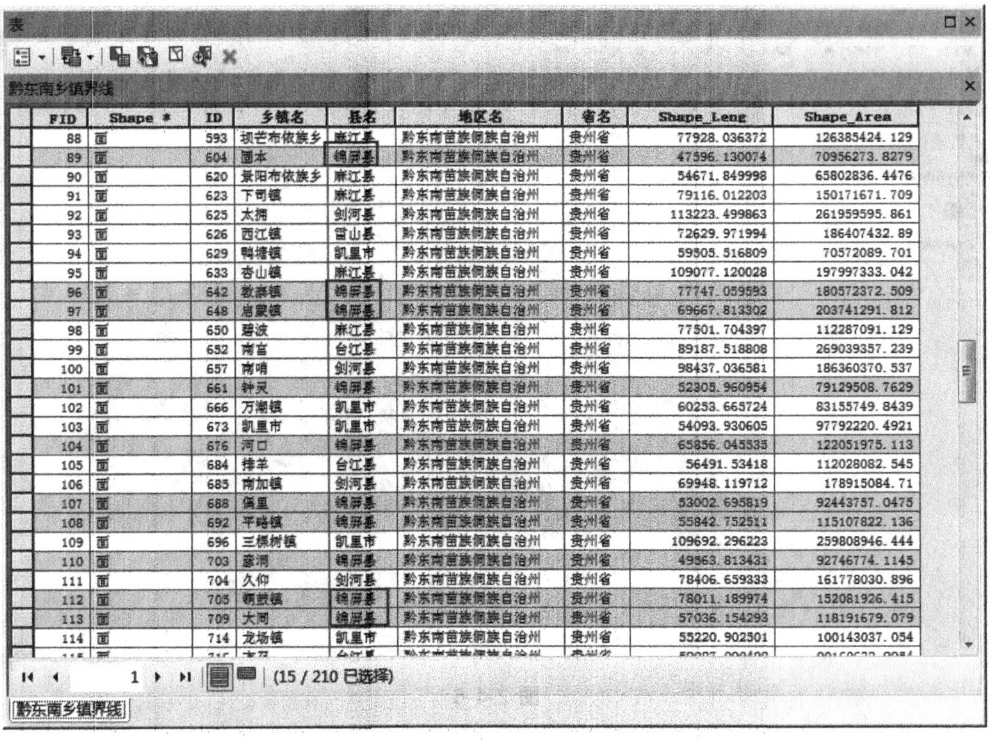

FID	Shape *	ID	乡镇名	县名	地区名	省名	Shape_Leng	Shape_Area
88	面	593	坝芒布依族乡	麻江县	黔东南苗族侗族自治州	贵州省	77928.036372	126385424.129
89	面	604	固本	锦屏县	黔东南苗族侗族自治州	贵州省	47596.130074	70956273.8279
90	面	620	景阳布依族乡	麻江县	黔东南苗族侗族自治州	贵州省	54671.849998	65802836.4476
91	面	623	下司镇	麻江县	黔东南苗族侗族自治州	贵州省	79116.012203	150171671.709
92	面	625	太拥	剑河县	黔东南苗族侗族自治州	贵州省	113223.499863	261959595.861
93	面	626	西江镇	雷山县	黔东南苗族侗族自治州	贵州省	72629.971994	186407432.89
94	面	629	鸭塘镇	凯里市	黔东南苗族侗族自治州	贵州省	59505.516809	70572089.701
95	面	633	杏山镇	麻江县	黔东南苗族侗族自治州	贵州省	109077.120028	197997333.042
96	面	642	敦寨镇	锦屏县	黔东南苗族侗族自治州	贵州省	77747.059593	180572372.509
97	面	648	启蒙镇	锦屏县	黔东南苗族侗族自治州	贵州省	69667.813302	203741291.812
98	面	650	碧波	麻江县	黔东南苗族侗族自治州	贵州省	77501.704397	112287091.129
99	面	652	南宫	台江县	黔东南苗族侗族自治州	贵州省	89187.518808	269039357.239
100	面	657	南哨	剑河县	黔东南苗族侗族自治州	贵州省	96437.036581	186360370.537
101	面	661	钟灵	锦屏县	黔东南苗族侗族自治州	贵州省	52305.960954	79129508.7629
102	面	666	万潮镇	凯里市	黔东南苗族侗族自治州	贵州省	60253.665724	83155749.8439
103	面	673	凯里市	凯里市	黔东南苗族侗族自治州	贵州省	54093.930605	97792220.4921
104	面	676	河口	锦屏县	黔东南苗族侗族自治州	贵州省	65856.045535	122051975.113
105	面	684	排中	台江县	黔东南苗族侗族自治州	贵州省	56491.53418	112028082.545
106	面	685	南加镇	剑河县	黔东南苗族侗族自治州	贵州省	69948.119712	178915084.71
107	面	688	偶里	锦屏县	黔东南苗族侗族自治州	贵州省	53002.695819	92443757.0475
108	面	692	平略镇	锦屏县	黔东南苗族侗族自治州	贵州省	55842.752511	115107822.136
109	面	696	三棵树镇	凯里市	黔东南苗族侗族自治州	贵州省	109692.296223	259808946.44
110	面	703	彦洞	锦屏县	黔东南苗族侗族自治州	贵州省	49563.813431	92746774.1145
111	面	704	久仰	剑河县	黔东南苗族侗族自治州	贵州省	78406.659333	161778030.896
112	面	705	铜鼓镇	锦屏县	黔东南苗族侗族自治州	贵州省	78011.189974	152081926.415
113	面	709	大同	锦屏县	黔东南苗族侗族自治州	贵州省	57036.154293	118191679.079
114	面	714	龙场镇	凯里市	黔东南苗族侗族自治州	贵州省	55220.902501	100143037.054

(15 / 210 已选择)

图 2-4-3　高亮显示"锦屏县"的数据

（3）右键单击内容列表"黔东南乡镇界线"，单击"数据"→"导出数据"，在"导出数据"对话框中进行如下设置，如图2-4-4所示。

单击确定，出现"是否要将导出的数据添加到地图图层中"对话框，单击"是"，如图2-4-5所示。

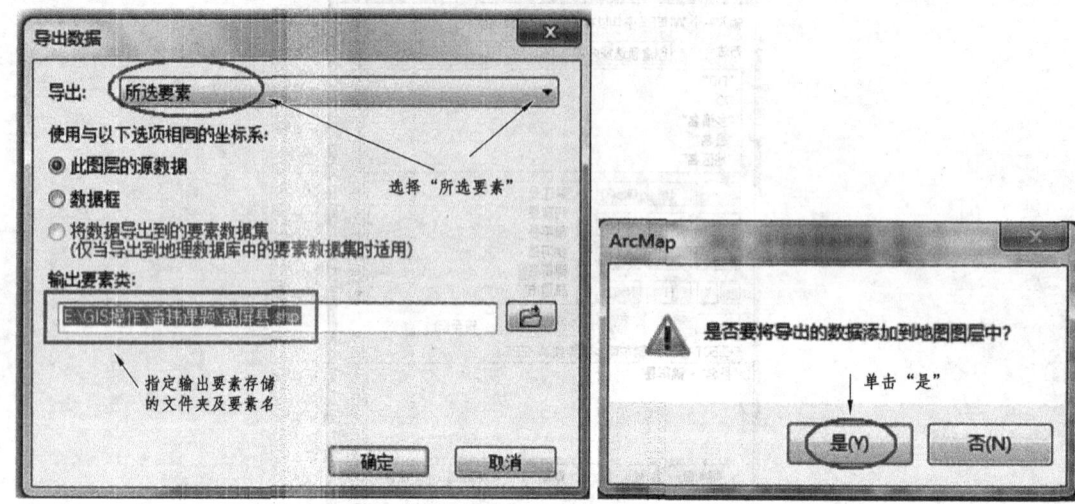

图 2-4-4 导出数据对话框　　　　　图 2-4-5 将数据添加到地图图层中

"锦屏县"矢量数据输出为一个新图层，如图2-4-6所示。

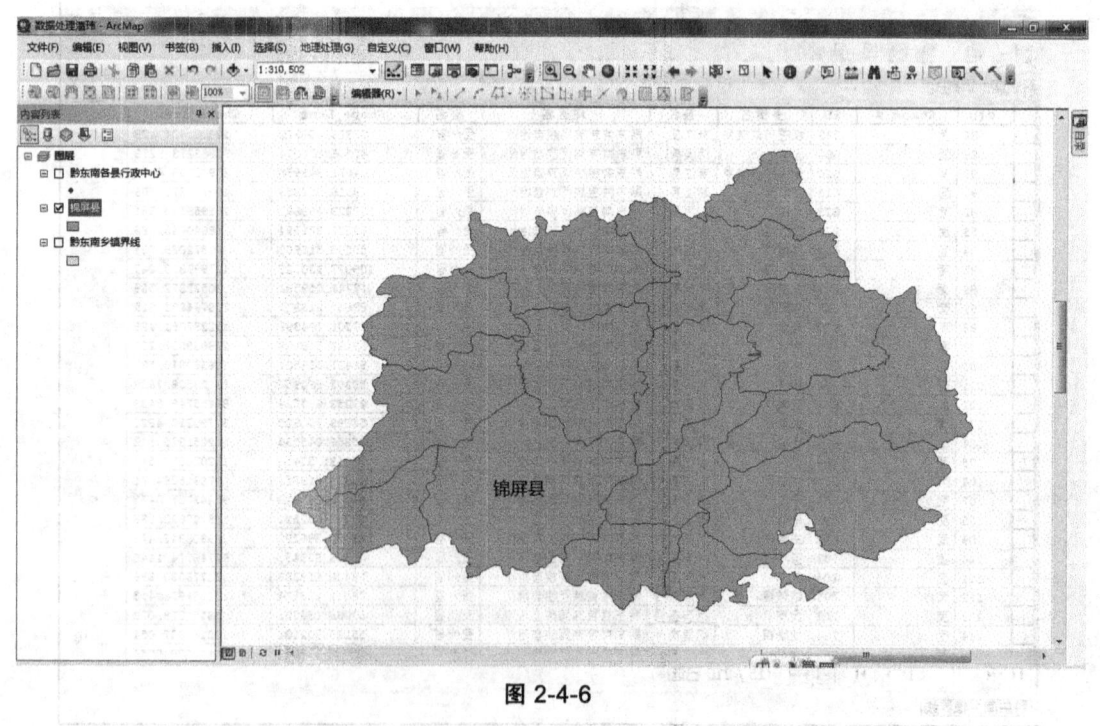

图 2-4-6

右键单击内容列表"锦屏县"→"打开属性表",可以看到"锦屏县"属性表的字段与原数据"黔东南乡镇界线"的属性表完全一样,如图 2-4-7 所示。

FID	Shape *	ID	乡镇名	县名	地区名	省名	Shape_Leng	Shape_Area
0	面	566	隆里	锦屏县	黔东南苗族侗族自治州	贵州省	35423.347393	56080551.153
1	面	571	新化	锦屏县	黔东南苗族侗族自治州	贵州省	54799.321309	50140918.2113
2	面	604	固本	锦屏县	黔东南苗族侗族自治州	贵州省	47596.130074	70956273.8279
3	面	642	敦寨镇	锦屏县	黔东南苗族侗族自治州	贵州省	77747.059593	180572372.509
4	面	648	启蒙镇	锦屏县	黔东南苗族侗族自治州	贵州省	69667.813302	203741291.812
5	面	661	钟灵	锦屏县	黔东南苗族侗族自治州	贵州省	52305.960954	79129508.7629
6	面	676	河口	锦屏县	黔东南苗族侗族自治州	贵州省	65856.045535	122051975.113
7	面	688	偶里	锦屏县	黔东南苗族侗族自治州	贵州省	53002.695819	92443757.0475
8	面	692	平略镇	锦屏县	黔东南苗族侗族自治州	贵州省	55842.752511	115107822.136
9	面	703	彦洞	锦屏县	黔东南苗族侗族自治州	贵州省	49563.813431	92746974.1145
10	面	705	铜鼓镇	锦屏县	黔东南苗族侗族自治州	贵州省	78011.189974	152081926.415
11	面	709	大同	锦屏县	黔东南苗族侗族自治州	贵州省	57036.154293	118191679.079
12	面	745	平秋镇	锦屏县	黔东南苗族侗族自治州	贵州省	64761.826204	113231889.443
13	面	754	三江镇	锦屏县	黔东南苗族侗族自治州	贵州省	73519.737729	127698044.816
14	面	774	茅坪镇	锦屏县	黔东南苗族侗族自治州	贵州省	35677.747921	48531871.4931

图 2-4-7 锦屏县属性表

按照上述步骤,把黔东南州其他县市复制并输出为矢量图层。结果如图 2-4-8 所示。

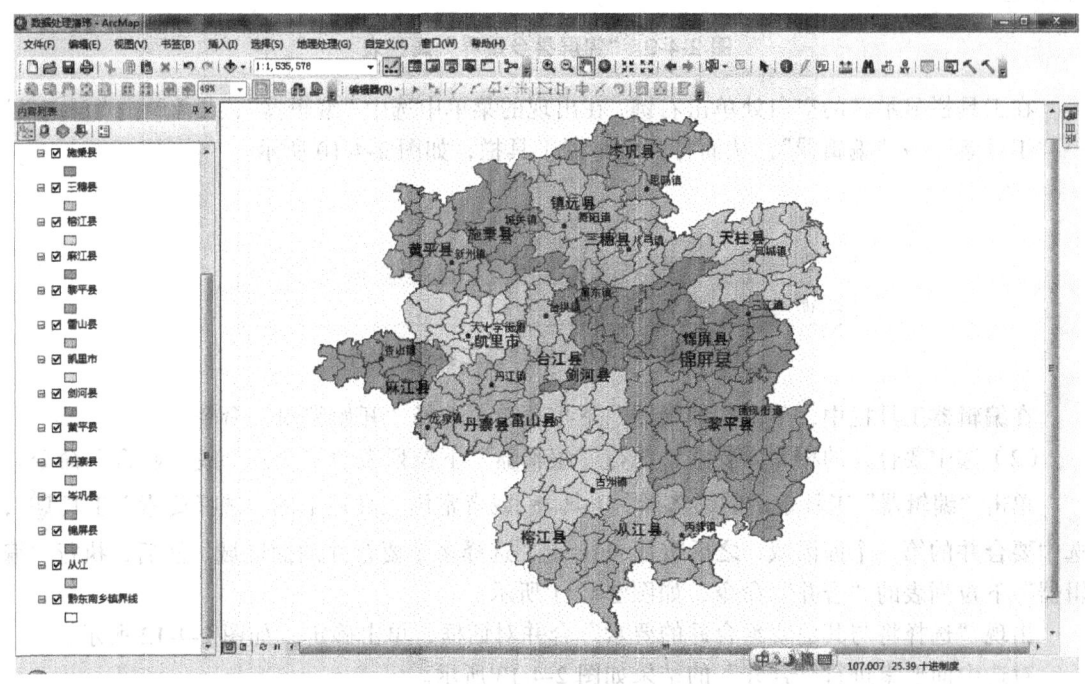

图 2-4-8 复制黔东南州其他县市为矢量图层

2. 合并同一图层选中的要素

具体操作步骤如下：

（1）打开"编辑器"，启动"开始编辑"。

在 ArcMap 中打开数据图层"锦屏县乡镇界"，右键单击该图层内容列表，选择"打开属性表"，如图 2-4-9 所示。

FID	Shape *	ID	乡镇名	县名	地区名	省名	Shape_Leng	Shape_Area
0	面	566	隆里	锦屏县	黔东南苗族侗族自治州	贵州省	35423.347393	56080551.153
1	面	571	新化	锦屏县	黔东南苗族侗族自治州	贵州省	54799.321309	50140918.2113
2	面	604	固本	锦屏县	黔东南苗族侗族自治州	贵州省	47596.130074	70956273.8279
3	面	642	敦寨镇	锦屏县	黔东南苗族侗族自治州	贵州省	77747.059593	180572372.509
4	面	648	启蒙镇	锦屏县	黔东南苗族侗族自治州	贵州省	69667.813302	203741291.812
5	面	661	钟灵	锦屏县	黔东南苗族侗族自治州	贵州省	52305.960954	79129508.7629
6	面	676	河口	锦屏县	黔东南苗族侗族自治州	贵州省	65856.045535	122051975.113
7	面	688	偶里	锦屏县	黔东南苗族侗族自治州	贵州省	53002.695819	92443757.0475
8	面	692	平略镇	锦屏县	黔东南苗族侗族自治州	贵州省	55842.752511	115107822.136
9	面	703	彦洞	锦屏县	黔东南苗族侗族自治州	贵州省	49563.813431	92746774.1145
10	面	705	铜鼓镇	锦屏县	黔东南苗族侗族自治州	贵州省	78011.189974	152081926.415
11	面	709	大同	锦屏县	黔东南苗族侗族自治州	贵州省	57036.154293	118191679.079
12	面	745	平秋镇	锦屏县	黔东南苗族侗族自治州	贵州省	64761.826204	113231889.443
13	面	754	三江镇	锦屏县	黔东南苗族侗族自治州	贵州省	73519.737729	127698044.816
14	面	774	茅坪镇	锦屏县	黔东南苗族侗族自治州	贵州省	35677.747921	48531871.4931

图 2-4-9 "锦屏县乡镇界"属性表

在工具栏显示区的空白处单击右键，在出现的菜单中选中"编辑器"，或者单击"自定义"→"工具条"→"编辑器"，从而打开编辑器工具栏，如图 2-4-10 所示。

图 2-4-10 编辑器工具条

在编辑器工具栏中，单击"编辑器"下拉菜单，选择"开始编辑"命令。

（2）选中要合并的相邻面要素，执行"编辑器"下拉列表的"合并"或"联合"命令。

单击"编辑器"工具条上的"选择"工具▶或者常用工具栏上的"选择要素"工具，选中要合并的第一个面区域，之后按住 shift 键，选择多个要合并的面区域。然后，执行"编辑器"下拉列表的"合并"命令，如图 2-4-11 所示。

出现"选择将与其他要素合并的要素"合并对话框，单击确定，如图 2-4-12 所示。

对选中面要素进行"合并"的结果如图 2-4-13 所示。

150

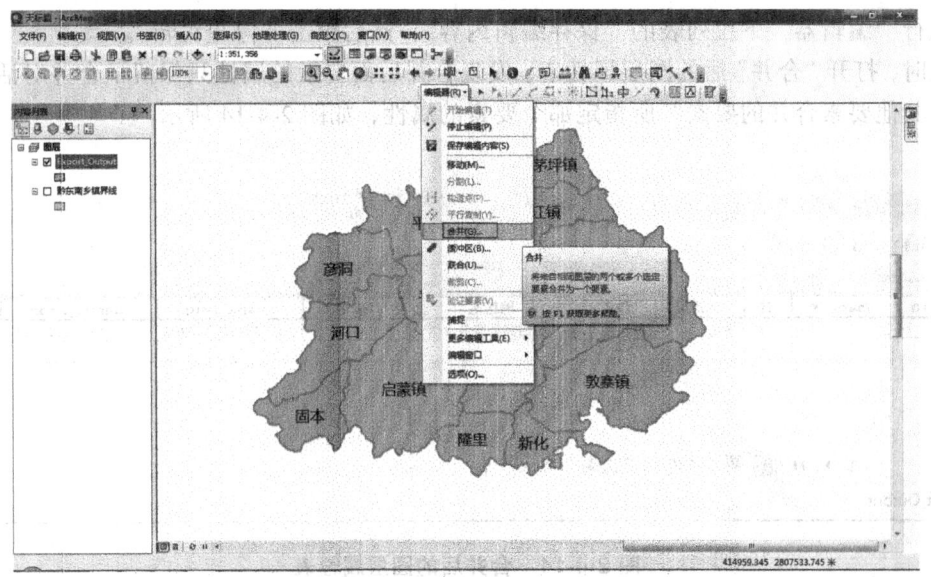

图 2-4-11　执行合并命令

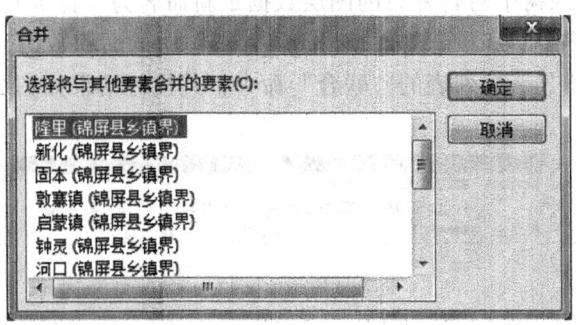

图 2-4-12　"选择将与其他要素合并的要素"对话模式

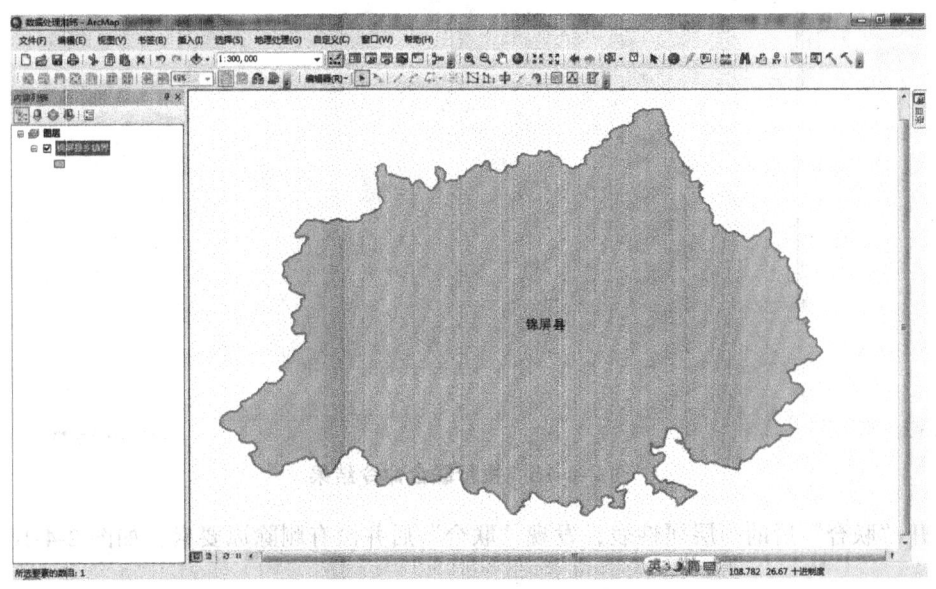

图 2-4-13　面要素合并结果

执行"编辑器"下拉列表的"保存编辑内容",然后单击"停止编辑"。

此时,打开"合并"后的图层属性表,发现合并后面要素的属性只保留了合并对话框"选择将与其他要素合并的要素"所指定那个要素的属性,如图 2-4-14 所示。

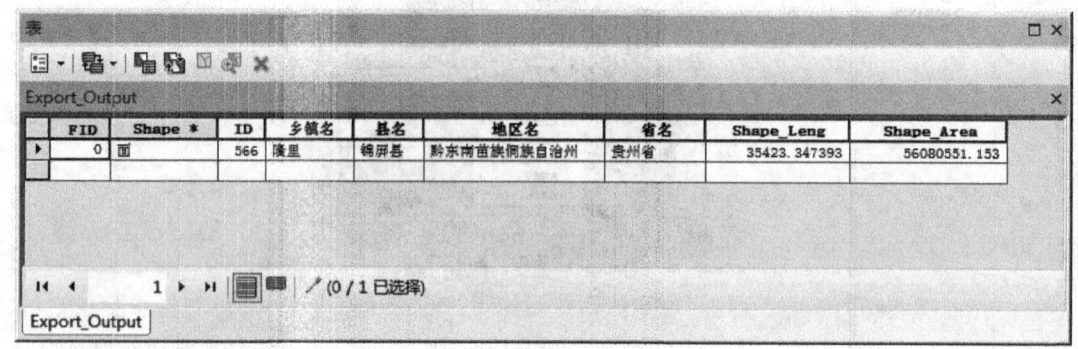

图 2-4-14 合并后的图层属性表

在 ArcCatalog 目录树中对合并后的图层数据重新命名为"锦屏县界",并修改属性表中的数据。例如,删除多余的字段,修改"Shape_Area"中的面积数值。

如果执行"编辑器"下拉列表的"联合"命令,其执行结果如图 2-4-15 所示。

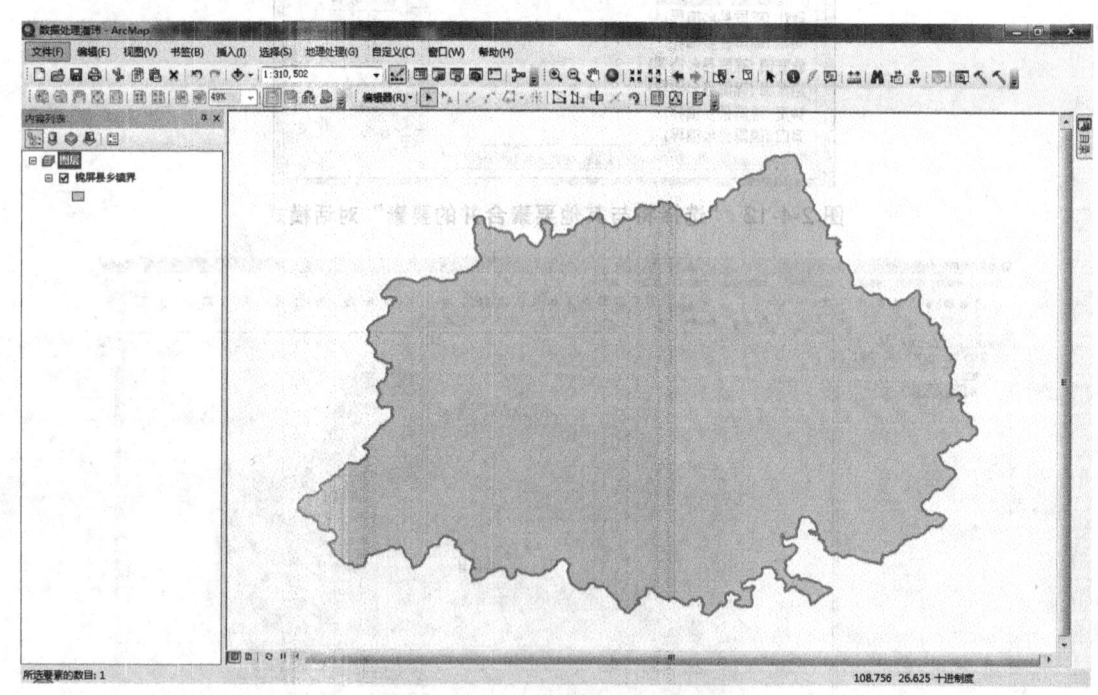

图 2-4-15 执行联合命令结果

打开"联合"后的图层属性表,发现"联合"后并没有删除原要素,如图 2-4-16 所示。

152

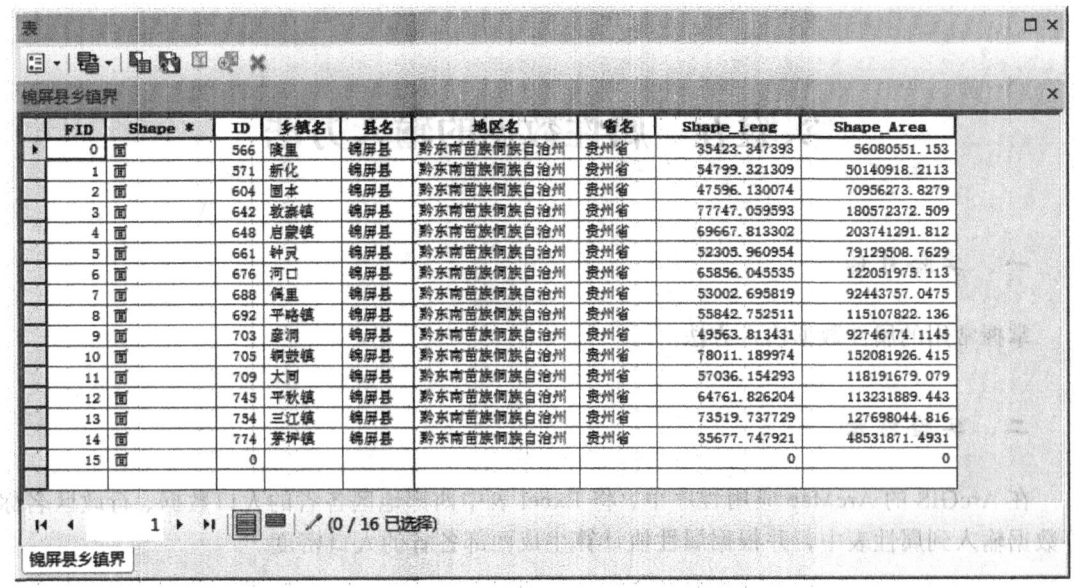

图 2-4-16 "联合"后的图层属性表

可以试一试，如果选择的不是相邻的面区域，尝试一下"合并"或"联合"命令能不能执行。

注意：（1）编辑器里"合并"或"联合"命令是对选中的要素进行操作，而 Arctoolbox 里的"合并"或"联合"工具是对要素类进行操作；（2）编辑器里边的"合并"是将同一要素类里边的要素合并生成新的要素，并将原要素删除，其属性按指定的要素修改；（3）编辑器里的"联合"可将同一要素类或不同要素类的要素合并生成新的要素（不删除原要素），新要素的属性为系统默认值（空格或 0 等，根据字段属性而定）。

实验五 属性数据的输入方法

一、实验目的

掌握常用的属性数据输入方法。

二、实验内容

在 ArcGIS 的 ArcMap 应用程序中,将 Excel 表中西部地区各省的人口数据、行政区名称等数据输入到属性表中,并根据属性值计算生成西部各省的人口密度。

三、实验原理与方法

1. 实验原理

地理要素的属性数据是空间数据的重要组成部分,这些数据可以采用逐要素输入法、条件输入法、外部表格连接法、计算法等方法进行输入。

2. 实验方法

先采用逐要素输入法为各省级单位输入行政区名称和行政区代码,再通过条件输入法明确各省所属的片区,然后采用外部表格连接法将 Excel 表中的西部地区各省区的人口数据输入,最后根据人口与面积计算出人口密度字段中的值。

四、实验步骤

(1)打开 ArcMap,添加西部省级行政区多边形数据"westProvince"。通过 Windows 窗口打开同一文件夹下的"provincecode.xls"和"provincepopu.xls"两张 Excel 表,并查看其中的数据内容。

(2)在 ArcMap 左侧内容列表中,右键单击"westProvince"图层,单击"打开属性表",并单击属性表左上侧的"表选项"→"添加字段",首先添加一个短整型字段,命名为"provcode",用于存放西部各省的行政区域代码;其次添加一个文本型字段,命名为"Region",用于保存西部各省所属片区;然后再添加一个长整型字段,命名为"population",用于保存各省的人口数量;最后再添加一个双精度型字段,命名为"人口密度",用于保存各省的人口密度。

(3)逐要素输入数据。单击编辑工具条上的"开始编辑",在"westProvince"图层属性表中的"Region",即行政区字段下,逐个为西部各省录入行政区名称。方法:在属性表选中一行，ArcMap 地图窗口中被选中的该多边形高亮显示，在属性表中相应"行政区"字段中单击，录入该行政区名称，如新疆。按照同一方法，手工逐一输入其他省名，如图 2-5-1 所示。

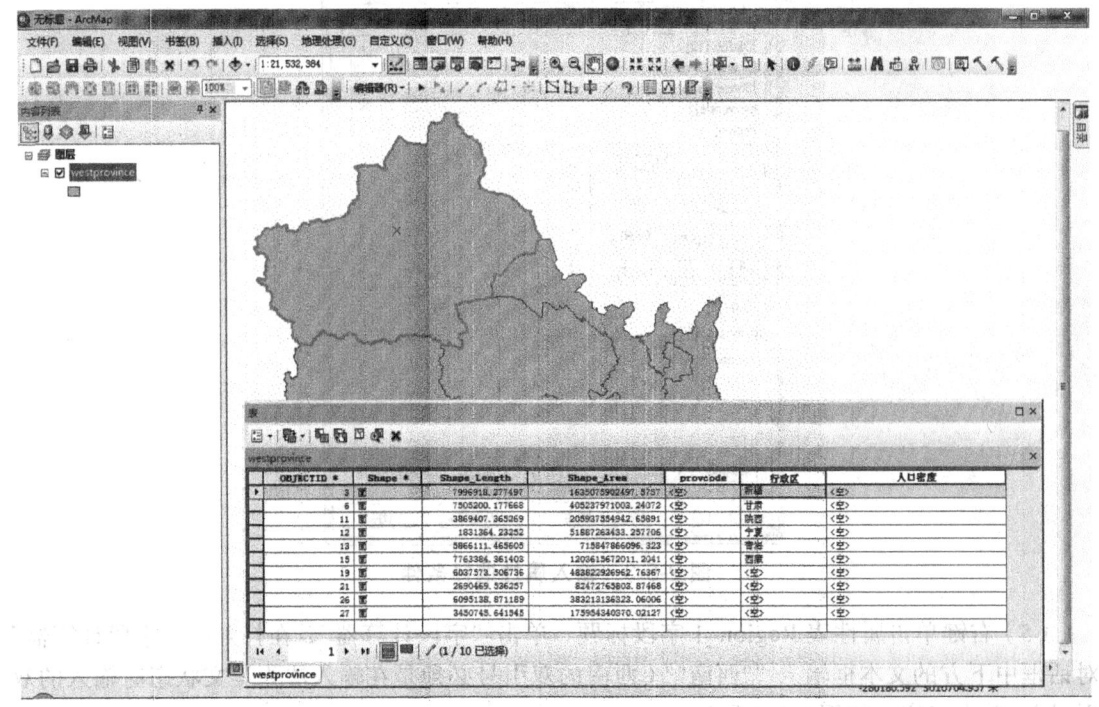

图 2-5-1　逐要素输入数据

在 Windows 窗口中找到同一文件夹下的 Excel 文件"provincecode.xls"，并打开。逐个将 Excel 表中的西部各省行政区划代码表录入属性表的"provcode"字段之中。如图 2-5-2 所示。

OBJECTID *	Shape *	Shape_Length	Shape_Area	provcode	行政区	人口密度
3	面	7996918.277497	1635075902497.5757	65	新疆	<空>
6	面	7505200.177668	405237971003.24072	62	甘肃	<空>
11	面	3869407.365269	205937554942.65891	61	陕西	<空>
12	面	1831364.23252	51887263433.257706	64	宁夏	<空>
13	面	5866111.465605	715847866096.323	63	青海	<空>
15	面	7763384.361403	1203615672011.2041	54	西藏	<空>
19	面	6037573.506736	483822926962.76367	51	四川	<空>
21	面	2690469.536257	82472765803.87468	50	重庆	<空>
26	面	6095138.871189	383213136323.06006	53	云南	<空>
27	面	3450743.641545	175954340370.02127	52	贵州	<空>

图 2-5-2　录入各省行政区划代码

（4）单击菜单"选择"→"按属性选择"命令，打开"按属性选择"对话框，在其下方文本框中输入选择条件"[provcode] >=60"，单击"确定"，如图 2-5-3 所示。

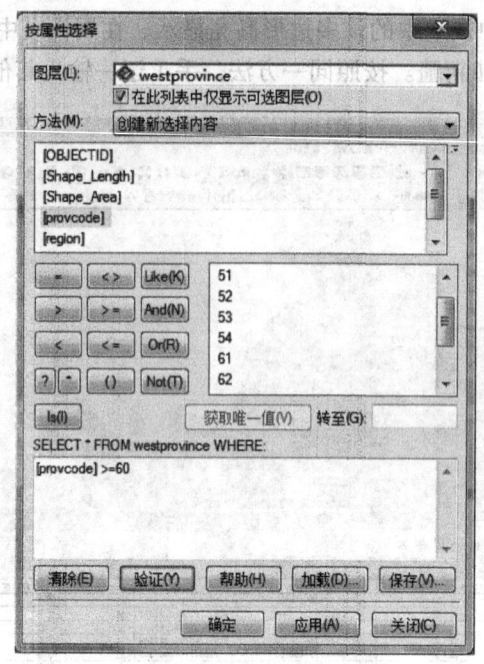

图 2-5-3 输入属性选择条件

（5）右键单击属性表 Region_1 字段标题，单击"字段计算器"，在打开的"字段计算器"对话框中下方的文本框输入""西南""（西南的双引号必须是在输入法为英文状态时输入的双引号），单击确定，如图 2-5-4 所示。

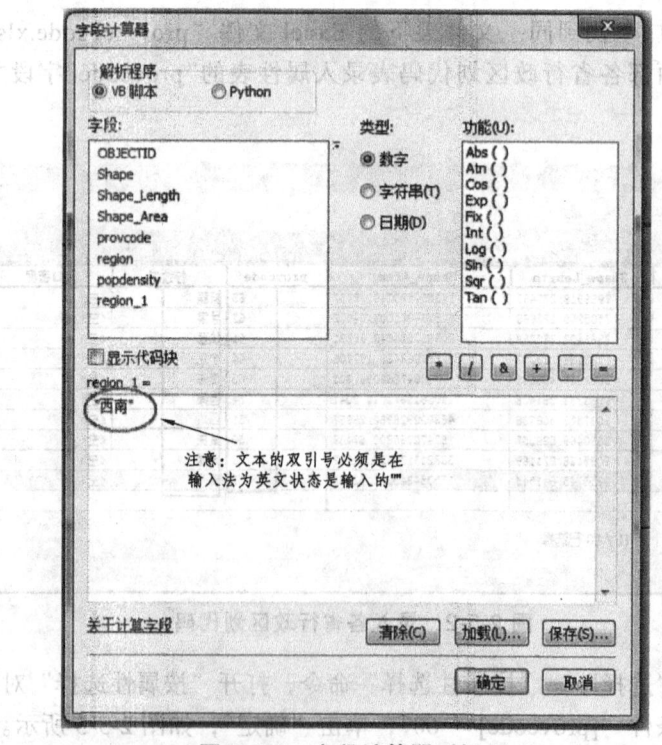

图 2-5-4 字段计算器对话框

156

（6）重复步骤（4），将选择条件修改为“[provcode] < 60”；再重复步骤（5），输入“"西南"”，录入的结果如图 2-5-5 所示。

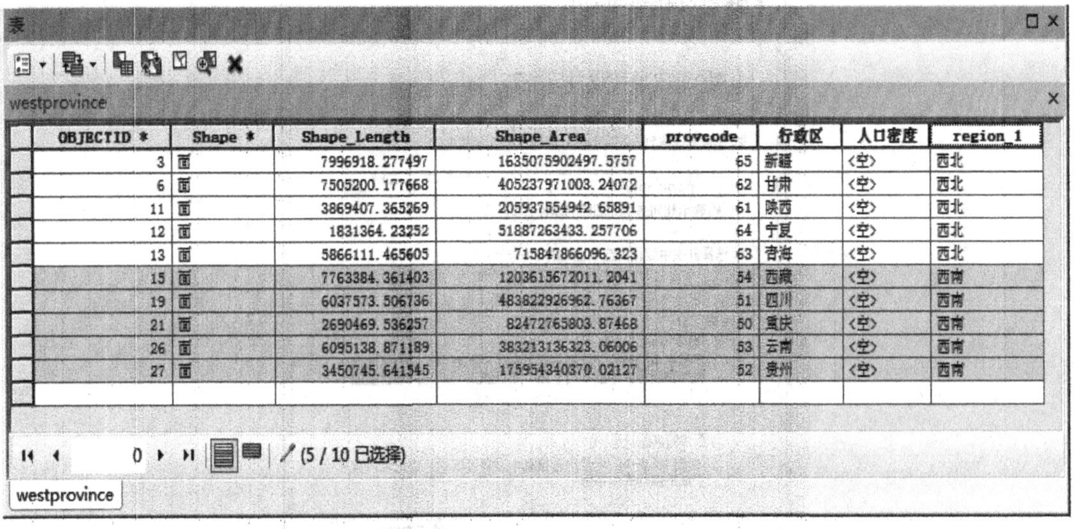
表

westprovince

OBJECTID *	Shape *	Shape_Length	Shape_Area	provcode	行政区	人口密度	region_1
3	面	7996918.277497	1635075902497.5757	65	新疆	<空>	西北
6	面	7505200.177668	405237971003.24072	62	甘肃	<空>	西北
11	面	3869407.365269	205937554942.65891	61	陕西	<空>	西北
12	面	1831364.23252	51887263433.257706	64	宁夏	<空>	西北
13	面	5866111.465605	715847866096.323	63	青海	<空>	西北
15	面	7763384.361403	1203615672011.2041	54	西藏	<空>	西南
19	面	6037573.506736	483822926962.76367	51	四川	<空>	西南
21	面	2690469.536257	82472765803.87468	50	重庆	<空>	西南
26	面	6095138.871189	383213136323.06006	53	云南	<空>	西南
27	面	3450745.641545	175954340370.02127	52	贵州	<空>	西南

0 (5 / 10 已选择)

westprovince

图 2-5-5 选择满足条件的属性表项

然后，单击菜单“选择”→“清除所选的要素”命令，或者单击工具条上的按钮，取消对要素的选择，操作显示如图 2-5-6 所示。

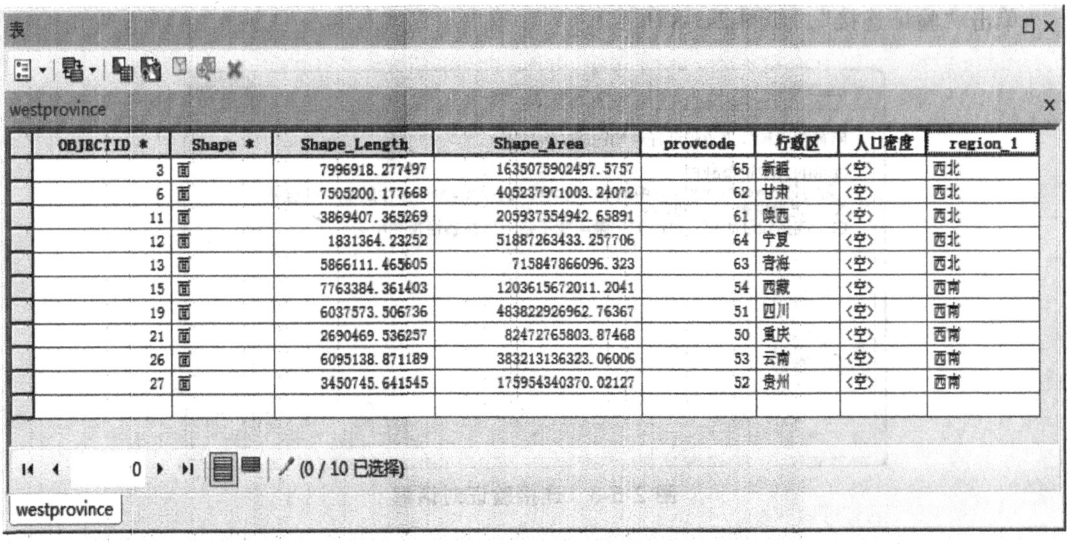
表

westprovince

OBJECTID *	Shape *	Shape_Length	Shape_Area	provcode	行政区	人口密度	region_1
3	面	7996918.277497	1635075902497.5757	65	新疆	<空>	西北
6	面	7505200.177668	405237971003.24072	62	甘肃	<空>	西北
11	面	3869407.365269	205937554942.65891	61	陕西	<空>	西北
12	面	1831364.23252	51887263433.257706	64	宁夏	<空>	西北
13	面	5866111.465605	715847866096.323	63	青海	<空>	西北
15	面	7763384.361403	1203615672011.2041	54	西藏	<空>	西南
19	面	6037573.506736	483822926962.76367	51	四川	<空>	西南
21	面	2690469.536257	82472765803.87468	50	重庆	<空>	西南
26	面	6095138.871189	383213136323.06006	53	云南	<空>	西南
27	面	3450745.641545	175954340370.02127	52	贵州	<空>	西南

0 (0 / 10 已选择)

westprovince

图 2-5-6 清除所选中的表项

（7）根据代码将西部地区各省份的人口数据“provincepopu.xls”连接到属性表中。右键单击“westprovince”图层，选择“连接和关联”→“连接”，打开连接数据对话框。首先选择“provcode”作为连接依据，其次选择用来连接的表格“population”，最后再选择该表格中用来连接的字段“code”，如图 2-5-7 所示。

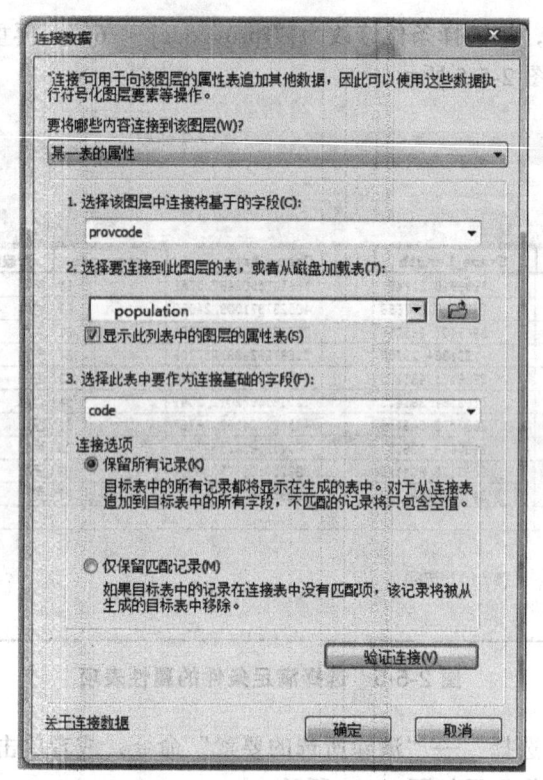

图 2-5-7 连接数据对话框

单击"验证连接",如图 2-5-8 所示。

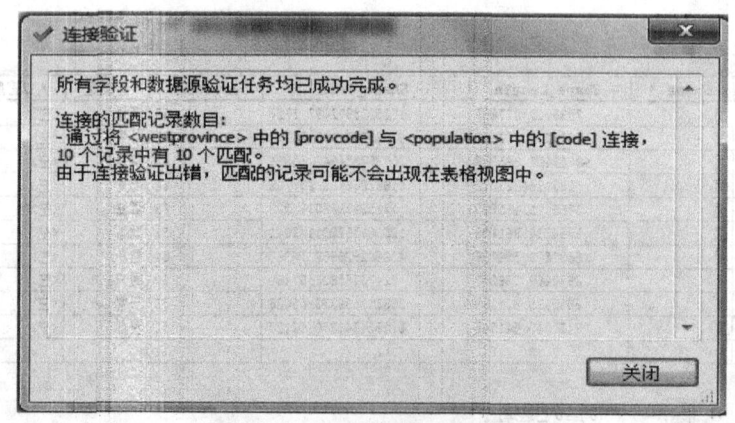

图 2-5-8 连接验证对话框

待验证成功后,单击确定,此时属性表显示新增的通过表连接获得的两个字段,如图 2-5-9 所示。

(8)右键单击属性表中的"人口密度"字段标题,单击"字段计算器",在打开的字段计算器"对话框下方的文本框中输入"[population.population] / [westprovince.Shape_Area]*1 000 000"(单位:人/平方公里),单击确定,即可计算出各省的人口密度。注意:因为省级行政区面积单位为平方米,所以换算成平方公里时要记得乘上 1 000 000,如图 2-5-10 所示。

158

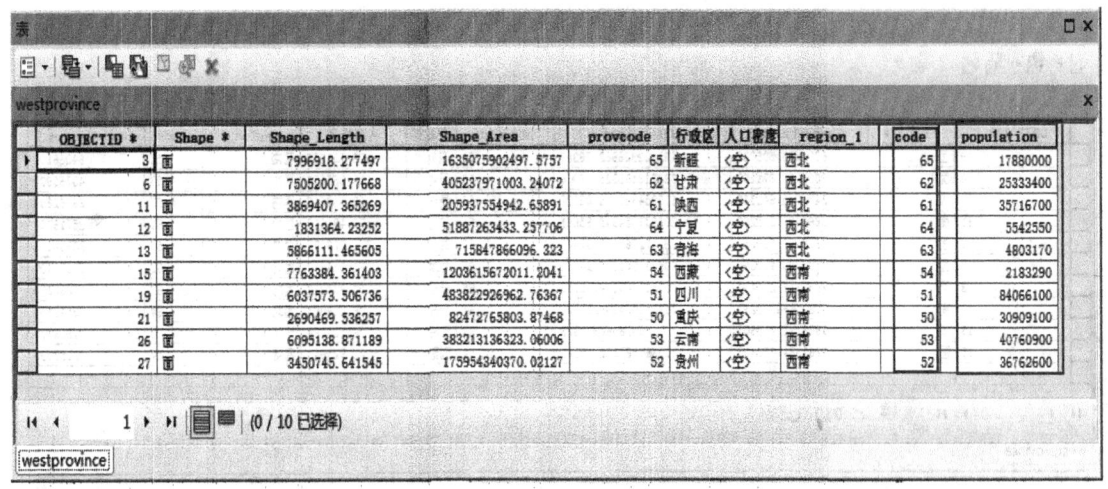

图 2-5-9 通过连接新增的两个字段

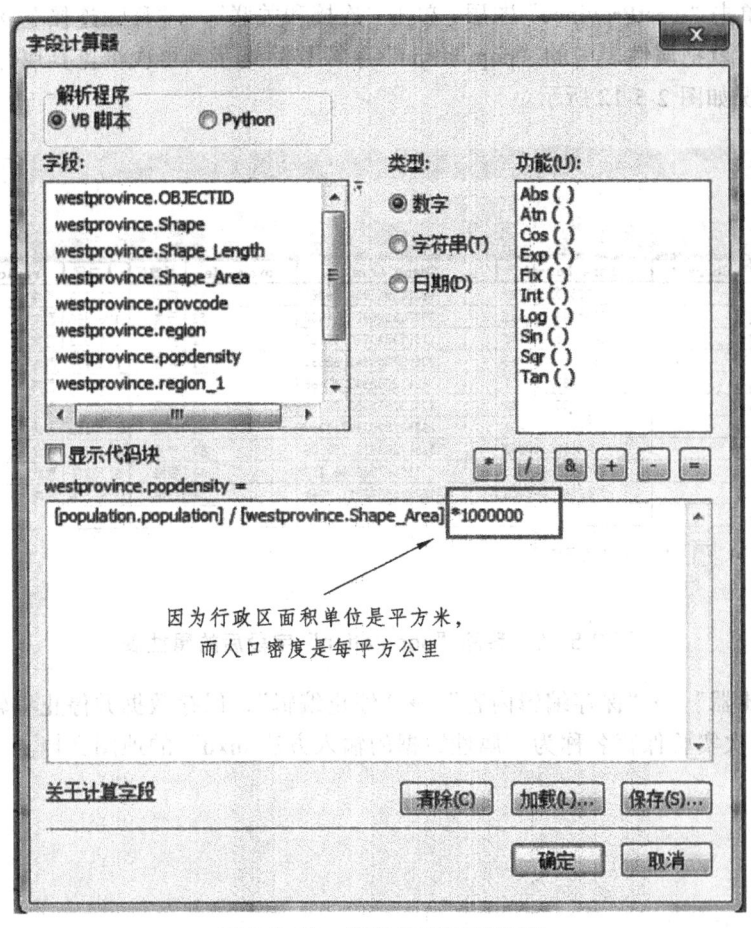

图 2-5-10 字段计算器对话框

计算所得各省人口密度，如图 2-5-11 所示。

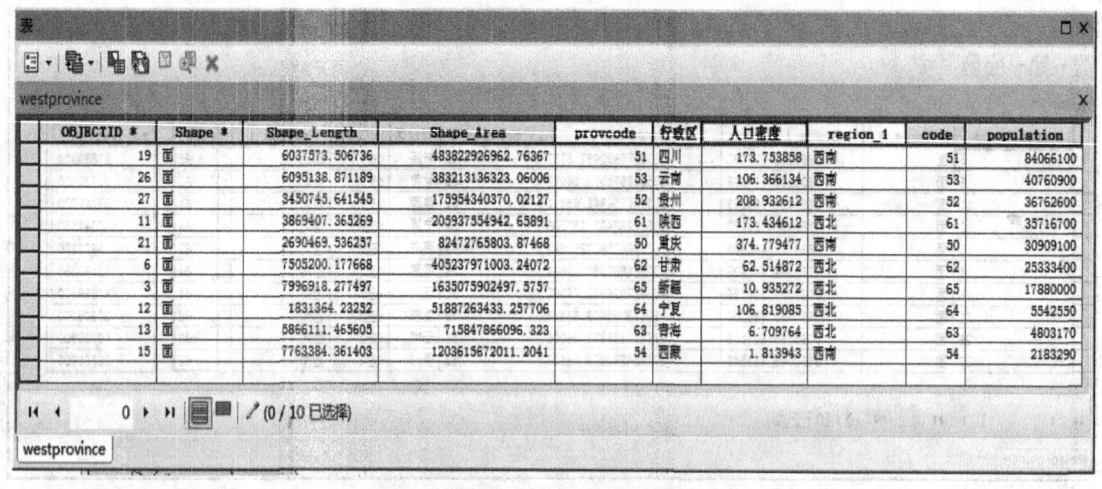

图 2-5-11 各省人口密度属性表

这就是通过利用"字段计算器"工具，即计算法为属性表输入数据。

（9）右键单击"westProvince"图层，单击"连接和关联"→"移除连接"→"population"。一旦数据连接，就把属性表中的"population"字段移除走了。再次浏览其属性表，检测属性数据的输入情况如图 2-5-12 所示。

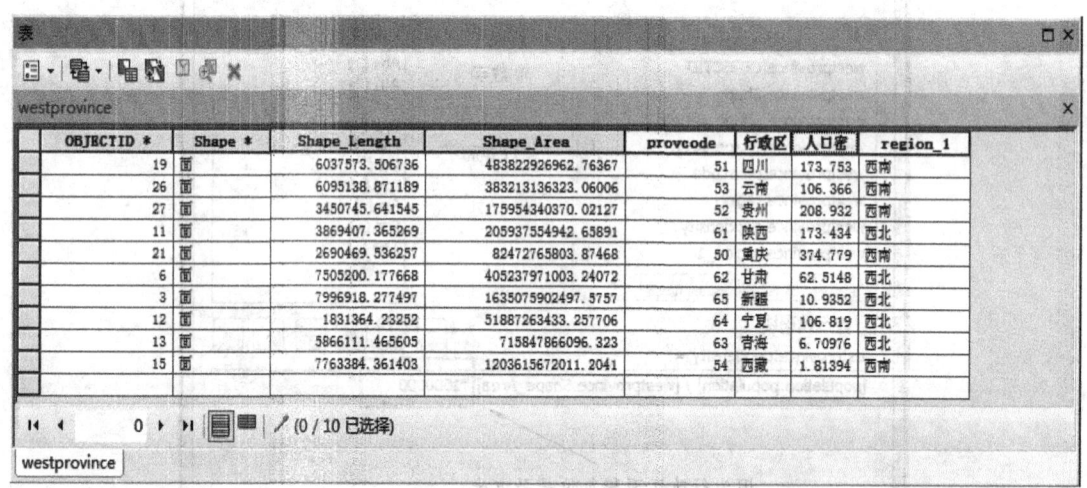

图 2-5-12 移除"population"字段后的属性表

（10）"编辑器"→"保存编辑内容"→"停止编辑"，保存数据并停止编辑。

（11）将本次实验保存名称为"属性数据的输入方法.mxd"的地图文档。

实验六 栅格图像的地理配准

一、实验目的

（1）了解地图坐标转换的基本原理。
（2）掌握 ArcGIS 中栅格数据的地理配准。
（3）掌握给校准后的地图选择适合的坐标系。
（4）熟练使用影像配准（Georeferencing）工具进行影像数据的地理配准。

二、实验内容

使用影像配准（Georeferencing）工具进行影像数据的地理配准。

三、实验原理与方法

1. 实验原理

所有图件扫描后都必须经过扫描配准，并对扫描后的栅格图进行检查，以确保矢量化工作顺利进行。空间配准可分为栅格配准和矢量配准。栅格地理配准（Georeferencing 工具条）的对象是 raster 图，譬如 TIFF 图。配准后的图可以保存为 ESRIGRID、TIFF 或 ERDAS IMAGINE 格式。矢量空间配准（Spatial Adjustment）是对矢量数据配准，要注意控制点在影像上必须均匀分布，而且控制点的数量应适当。

2. 实验方法

调用地图配准工具，在地图添加控制点，输入该点的经纬度进行地图配准。

3. 数据准备

任何一张待配准的图像，例如，黔东南州黄平县.jpg，清水河县.jpg。

四、实验步骤

（1）加载待配准的栅格图像。打开 ArcCatalog，找到实验所需要的栅格图像，右击"清水河县"→"属性"，如图 2-6-1，图 2-6-2 所示。

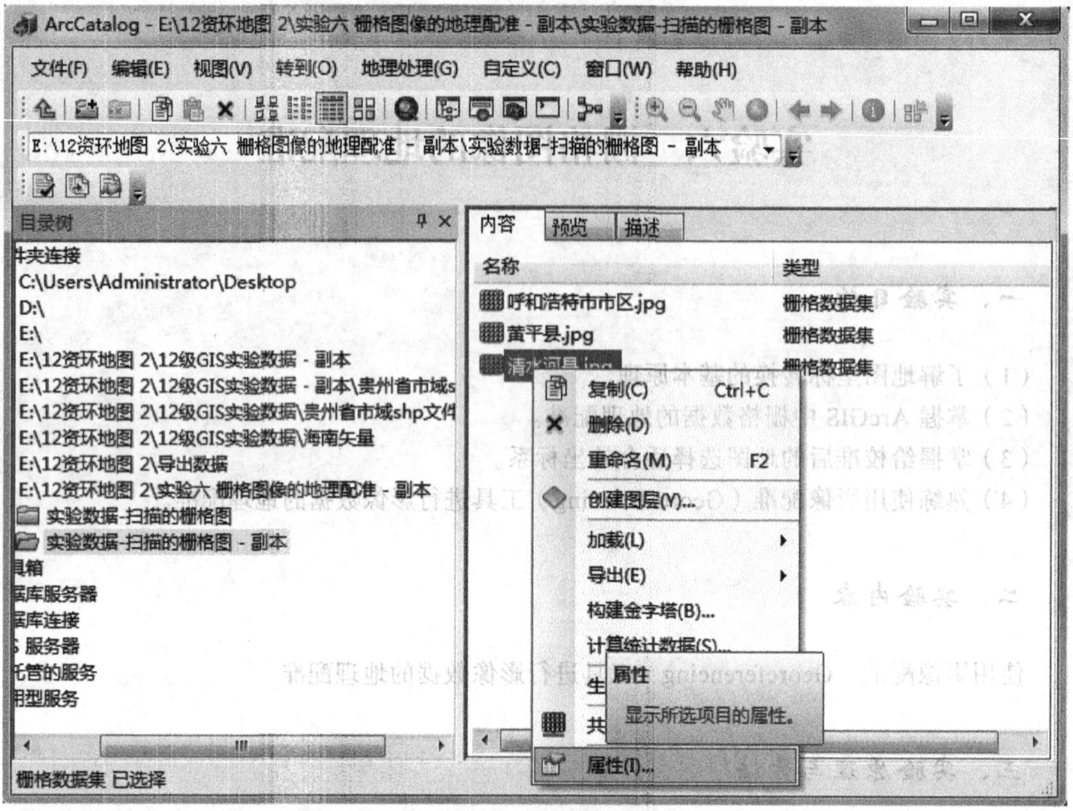

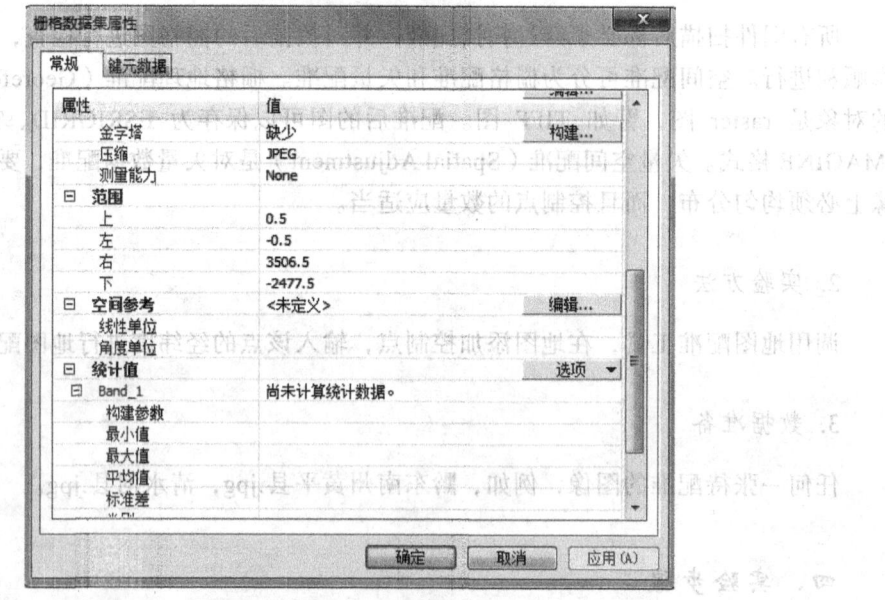

图 2-6-1 加载待配准的栅格的图像

图 2-6-2 栅格数据集属性

（2）点击空间参考"编辑"找到地理坐标系下的"World"→"WGS 1984"，单击"确定"，如图 2-6-3 所示。

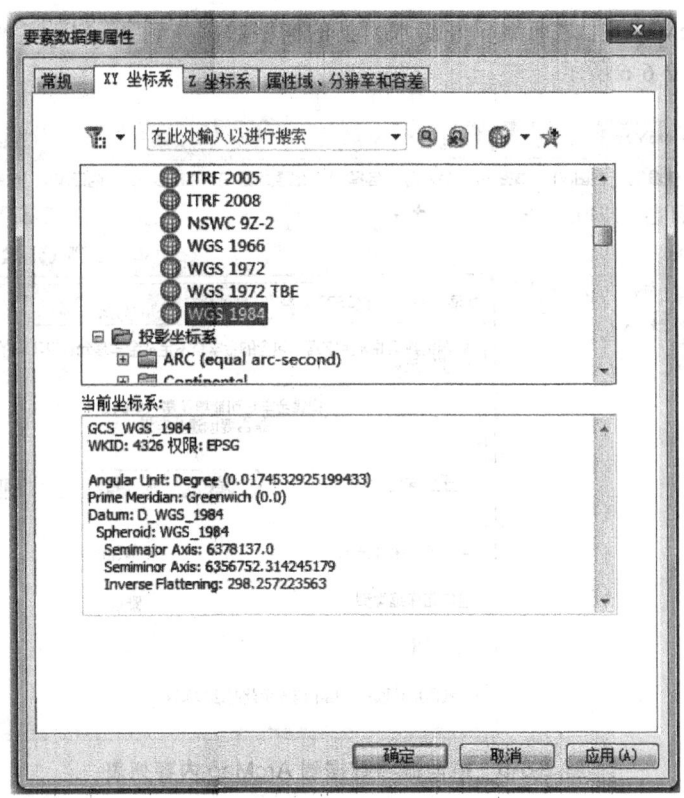

图 2-6-3 选择坐标系

（3）查看给定坐标系后的栅格图，如图 2-6-4 所示。注意：由于之前栅格图空间参考下没有坐标信息，经编辑之后生成坐标信息，完成后点击"确定"。

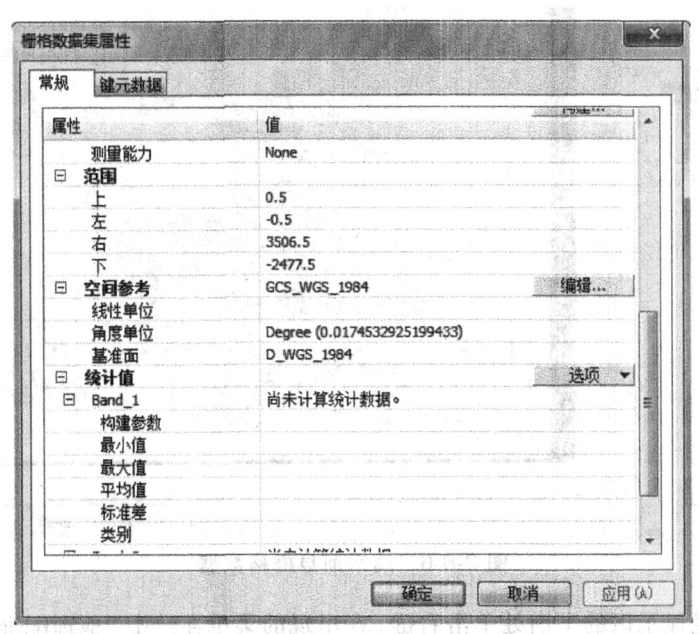

图 2-6-4 查看给定坐标系后的栅格属性

（4）启动 ArcMap。把之前编辑好清水河县的栅格数据拖到 ArcMap 左侧内容列表中，过程如图 2-6-5，图 2-6-6 所示。

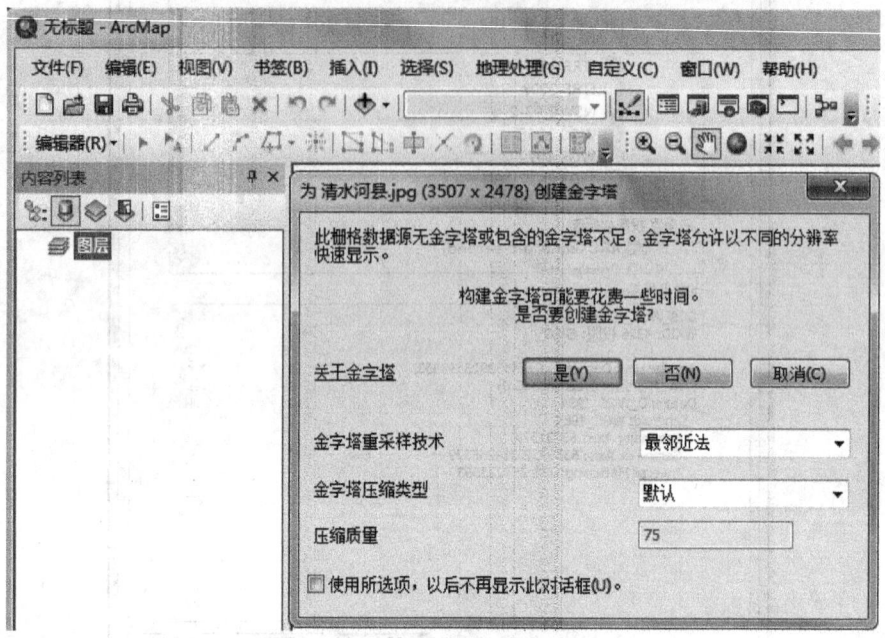

图 2-6-5　拖动栅格数据到 ArcMap 内容列表

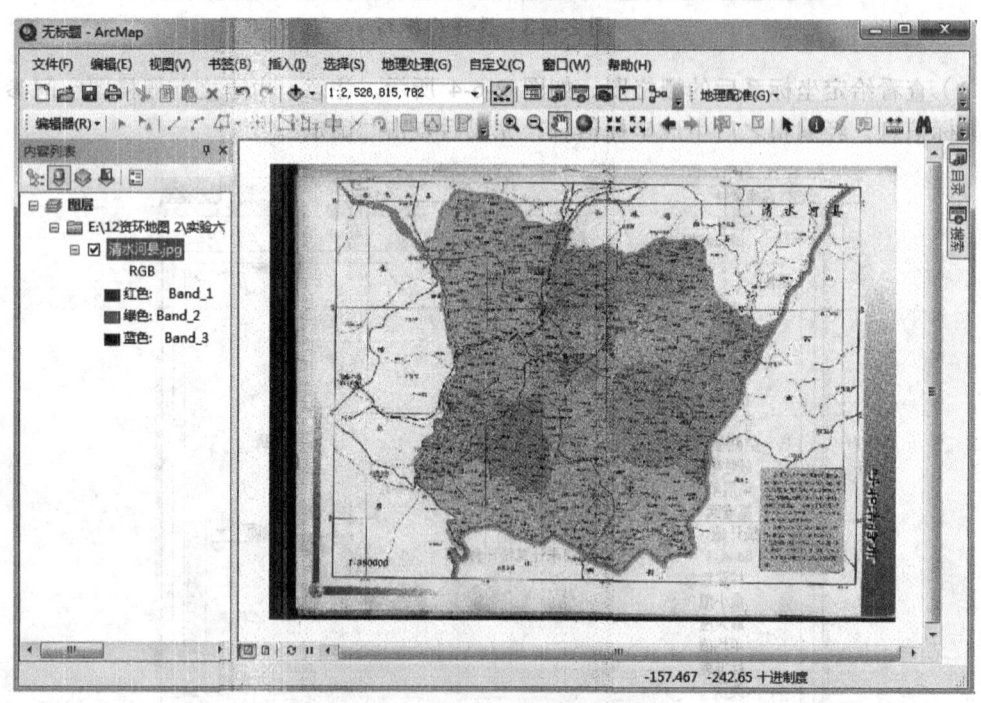

图 2-6-6　清水河县栅格数据

（5）在工具栏显示区的空白处单击右键，在出现的菜单在选中"地理配准"，或者单击"自定义"→"工具条"→"地理配准"，从而打开地理配准工具条，如图 2-6-7 所示。

164

图 2-6-7 地理配准工具条

点击"地理配准"下的"自动校正",并点击"数据控制点"(选点的基本原则是在图上四个角上的四个点进行,并且相互交叉便于校正),之后进行配准,过程如图 2-6-8,图 2-6-9 所示。

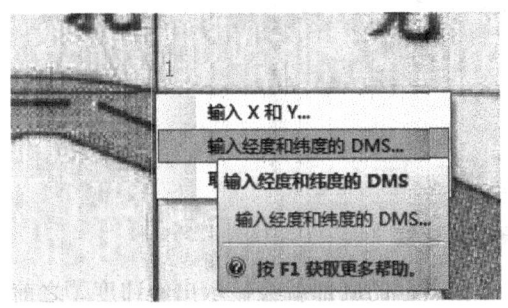

图 2-6-8 选择输入经度和纬度

图 2-6-9 输入坐标 DMS 对话框

(6)对四个点一一配准之后就会得到结果图,如图 2-6-10 所示。点击视图下的"数据框属性",并把显示下的十进制改为度分秒,如图 2-6-11 所示。

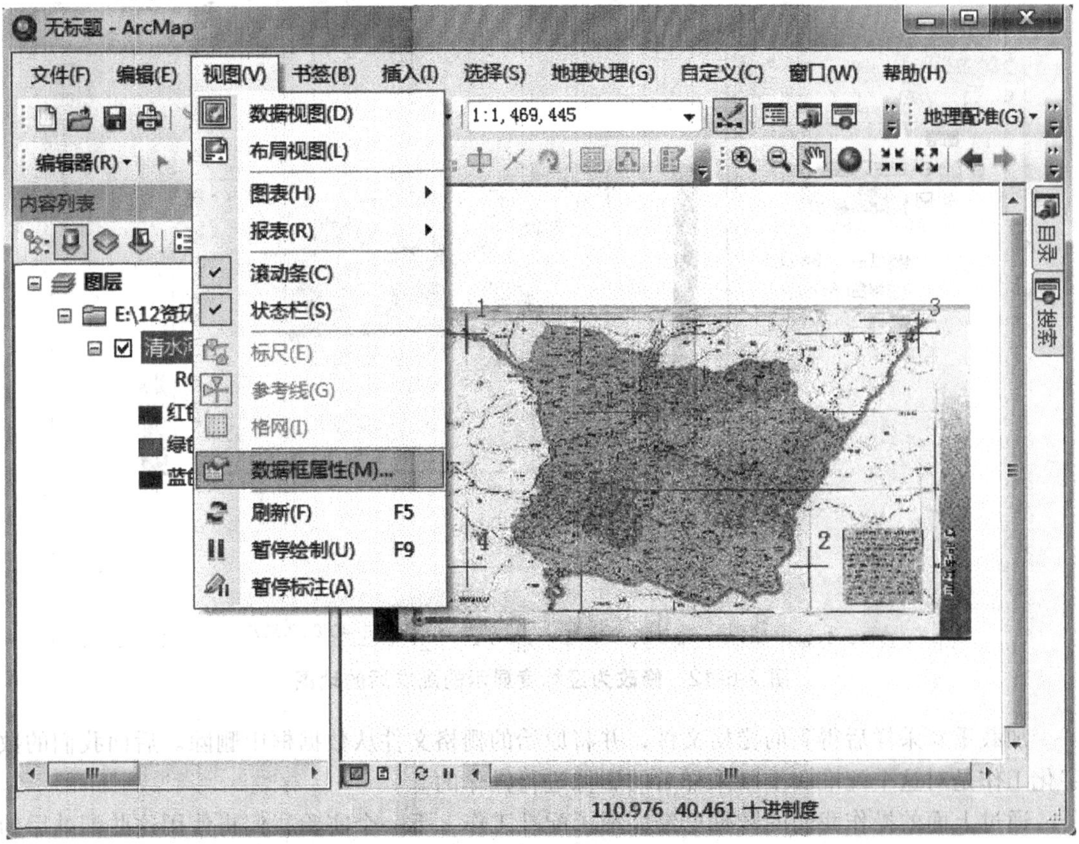

图 2-6-10 配准后数据图

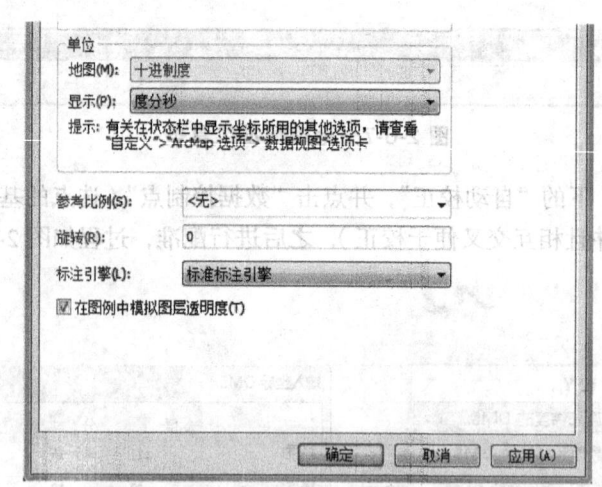

图 2-6-11 数据框属性对话框

（7）把鼠标放在地理配准之后图上的任意位置，在图框的底部就会显示出经纬度（之前显示的是十进制度），如图 2-6-12 所示。

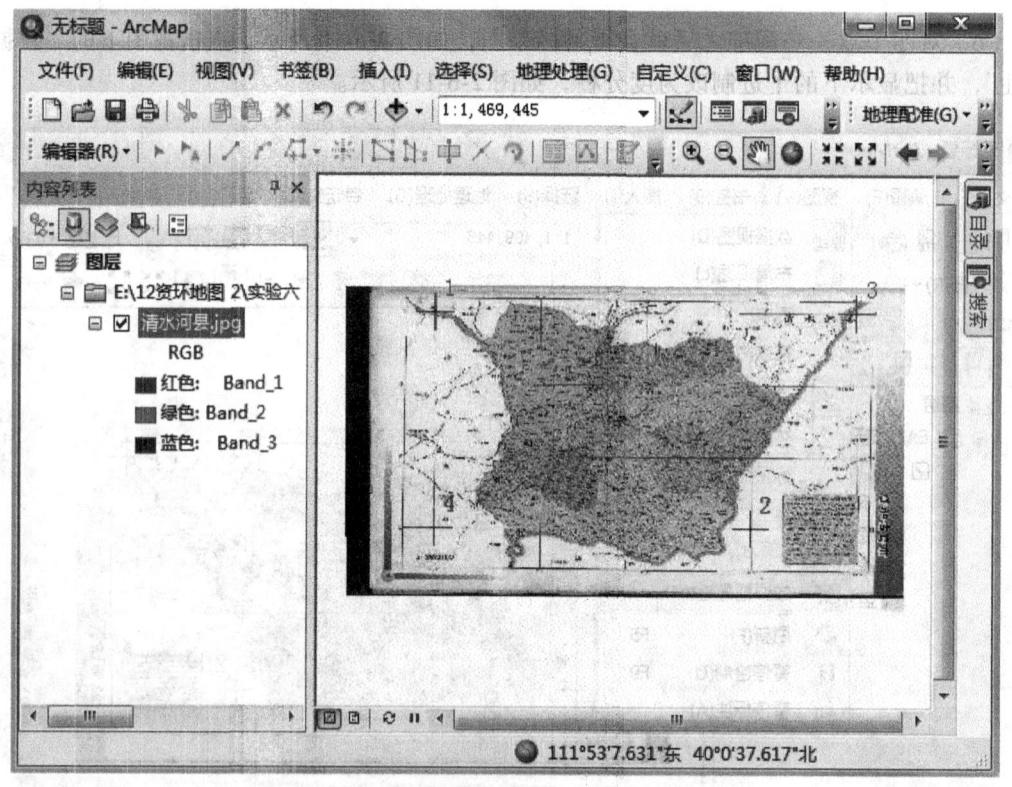

图 2-6-12 修改为经纬度显示的配准后的地图

加载重新采样后得到的栅格文件，并将原始的栅格文件从数据框中删除。后面我们的数字化工作是对这个配准和重新采样后的影像进行操作的。

通过上面的操作我们的数据已经完成了配准工作，下一个实验我们将使用这些配准后的影像进行分层矢量化。

实验七　栅格图像的矢量化

一、实验目的

（1）复习利用影像配准（Georeferencing）工具进行影像数据的地理配准。
（2）熟悉 ArcMap 的基本操作，熟悉 ArcMap 地图文档的保存。
（3）熟练掌握编辑器的使用（点要素、线要素、多边形要素的数字化）。

二、实验内容

在 ArcGIS 的 ArcMap 应用程序中，利用编辑器工具对经过地理配准好后的栅格地图进行点、线、面要素的矢量化操作。

三、实验原理与方法

1. 实验原理

地图矢量化是重要的地理数据获取方式之一。所谓地图矢量化，就是把栅格数据转换成矢量数据的处理过程。当纸质地图经过计算机图形图像系统光—电转换量化为点阵数字图像，经图像处理和曲线矢量化，或者直接进行手扶跟踪数字化后，生成可以为地理信息系统显示、修改、标注、漫游、计算、管理和打印的矢量地图数据文件，这种与纸质地图相对应的计算机数据文件称为矢量化电子地图。

2. 实验方法

将原始图纸通过扫描保存为影像图片，然后对扫描后的图片进行地理配准，再将该图片作为底图显示，转换成点要素、线要素、多边形要素的矢量数据，以描述图片上的地理地物。

3. 数据准备

任选一张扫描并经过地理配准好的地形图、遥感影像、旅游地图或行政区图。

四、实验步骤

1. 在 ArcCatalog 中创建一个线要素图层

建立一个空的地理数据库的具体方法如下：
（1）在 ArcCatalog 目录中，在指定目录文件夹上右击，在弹出的快捷菜单中选择"新建"→"个人 Geodatabase"命令。

在 ArcCatalog 目录窗口，将出现名为"新建个人地理数据库.mdb"的一个文件，修改名称后按下 Enter 键（例如修改为"test5.mdb"），一个新的空地理数据库就建成了。

（2）下面将为该 Geodatabase 创建新的要素类，首先创建一个"道路"要素类来存储道路要素。在 ArcCatalog 中，鼠标右击"test5.mdb"个人地理数据库，在"新建"中选择"要素类"，如图 2-7-1 所示。

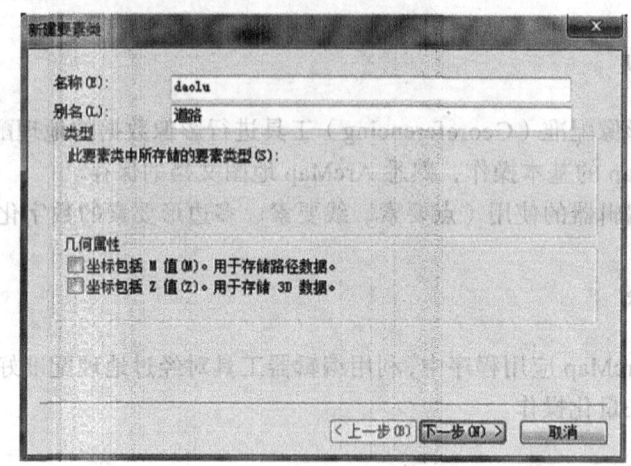

图 2-7-1　新建要素类对话框

（3）输入创建的要素类的名称"daolu"，别名为"道路"，类型选择"线要素"，如图 2-7-1 所示。单击下一步。

（4）单击"导入(I)…"，从已有影像数据中导入坐标系统，如图 2-7-2 所示。

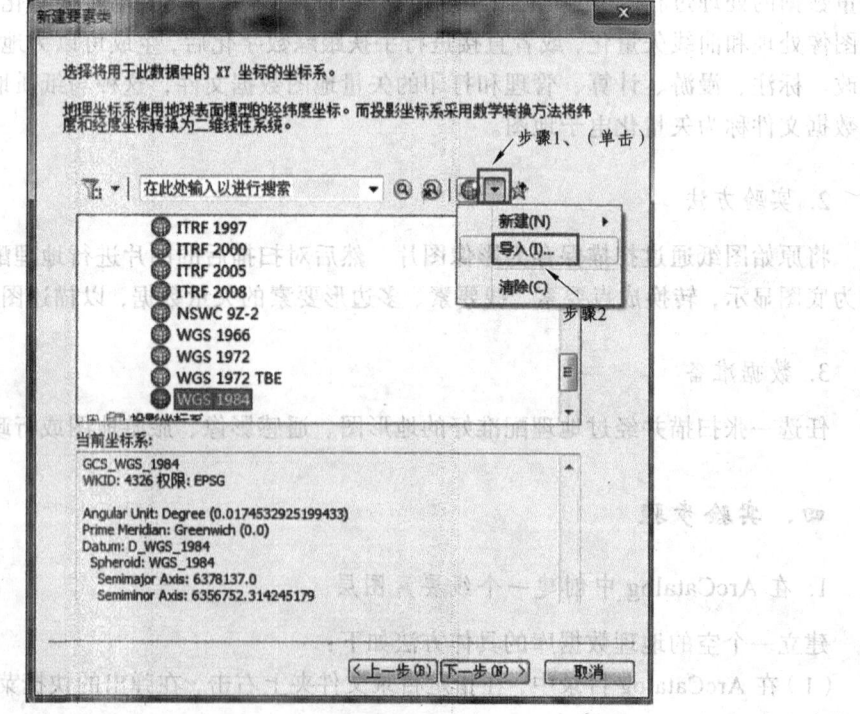

图 2-7-2　导入坐标系统

168

单击"添加"按钮，如图 2-7-3 所示。

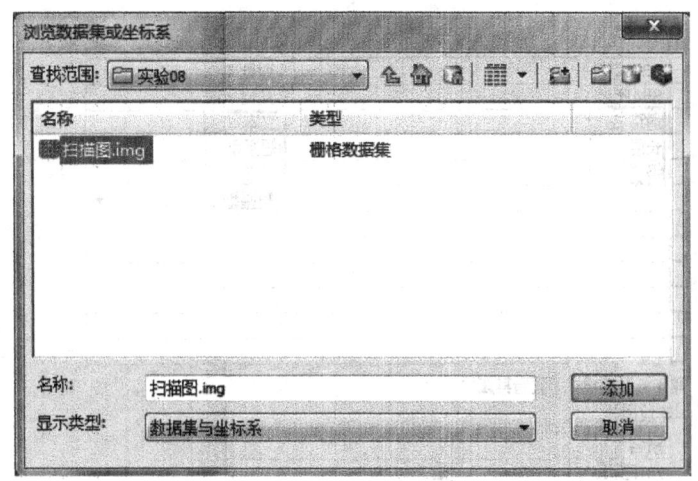

图 2-7-3　添加扫描图

（5）单击下一步，如图 2-7-4 所示。

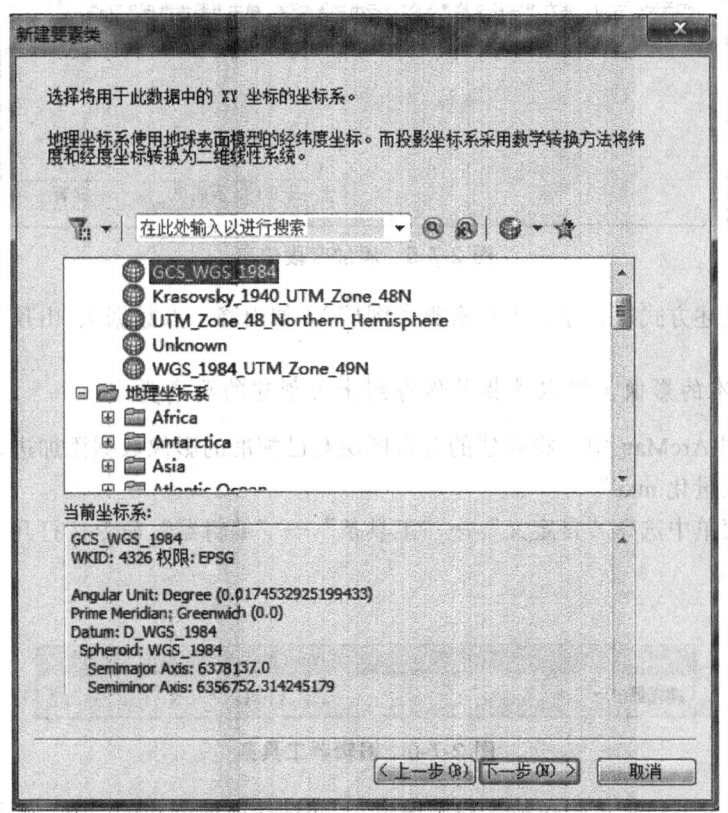

图 2-7-4　确认所选坐标系统

（6）在上面的窗口中添加属性表的字段信息，如道路名、长度、级别等，并指定数据类型。设定完成后，单击"完成"，如图 2-7-5 所示。

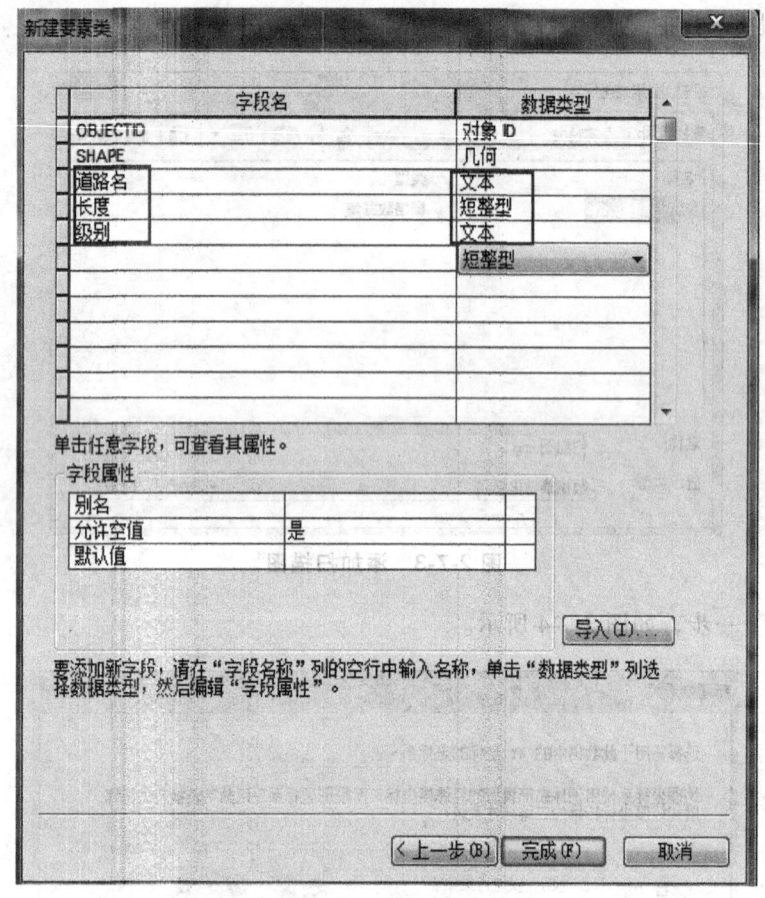

图 2-7-5　添加字段信息

（7）按照上述方式再新建几个要素类（图层），如山峰（点数据）、山顶（面数据）等。

2. 从已配准的影像上提取地物并保存到上面创建的要素类中

（1）切换到 ArcMap 中，将新建的要素图层与已配准的影像数据添加进来，保存地图文档为"地形图矢量化.mxd"。

（2）在主菜单中选择"自定义"→"工具条"→"编辑器"命令，打开编辑器工具条，如图 2-7-6 所示。

图 2-7-6　编辑器工具条

在"编辑器"下拉菜单中执行"开始编辑"，并选择前面创建的"道路"线要素类。确认编辑中目标为道路，如图 2-7-7 所示。

单击编辑工具条中的"创建要素"命令，如图 2-7-8 所示。

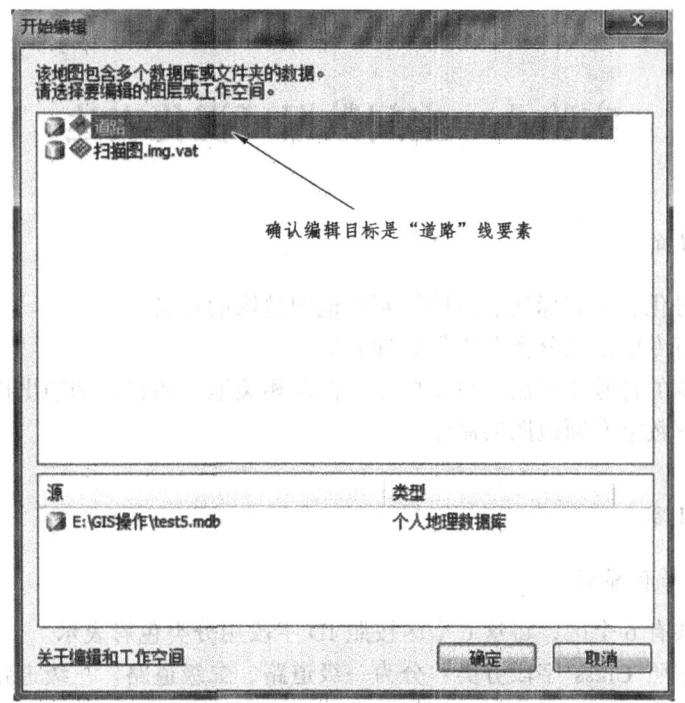

图 2-7-7　开始编辑对话框

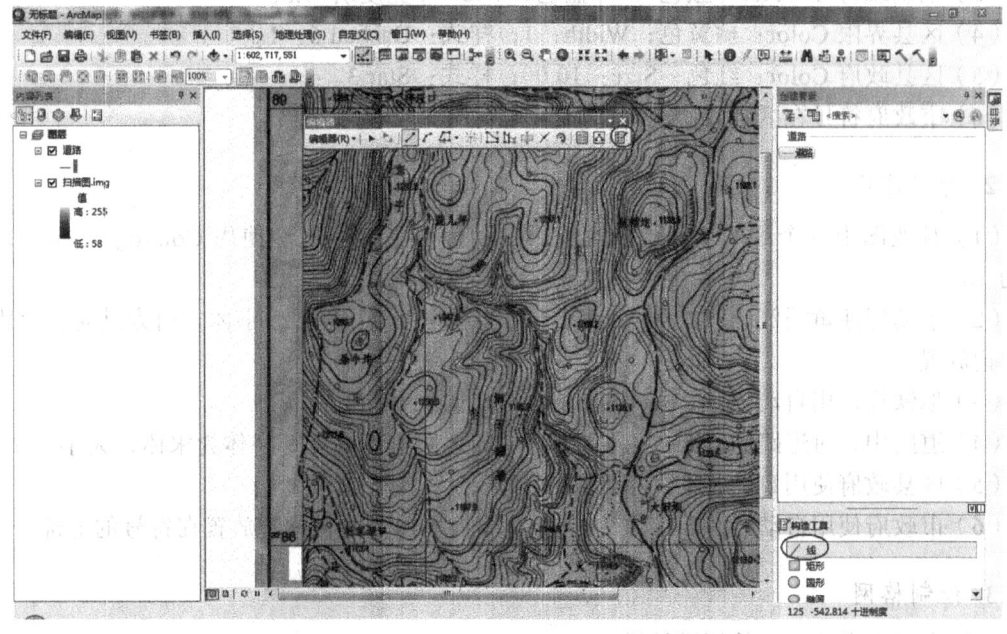

图 2-7-8　单击编辑工具条中"创建要素"命令

（3）将地图放大到合适的比例下，从中跟踪并画出地物要素。

（4）进一步练习线要素的其他操作，比如点的捕捉，线段的合并、分割，编辑顶点等操作。

（5）可参照以上步骤，从地图中提出山峰（点数据）、山顶（面数据）等要素，并进一步熟悉点、线、面要素编辑的相关操作，绘制出图中大部分地物要素。

实验八 空间数据可视化表达

一、实验目的

（1）了解符号化、注记标注、格网绘制及地图整饰的意义。
（2）掌握进行专题信息分类分级等处理方法。
（3）掌握基本的符号化方法、自动标注操作及相关地图的整饰和输出操作。
（4）初步了解数字专题地图的制作。

二、实验内容

1. 数据的符号化显示

（1）地图中共有6个区，将这6个区按照ID字段用分类色彩表示。
（2）将道路按照Class字段分类：分为一级道路、二级道路、三级道路和四级道路，分别用不同的颜色来表示。
（3）地铁线符号Color（颜色）：深蓝色；Width（宽度）：1.5。
（4）区县界限Color：橘黄色；Width：1；样式：Dashed 6：1。
（5）区县政府Color：红色；Size：10.00；样式：Star 3。
（6）市政府符号在区县政府基础上大小改为18。

2. 标记注记

（1）对地图中6个区的Name字段使用自动标注，标注统一使用Country 2样式，大小为16。
（2）手动标注黄浦江（双线河），使用宋体、斜体、16号字，字体方向为纵向，使用曲线注记放置。
（3）地铁线使用自动标注，采用Country 3样式。
（4）道路中，对道路的Class字段为GL03的道路进行标注，字体为宋体，大小为10。
（5）区县政府使用自动标注，字体使用宋体，大小为10。
（6）市政府使用自动标注，字体为楷体，大小为14，并将标记放置在符号的上部。

3. 绘制格网

采用索引参考格网，使用默认设置。

4. 添加图幅整饰要素

（1）添加图例，包括所有字段。
（2）添加指北针，选择ESRI North 3样式。
（3）添加比例尺，选择Alternating Scale Bar 1样式。

5. 数据准备

上海市点、线、面图层矢量数据。

三、实验原理与方法

1. 实验原理

通过输入或追踪拐点等方式，将纸质地图上的形状转换为数字地形图层上的形状。

2. 实验方法

先对数据符号化显示，例如，将道路按照 Class 字段分类，对地铁线符号更改颜色等；再对地图字段使用自动标注；在绘制格网后添加图幅以整饰要素，最后成图。

四、实验步骤

1. 数据符号化

（1）双击地图文档，打开 ArcMap。
（2）根据排序规则对图层排序。
（3）在区县界面图层上右键打开"图层属性"对话框，在"值字段"中选择字段名字；单击"添加所有值"，将6个区的名称都添加进来；选择一个合适的配色方案；单击"确定"，完成符号化设置。如图 2-8-1 所示。

点击"确定"，如图 2-8-2 所示。

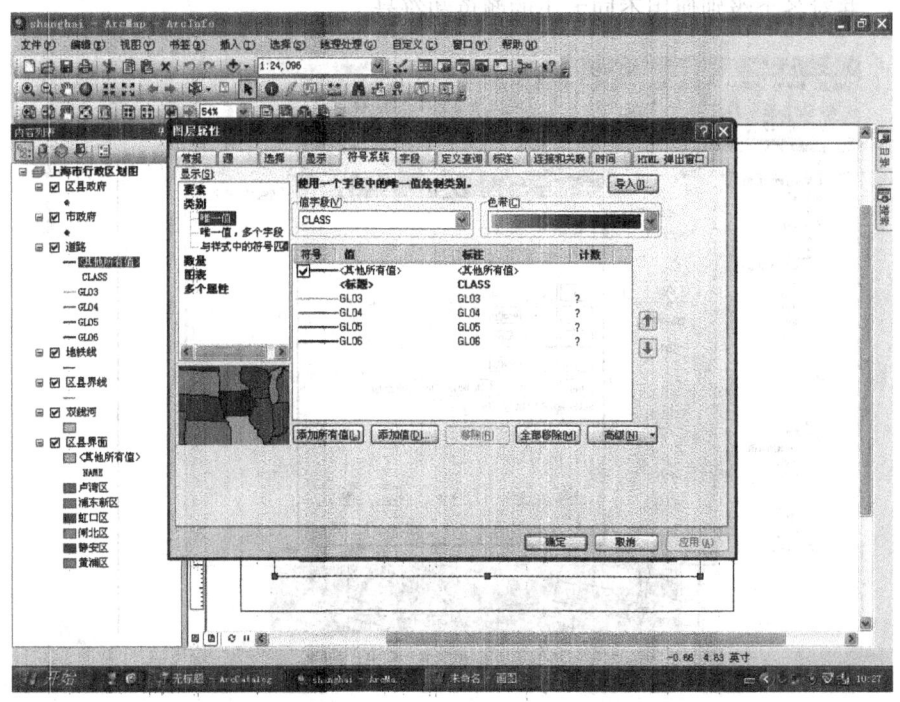

图 2-8-1 设置图层属性对话框

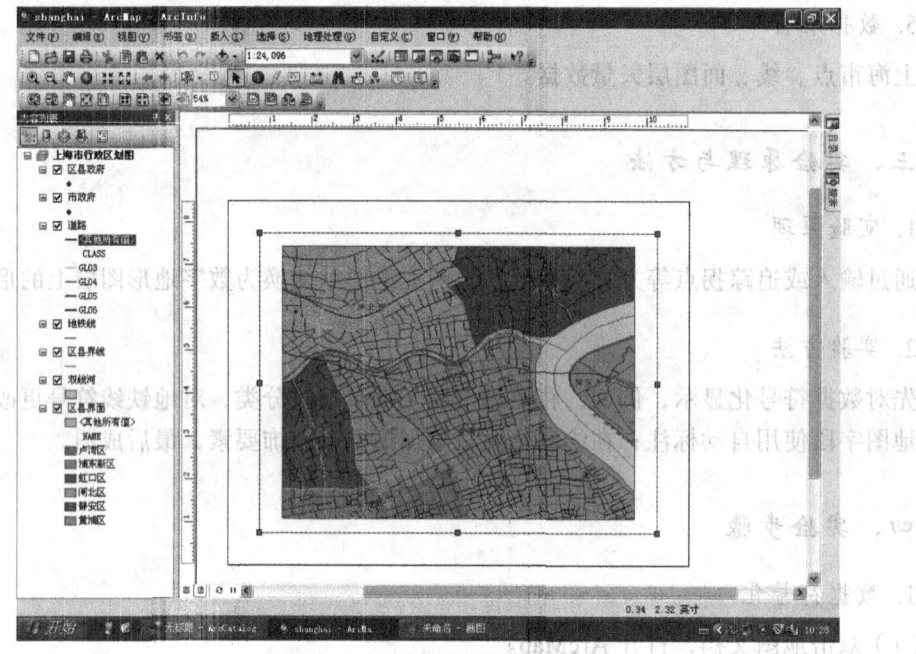

图 2-8-2 设置参数后的地图文档

（4）在地铁线图层的符号上单击左键，打开"符号选择器"对话框，将地铁线符号改为与要求一致的形式，"蓝色"：深蓝色，"宽度"：1.5。其他如区县界限、区县政府、市政府、地铁站的符号按要求修改。

（5）道路的符号化方法与区县界面方法类似，只需查询不同级别道路的 CLASS 字段（见图 2-8-3），并对各个级别使用不同大小的颜色和符号。

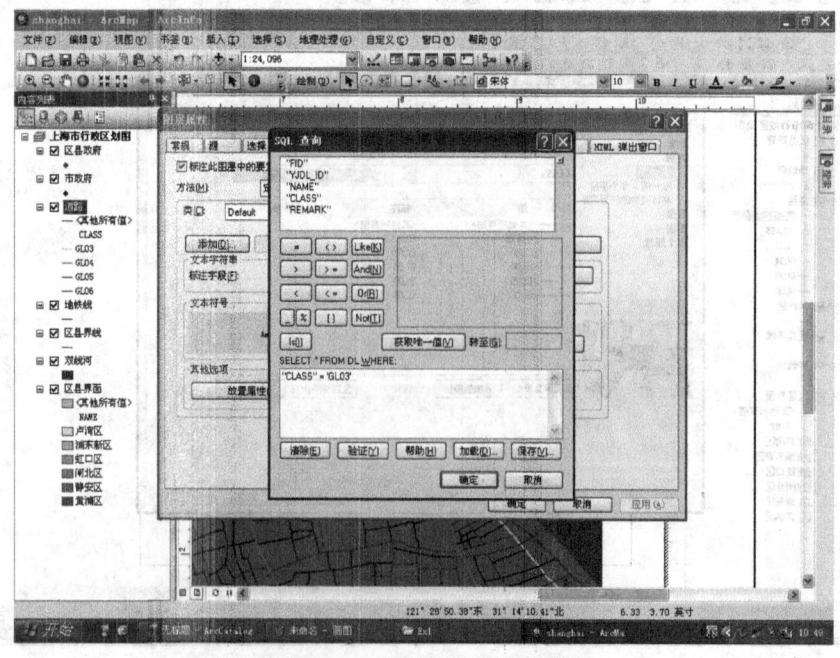

图 2-8-3 对各级道路进行查询

修改大小和颜色符号,如图 2-8-4 所示。

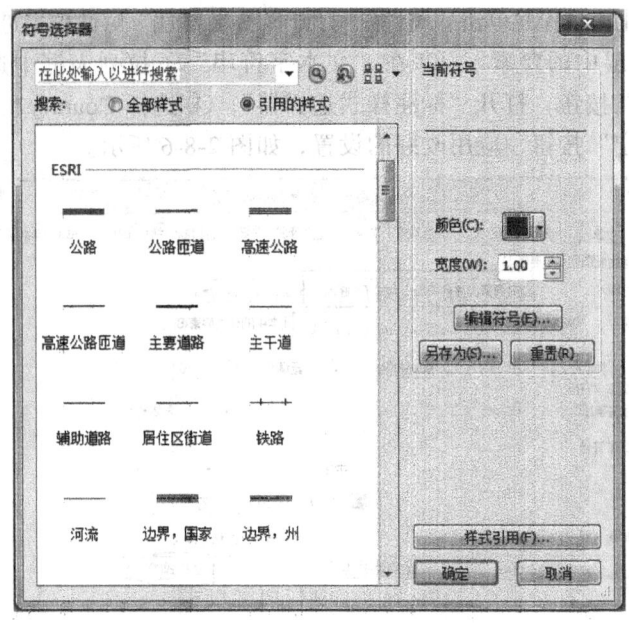

图 2-8-4　符号选择器对话框

结果如图 2-8-5 所示。

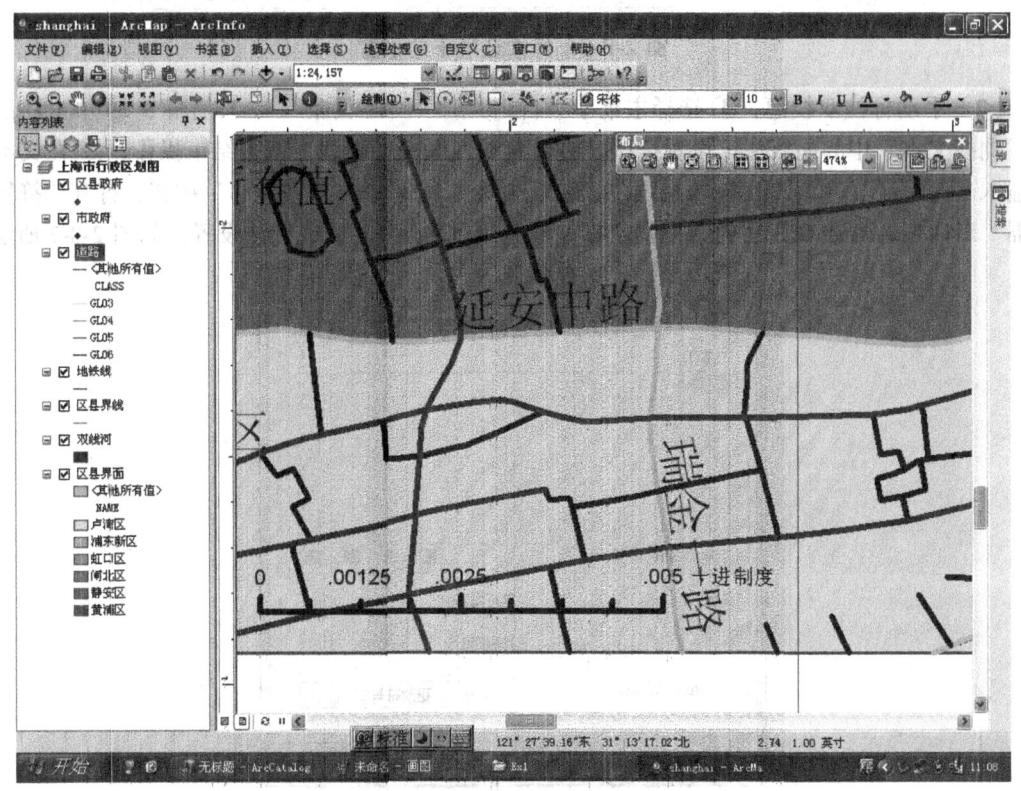

图 2-8-5　道路符号化结果

2. 地图标注

（1）区县界面图层上右键单击"属性"，打开"图层属性"对话框，进入"标注"选项卡：① 选中"标注此图层中的要素"；② 在"文本字符串"下拉列表框中选中 NAME 字段；③ 单击"标注样式"按钮，打开"标注样式选择器"；④ 选择 Country2 式样，单击"确定"按钮；⑤ 单击"确定"按钮，应用改好的设置，如图 2-8-6 所示。

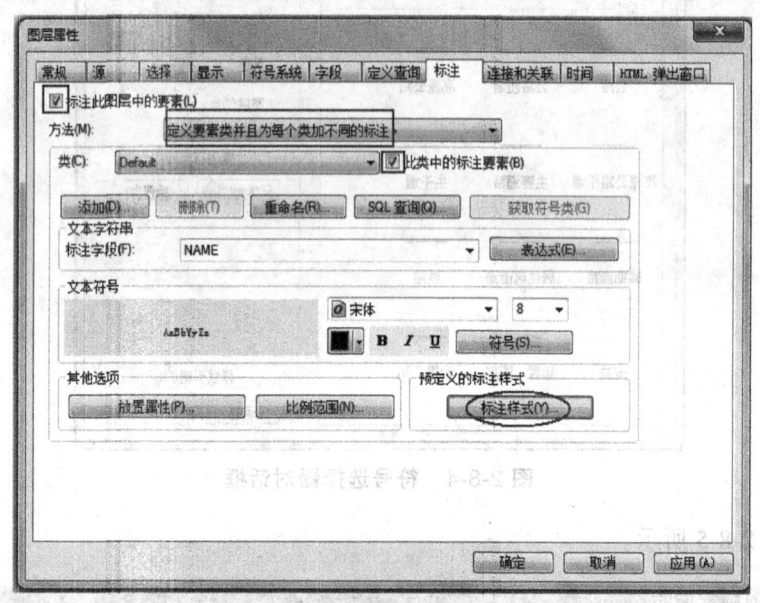

图 2-8-6 标准选项卡的设置

（2）手动标注双线河，① 选择主菜单"自定义"→"工具条"→"绘图"；② 单击注记工具"曲线文本"中的曲线注记设置按钮，沿着黄浦江画一条弧线，双击结束操作；③ 在文本框中输入"黄浦江"，④ 设置字体、字号、斜体等属性；⑤ 单击"更改符号"按钮，打开"符号选择器"对话框，勾选 CJK 字符方向复选框；⑥ 单击"确定"，完成标注设置，如图 2-8-7 所示。

图 2-8-7 设置属性对话框

（3）由于只需要标注"CLASS"为"GL03"的道路名称，右击"道路"图层，选择"属性"，选择打开的"图层属性"对话框中的"标注"选项，在"方法"下选择"定义要素类并且为每个类加不同的标注"，如图 2-8-8 所示。

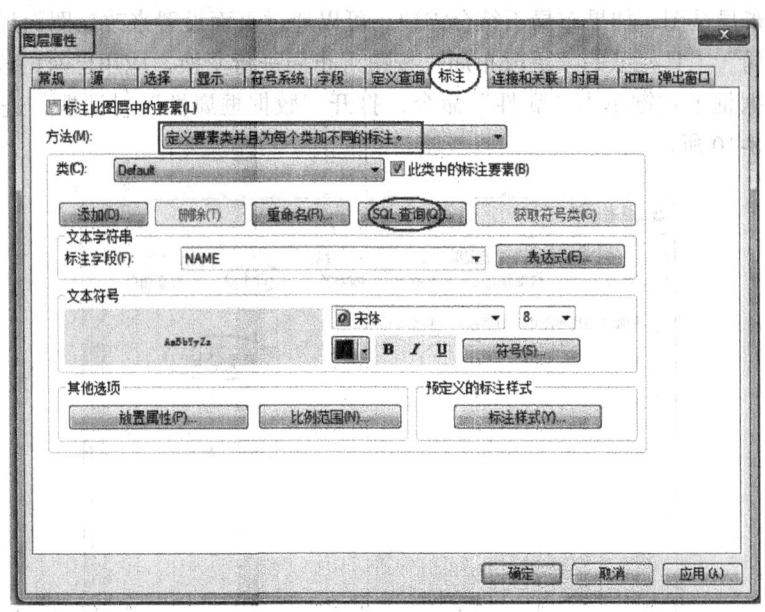

图 2-8-8　标准属性页

单击"SQL 查询"按钮，输入条件表达式"CLASS"='GL03'，如图 2-8-9 所示。

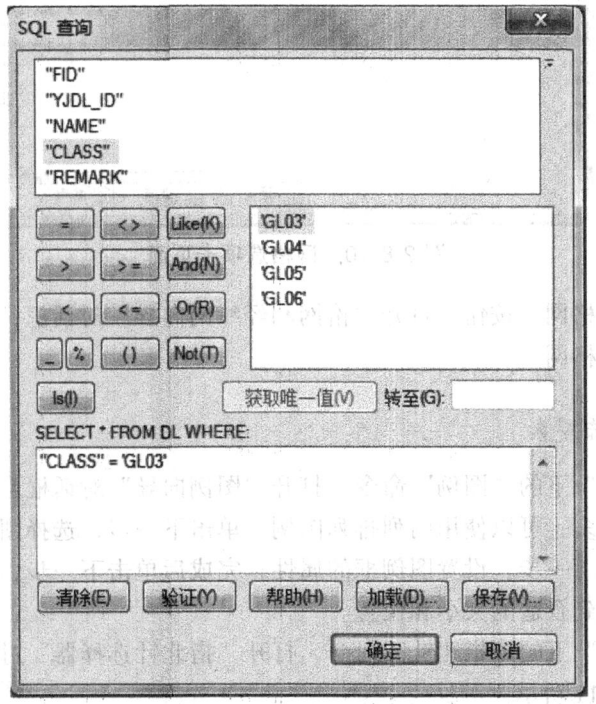

图 2-8-9　输入条件表达式

(4)完成其余标注的设置。

3. 设置格网

(1)打开布局试图,如果布局不符合需要,可以通过页面设置来改变图面尺寸和方向,或通过单击"布局"工具栏上的"更改布局"按钮对布局进行变换,应用已有的模板进行设置。

(2)在数据框上右键单击"属性"命令,打开"数据框属性"对话框,进入"格网"选项卡,如图2-8-10所示。

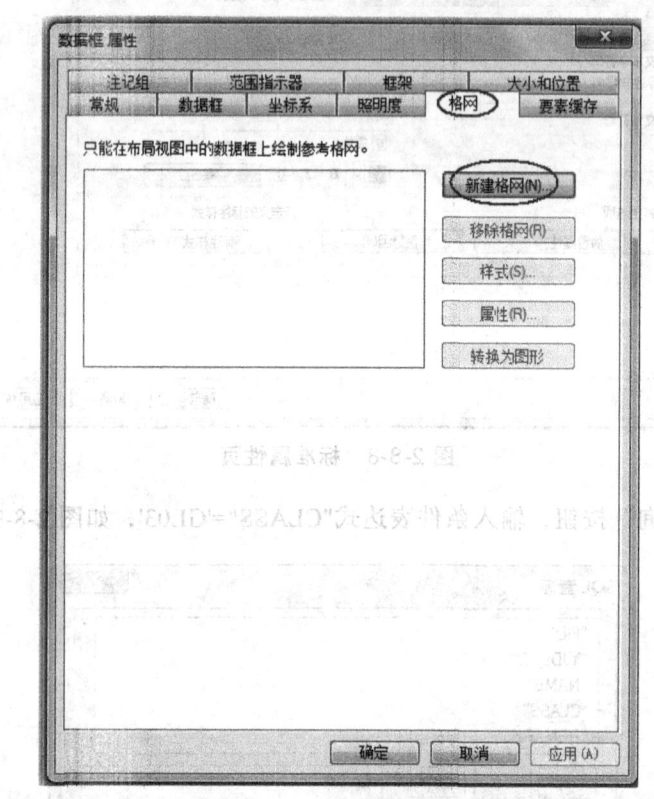

图2-8-10 网格选项卡页面

(3)单击"新建格网"按钮,打开"格网和经纬网向导"对话框,选择"参考网络"选项卡,建立索引参考格网。

4. 添加图幅整饰要素

(1)单击"插入"下的"图例"命令,打开"图例向导"对话框,选择需要放在图例中的字段,由于要素较多,可以使用两列排列图例。单击下一步,选择图例的标题名称、标题字体等;完成后单击下一步,设置图例框的属性;完成后单击下一步,改变图例样式,单击完成。将图例框拖放到合适的大小和位置。

(2)单击"插入"下的"指北针"命令,打开"指北针选择器"对话框,选择符合要求的指北针,如图2-8-11所示。

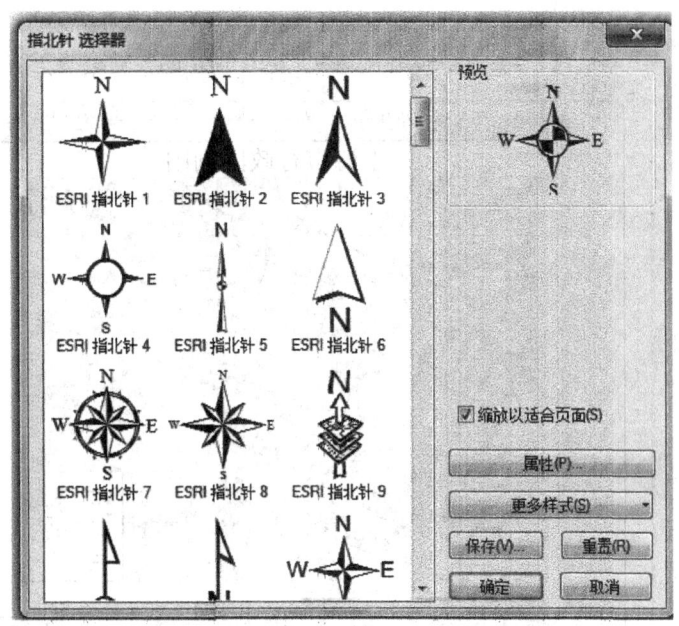

图 2-8-11 指北针选择器对话框

（3）单击"插入"下的"比例尺"命令，打开"比例尺选择器"对话框，选择符合要求的比例尺，如图 2-8-12 所示。

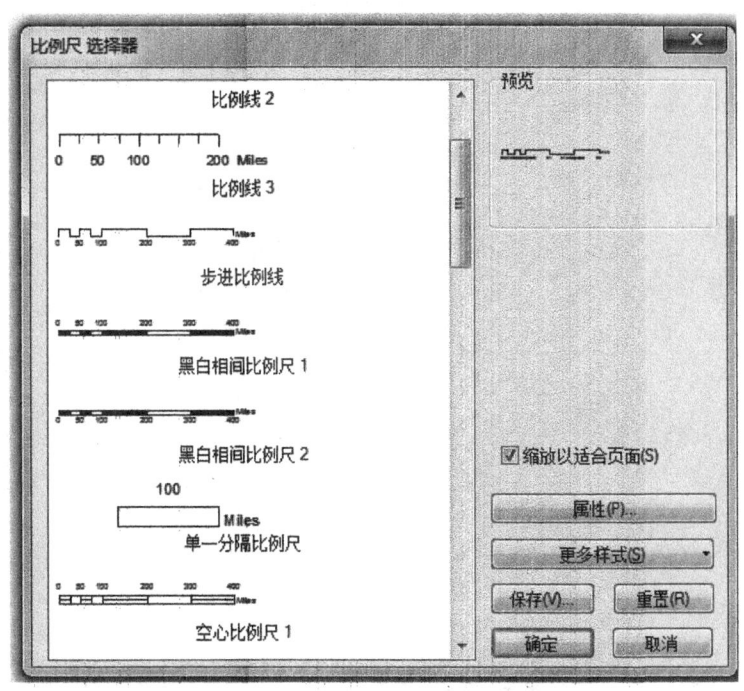

图 2-8-12 比例尺选择器对话框

（4）完成整饰要求的添加后，对其位置和大小进行整体调整，以便图面美观简洁。成果图如图 2-8-13 所示。

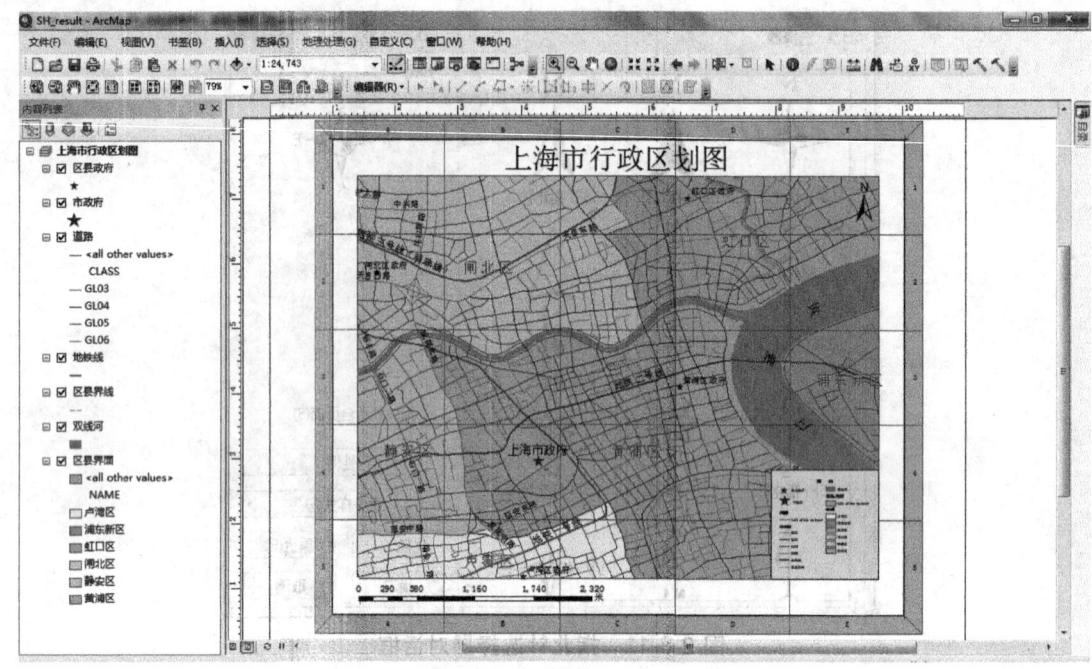

图 2-8-13 完成整饰要求结果

（5）将设置好的地图文档保存为"SH_result.mxd"。

实验九　空间坐标的转换

一、实验目的

掌握空间坐标调整与转换的方法。

二、实验内容

在 ArcGIS 的 ArcMap 应用程序中,将横轴墨卡托平面坐标系统转换为 WGS84 地理坐标。

三、实验原理与方法

1. ArcGIS 坐标转换简介

ArcGIS 中的坐标系有两套:Geographics Coordinate System(地理坐标系,又称大地坐标系式,经纬度表达)和 Projected Coordinate System(投影坐标系或直角坐标系)。

通过在 ArcCatalog 中右键点击 Feature Class、Feature Dataset、Raster Dataset 和 Raster Catalog,在"Property"的"XY Coordinate Sytsystem"中设置其坐标系。如果要进行转换,需通过 ArcToolBox 的"Data Management Tools"的"Projections and Transformations"系列工具进行。

在同一个 Datum(大地基准面)内的坐标转换是严密的,如在北京 54 的经纬度坐标和直角坐标之间的转换是可在 ArcGIS 中设置源坐标系和目标坐标系来直接转换。如果要在不同 Datum 间进行转换,则需要设置转换参数,通常高精度的转换需要 7 个参数,即设置 Geographics Transformation。比如将北京 54 坐标转换成 WGS84 坐标,需要设置转换参数。

在用 ArcToolBox 中的转换工具进行坐标转换时,如果需要跨 datum,则必须输入 Transformation 参数,从而保证转换精度。

2. 投影变换

选择"ArcToolBox"→"Data Management Tools"→"Projections and Transformations"工具,在这个工具集中如下工具最常用:

(1) Define Projection;
(2) Feature→Project;
(3) Raster→Project Raster;
(4) Create Custom Geographic Transformation。

当数据没有任何空间参考显示为"Unknown!"时,就要先利用 Define Projection 来给数据定义一个 Coordinate System,然后再利用 Feature→Project 或 Raster→Project Raster 工具来对数据进行投影变换。

我国经常使用的投影坐标系统为北京 54 和西安 80。由这两个坐标系统变换到其他坐标系统下时，通常需要提供一个 Geographic Transformation，因为 Datum 已经改变，这里就用到我们说常说的转换 3 参数、转换 7 参数。而我们国家的转换参数是保密的，因此可以自己计算或在购买数据时向国家测绘部门索要。知道转换参数后，可以利用 Create Custom Geographic Transformation 工具定义一个地理变换方法，该方法可以根据 3 参数或 7 参数选择基于 GEOCENTRIC_TRANSLATION 和 COORDINATE 方法。这样就完成了数据的投影变换，数据本身坐标发生了变化。

四、实验步骤

实例分析——横轴墨卡托平面坐标系统转 WGS84 地理坐标

1. 准备数据

1）原数据

南部某县土地利用现状部分数据，文件名为"土地利用现状.shp"，如图 2-9-1 所示。

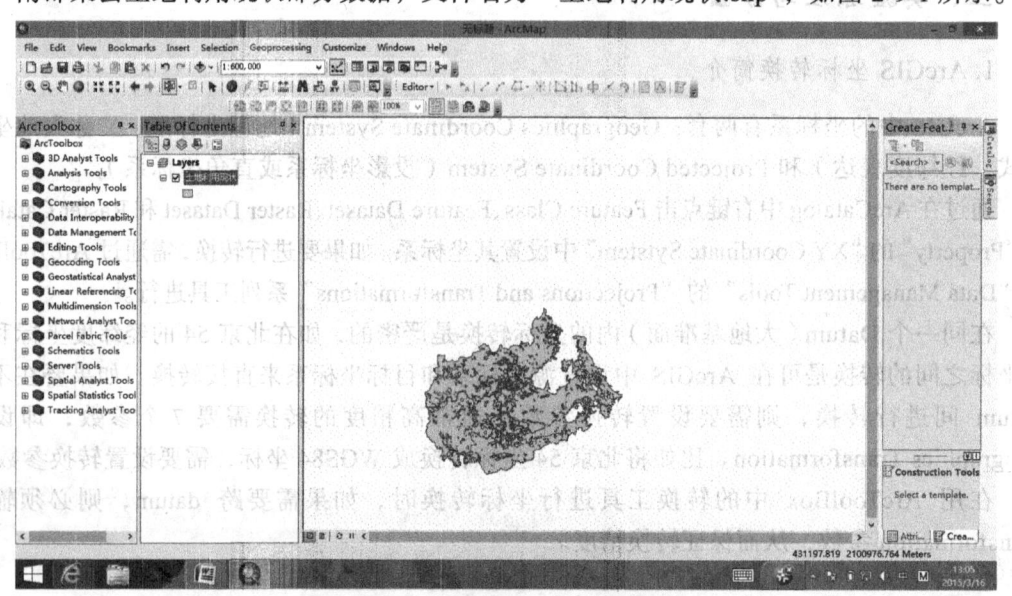

图 2-9-1　南京某县土地利用数据

2）原坐标系统

Projected Coordinate System：WGS_1984_UTM_Zone_49N；

Projection：Transverse_Mercator；

False_Easting：500000.00000000；

False_Northing：0.00000000；

Central_Meridian：111.00000000；

Scale_Factor：0.99960000；

Latitude_Of_Origin：0.00000000；

Linear Unit：Meter；

Geographic Coordinate System：GCS_WGS_1984；
Datum：D_WGS_1984；
Prime Meridian：Greenwich；
Angular Unit：Degree。

3）目标坐标系统
WGS-84 经纬度坐标系统。

2. 操作步骤

（1）在 ArcToolBox 工具下，打开"Data Management Tools"→"Projection and Transforms"→"Project"；

（2）输入相关参数。
Input Dataset or Feature Class：输入需要坐标转换的数据"土地利用现状.SHP"；
Output Dataset or Feature Class：输出文件路径；
Output Coordinate System：目标坐标系统，这里选择 GCS_WGS_1984；
Geographic Transformation（optional）：不同椭球体参数之间转换参数，这里原坐标系统和目标坐标系统都使用统一椭球体，可以不做任何选择。

（3）执行，执行结果如图 2-9-2 所示。
输出文件坐标系统参数为：
Geographic Coordinate System：GCS_WGS_1984；
Datum：D_WGS_1984；
Prime Meridian：Greenwich；
Angular Unit：Degree。

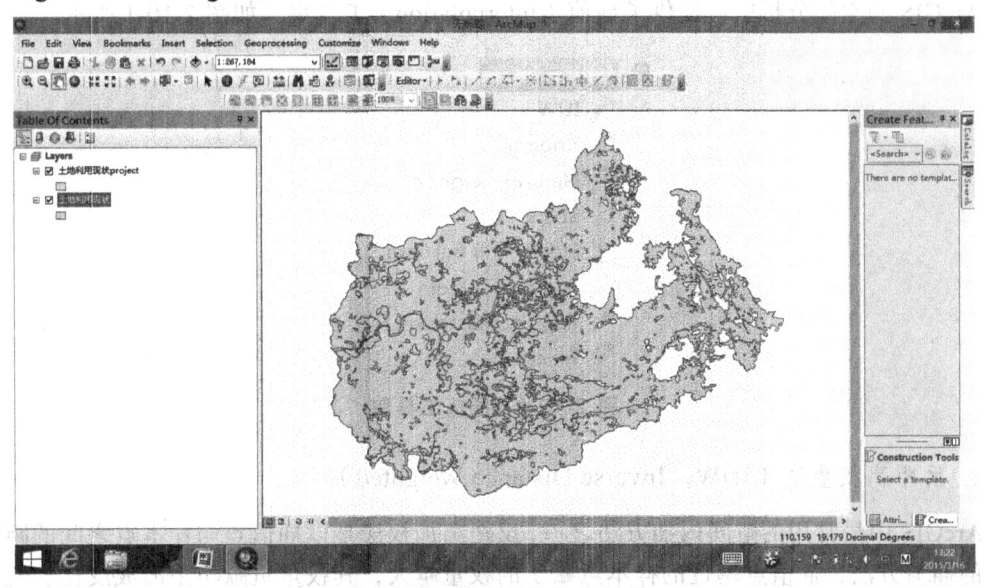

图 2-9-2　转换坐标输出结果

注：由于目标坐标系统和原坐标系统椭球体定义一致，根据 ArcGIS 的动态投影功能，两个数据可以在一个坐标系统下叠加显示。

实验十 空间插值

一、实验目的

理解空间插值的原理,掌握几种常用的空间插值分析方法。

二、实验内容

现有雷州半岛周边海域的水深点数据,用反距离权重插值得到雷州半岛周边海域水深分布栅格数据。

三、实验原理与方法

在实际工作中,由于成本的限制、测量工作实施困难大等因素,我们不能对研究区域的每一位置都进行测量(如高程、降雨、化学物质浓度和噪声等级)。这时,我们可以考虑合理选取采样点,然后通过采样点的测量值,使用适当的数学模型,对区域所有位置进行预测,形成测量值表面。插值之所以可称为一种可行的方案,是因为我们假设空间分布对象都是空间相关的,也就是说,彼此接近的对象往往具有相似的特征。

ArcGIS 的空间分析中,提供了插值(Interpolation)工具集,如图 2-10-1 所示。

图 2-10-1 插值工具集

1. 反距离权重法(IDW,Inverse Distance Weighted)

ArcGIS 中最常用的空间内插方法之一,反距离加权法是以插值点与样本点之间的距离为权重的插值方法,插值点越近的样本点赋予的权重越大,其权重贡献与距离成反比。这样做的好处是观察点本身是绝对准确的,而且可以限制插值点的个数。通过 power 参数可以确定最近原则对于结果影响的程度。IDW Search radius 可以控制插值点的个数。

工具如图 2-10-2 所示。

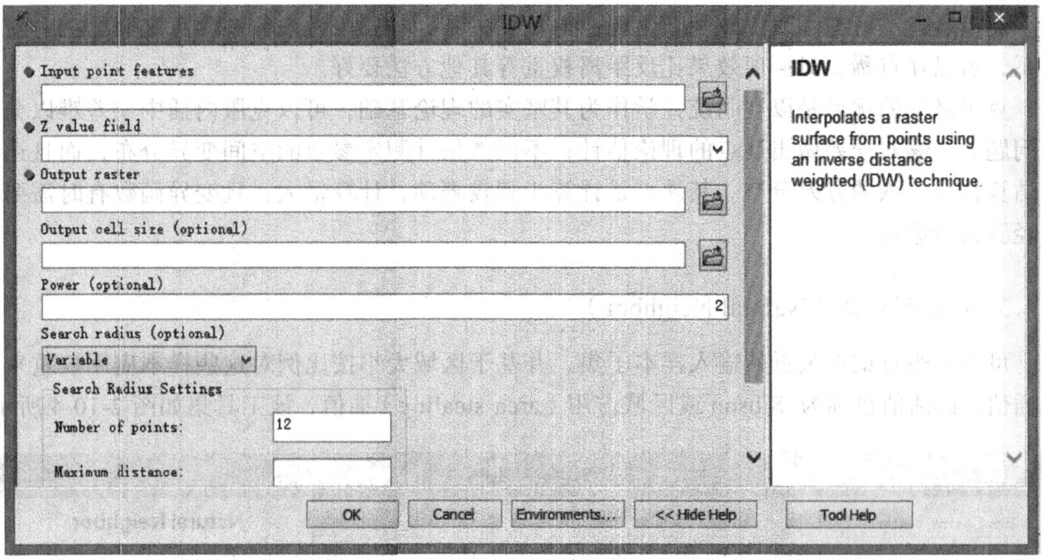

图 2-10-2　IDW 工具集

2. 克里金法（Kriging）

克里金法是 GIS 软件地理统计插值的重要组成部分。这种方法充分吸收了地理统计的思想，认为任何在空间连续性变化的属性是非常不规则的，不能用简单的平滑数学函数进行模拟，可以用随机表面给予较恰当的描述。这种连续性变化的空间属性称为"区域性变量"，可以描述气压、高程及其他连续性变化的描述指标变量。地理统计方法为空间插值提供了一种优化策略，即在插值过程中根据某种优化准则函数动态的决定变量的数值。Kriging 插值方法着重于权重系数的确定，从而使内插函数处于最佳状态，即对给定点上的变量值提供最好的线性无偏估计。对于这种方法，原始的输入点可能会发生变化，并且在数据点多时，其内插的结果可信度较高。该方法通常用在土壤科学和地质中，工具集如图 2-10-3 所示。

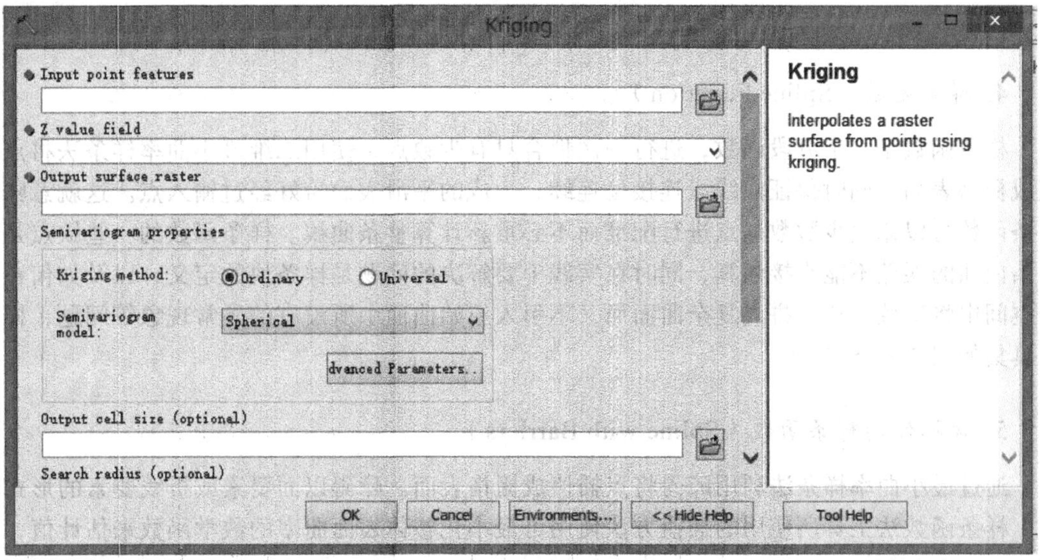

图 2-10-3　Kriging 工具集

克里金方法考虑了观测点和被估计点的位置关系，并且也考虑各观测点之间的相对位置关系，所以在点稀少时插值效果比反距离权重等其他方法要好。

克里格法的优点是以空间统计学作为其坚实的理论基础，可以克服内插中误差难以分析的问题，能够对误差做出逐点的理论估计；不但能估计测定参数的空间变异分布，而且还可以估算估计参数的方差分布。其缺点是计算步骤较繁琐，计算量大，且变异函数有时需要根据经验人为选定。

3. 自然邻域法（Natural Neighbor）

可找到距查询点最近的输入样本子集，并基于区域大小按比例对这些样本应用权重来进行插值。该插值也称为 Sibson 或区域占用（area-stealing）插值，该工具集如图 2-10-4 所示。

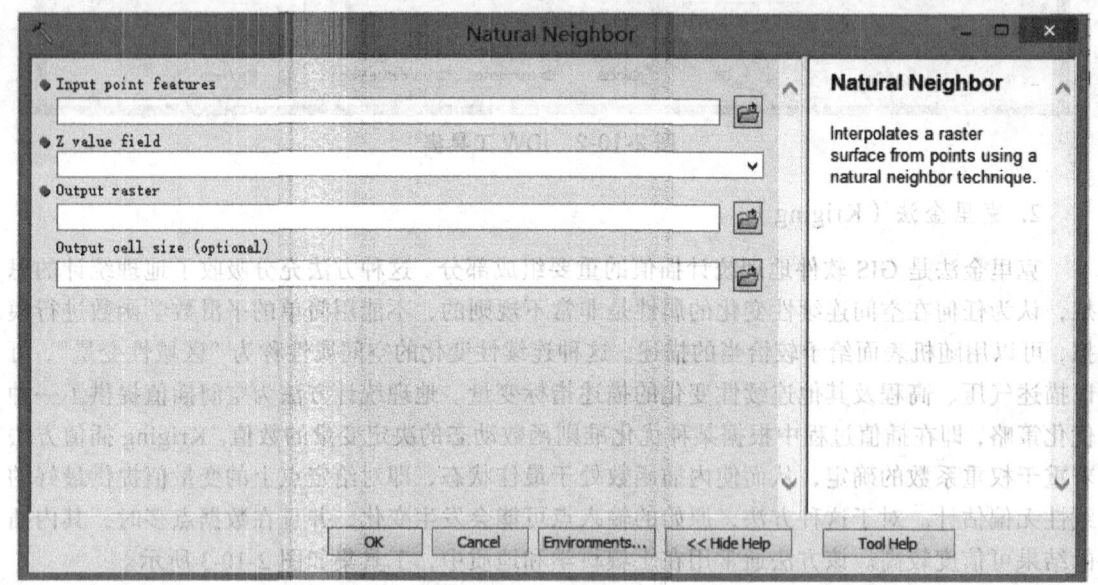

图 2-10-4　Natural Neighbor 工具集

4. 样条函数（Spline Function）

样条函数是一个分段函数，进行一次拟合只有少数点，使用二维最小曲率样条法将点插值成栅格表面。同时保证曲线段连接处连续，生成的平滑表面恰好经过输入点。这就意味着样条函数可以修改少数数据点进行配准而不必重新计算整条曲线。样条函数的一些缺点是：样条内插的误差不能直接估算，同时在实践中要解决的问题是样条块的定义，以及如何在三维空间中将这些"块"拼成复杂曲面而又不引入原始曲面中所没有的异常现象等问题，样条工具集如图 2-10-5 所示。

5. 含障碍的样条函数（Spline with Barriers）

通过最小曲率样条法利用障碍将点插值成栅格表面。障碍以面要素或折线要素的形式输入。样条函数法工具所使用的插值方法使用可最小化整体表面曲率的数学函数来估计值，如图 2-10-6 所示。

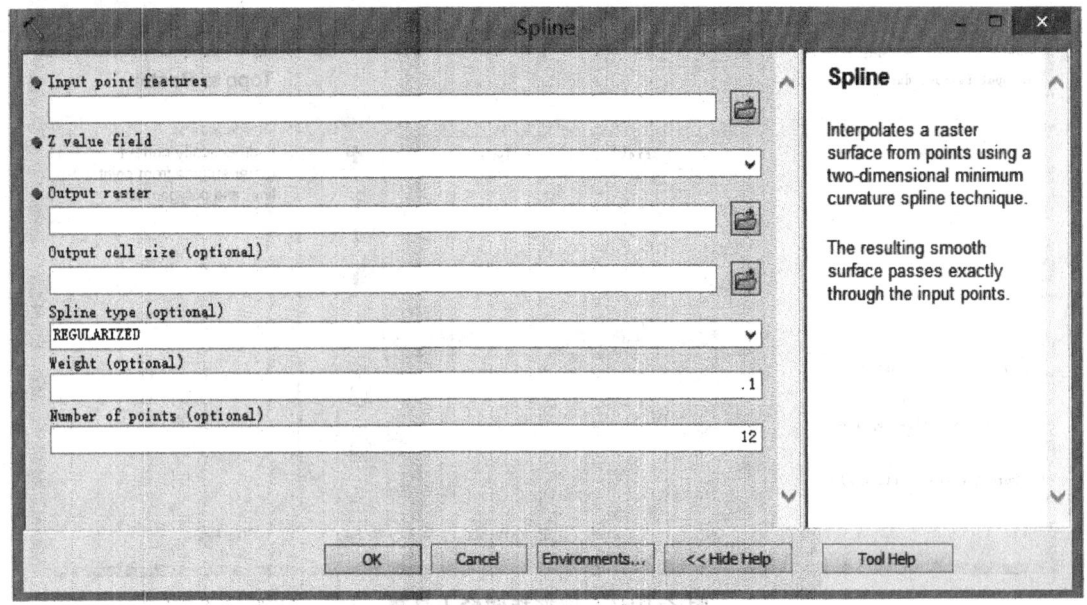

图 2-10-5　Spline 函数工具集

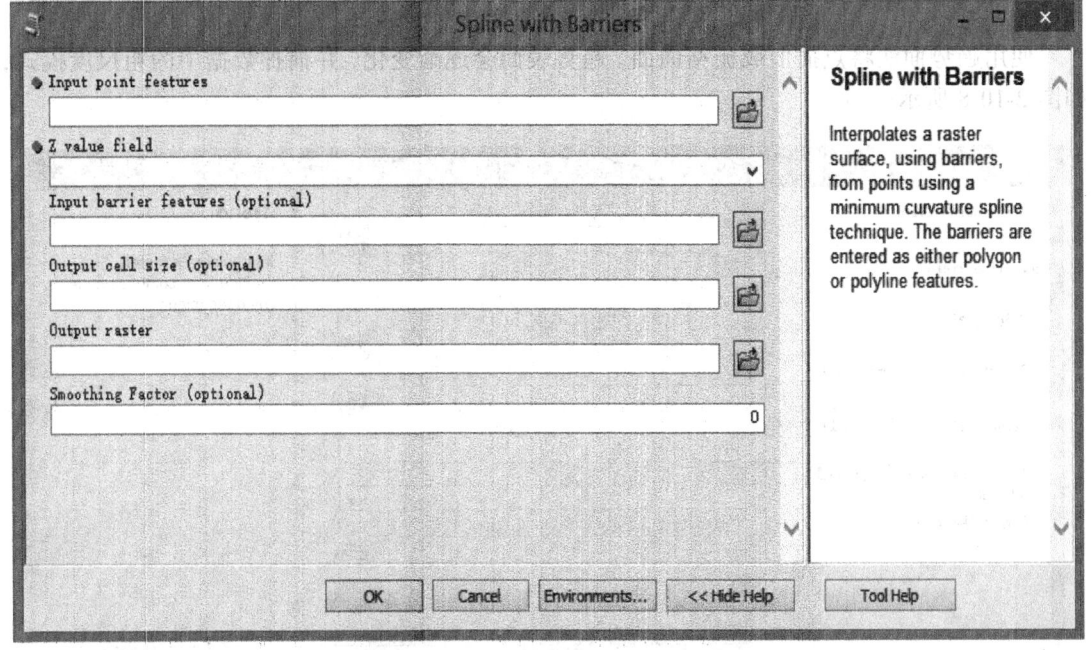

图 2-10-6　含障碍的样条函数工具集

6. 地形转栅格（Topo to Raster）

将点、线和面数据插值成符合真实地表的栅格表面。依据文件实现地形转栅格（Topo to Raster by file）方法通过文件中指定的参数将点、线和面数据插值成符合真实地表的栅格表面。这种方法适用于各种矢量数据，特别是可以处理等高线数据。通过这种技术创建的表面可更好地保留输入等值线数据中的山脊线和河流网络，该工具集如图 2-10-7 所示。

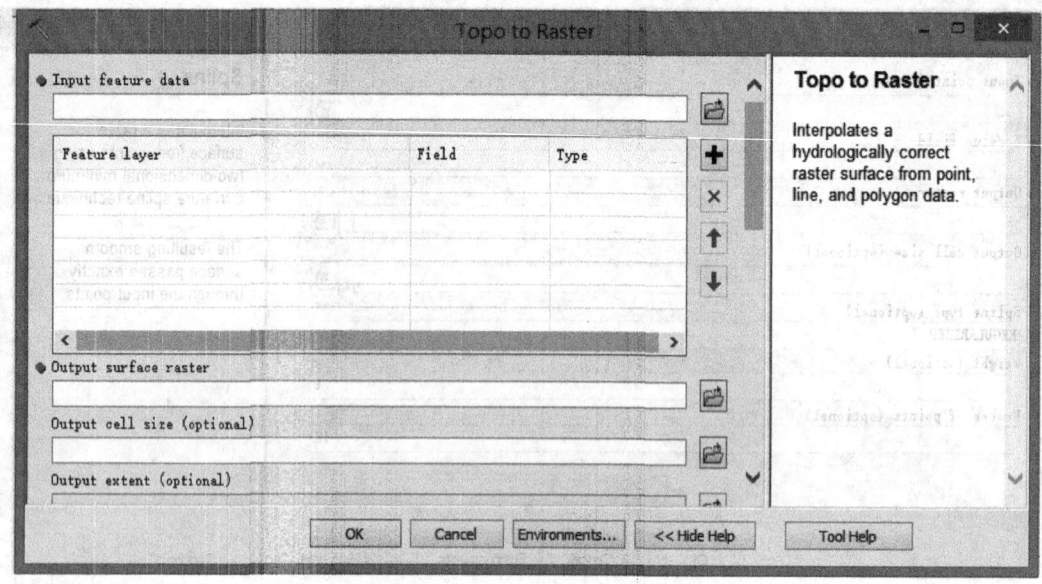

图 2-10-7　地形转栅格工具集

7. 趋势（trend）

使用趋势面法将点插值成栅格曲面。趋势表面会逐渐变化，并捕捉数据中的粗尺度模式，如图 2-10-8 所示。

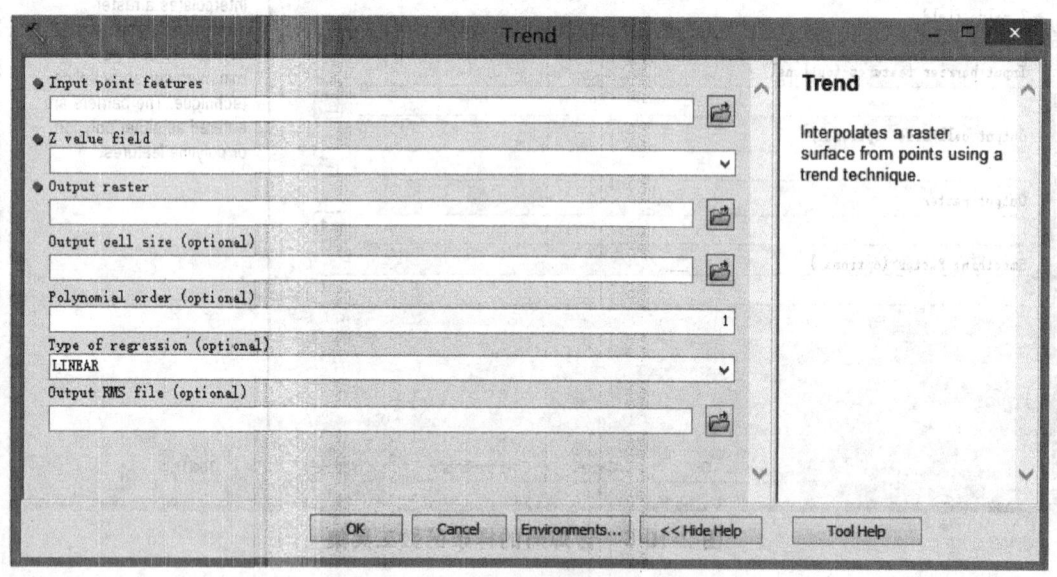

图 2-10-8　趋势面法工具集

四、实验步骤

1. 实例分析

以 arcgis 最常用的插值方法——反距离权重法为例进行说明。

现有雷州半岛周边海域的水深点数据（见图 2-10-9），用反距离权重插值得到雷州半岛周边海域水深分布栅格数据。

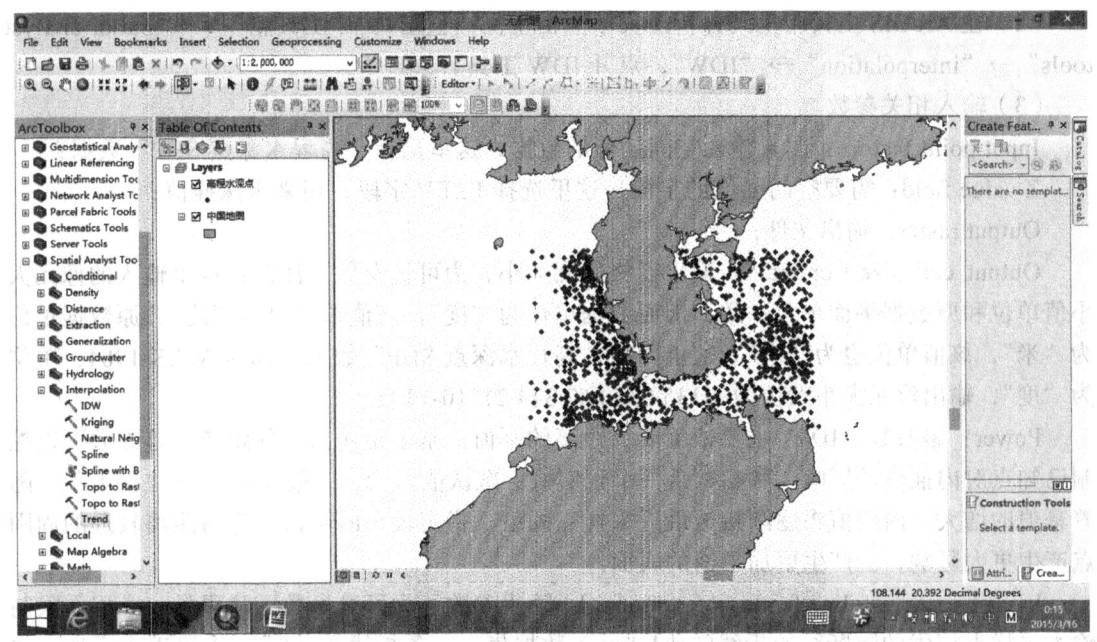

图 2-10-9　雷州半岛周边海域水深点数据

2. 数据准备

数据：高程水深点.SHP，数据文件含有 ELEV 字段，记录每个点位的高程或水深点（数据来源：国家基础地理信息数据共享网）。

数据属性表如图 2-10-10 所示。

Table

高程水深点

FID	Shape *	AREA	PERIMETER	TERLK_	TERLK_ID	CODE	GB	ELEV	ss
0	Point	0	0	20	20	177	27060	-18	0
1	Point	0	0	39	39	177	27060	-14	0
2	Point	0	0	1	1	177	27060	-18	0
3	Point	0	0	2	2	177	27060	-24	0
4	Point	0	0	5	5	177	27060	-15	0
5	Point	0	0	6	6	177	27060	-15	0
6	Point	0	0	7	7	177	27060	-12	0
7	Point	0	0	9	9	177	27060	-4	0
8	Point	0	0	11	11	177	27060	-24	0
9	Point	0	0	13	13	177	27060	-18	0
10	Point	0	0	14	14	177	27060	-16	0
11	Point	0	0	20	20	177	27060	-15	0
12	Point	0	0	21	21	177	27060	-8	0
13	Point	0	0	24	24	177	27060	-12	0
14	Point	0	0	25	25	177	27060	-2	0
15	Point	0	0	26	26	177	27060	-14	0
16	Point	0	0	27	27	177	27060	-6	0
17	Point	0	0	28	28	177	27060	-8	0

图 2-10-10　高程水深点属性表

3. 操作步骤

（1）检查数据是否有异常、错误等，如属性值缺失，高程数据异常等。

（2）在 ArcGIS 工具箱空间分析工具下点击空间插值工具："工具箱"→"spatial analyst tools"→"interpolation"→"IDW"，点开 IDW 工具。

（3）输入相关参数。

Input point feature：用来输入空间插值的数据，这里选择"高程水深点.SHP"数据；

Z value field：需要空间插值的字段，这里选择 ELEV 字段，用来水深插值；

Output raster：输出文件；

Output cell size（optical）：输出栅格像元大小，为可选参数。注意：这里输入的像元大小值单位和原数据平面单位一致，即原数据单位为"度"，该值单位也为"度"，原数据单位为"米"，该值单位也为"米"。这里因为"高程水深点.SHP"数据坐标为 WGS-1984，单位为"度"，输出像元大小默认为 4.135 035 867 374 21*10-13 度。

Power：幂参数。IDW 主要依赖于反距离的幂值。基于距输出点的距离，幂参数可以控制已知点对内插值的影响。幂参数是一个正实数，默认值为 2，一般在 0.5～3 之间取值。随着幂值的增大，内插值将逐渐接近最近采样点的值。指定较小的幂值，将对距离较远的周围点产生更大影响，会产生更加平滑的表面。

Input barrier polyline features（optional）：障碍参数，为可选参数。障碍是一个用作限制输入采样点搜索的隔断线的折线（polyline）数据集。一条折线（polyline）可以表示地表中的悬崖、山脊或某种其他中断。仅将那些位于障碍同一侧的输入采样点视为当前待处理像元。这里由于没有相关数据，保留缺省值。

输入完成相关参数，如图 2-10-11 所示。

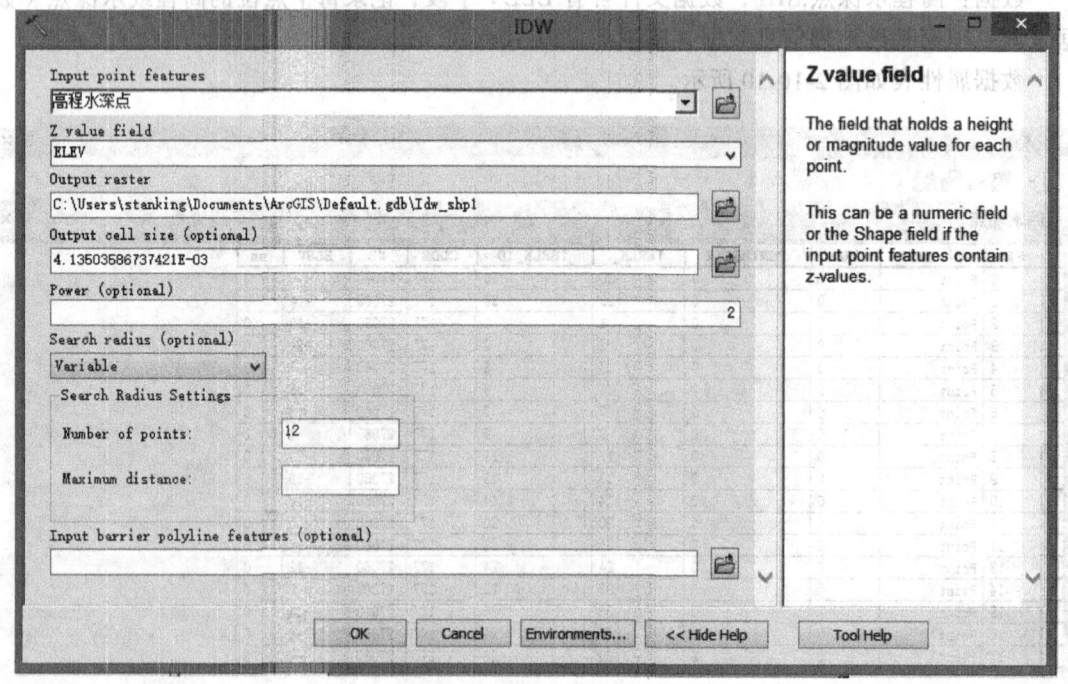

图 2-10-11 输入完成相关参数

（4）执行程序，得到结果如图 2-10-12 所示。

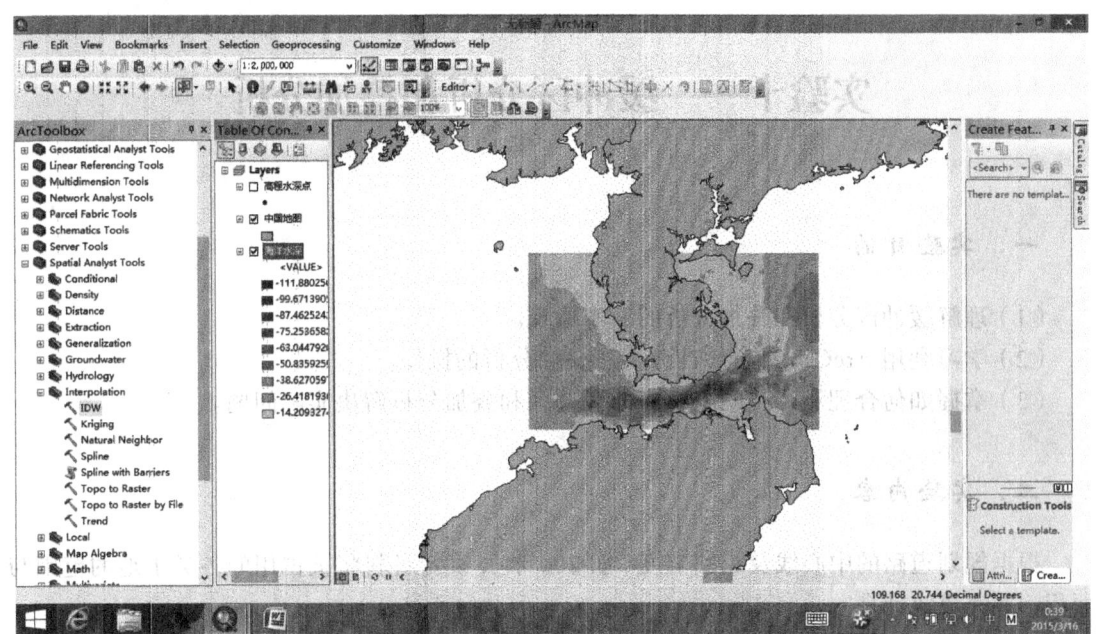

图 2-10-12　输出最终结果

（5）后续处理，包括配色、边界裁切等，技术方法如感兴趣，可向任课老师请教。

实验十一 缓冲区分析和叠加分析

一、实验目的

（1）理解缓冲区分析和叠加分析的基本原理。
（2）学习利用 ArcGIS 进行缓冲分析、叠加分析的操作。
（3）掌握如何合理利用空间分析中的缓冲区和叠加分析解决实际问题。

二、实验内容

根据规划道路的中心线及道路宽度（如200米），确定各村将被占用的各类土地的范围与面积，并完成统计表。

三、实验原理与方法

空间分析是基于地理对象位置和形态的空间数据分析技术，其目的在于提取空间信息或者从现有的数据派生出新的数据，是将空间数据转变为信息的过程。空间分析是地理信息系统的主要特征。空间分析能力（特别是对空间隐含信息的提取和传输能力）是地理信息系统区别于一般信息系统的主要方面，也是评价一个地理信息系统的主要指标。空间分析赖以进行的基础是地理空间数据库。空间分析运用的手段包括各种几何的逻辑运算、数理统计分析，代数运算等数学手段。空间分析可以基于矢量数据或栅格数据进行，具体情况要根据实际需要确定。

1. 实验原理

矢量叠加是将同一区域、同一比例尺的两组或两组以上的多边形要素的数据文件进行叠加产生一个新的数据层，其结果综合了原来图层所具有的属性。在 ArcGIS 常见的矢量叠加操作有：交集（Intersect）、擦除（Erase）、标识叠加（Identify）、裁减（Clip）、更新叠加（Update）、对称差（Symmetrical Difference）、分割（Split）、联合（Union）、添加（Append）、合并（Merge）以及融合（Dissolve）等类型。

2. 实验方法

根据规划道路的中心线及道路宽度（如200米），通过建立缓冲区以确定用地范围，再将它分别与土地利用数、行政区划数据进行叠加，最后通过统计确定道路建设占用各村各类土地的面积。

3. 空间分析的基本步骤

（1）确定问题并建立分析的目标和要满足的条件；
（2）针对空间问题选择合适的分析工具；
（3）准备空间操作中要用到的数据；
（4）定制一个分析计划然后执行分析操作；
（5）显示并评价分析结果。

4. 数据准备

道路中心线（road.shp）、土地利用数据（landuse_polygon.shp）、研究区行政区划数据（village.shp）、道路占地统计表（占地统计表.xls）

四、实验步骤

1. 缓冲区分析

（1）打开 ArcCatalog，找到实验数据，进行坐标系的统一，赋予 road 和 village 统一的坐标，如图 2-11-1 所示。

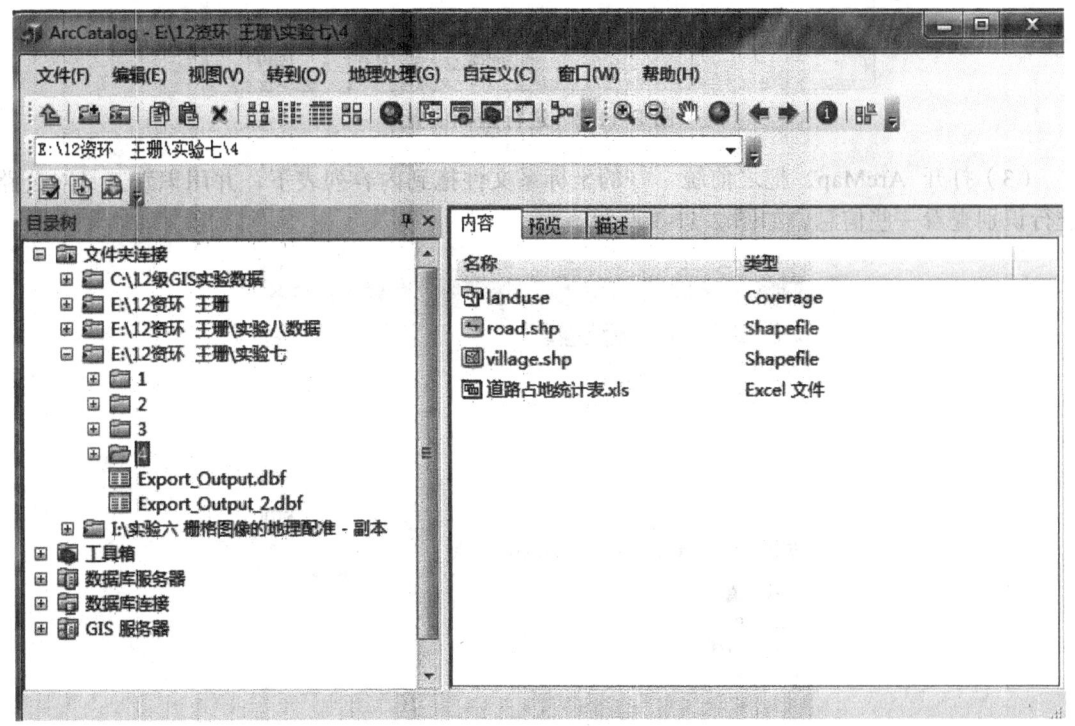

图 2-11-1 预览实验数据

（2）右键点击 "road"，选择 "属性"，出现对话框，点击 "XY 坐标系"，进行坐标设置，如图 2-11-2 所示。

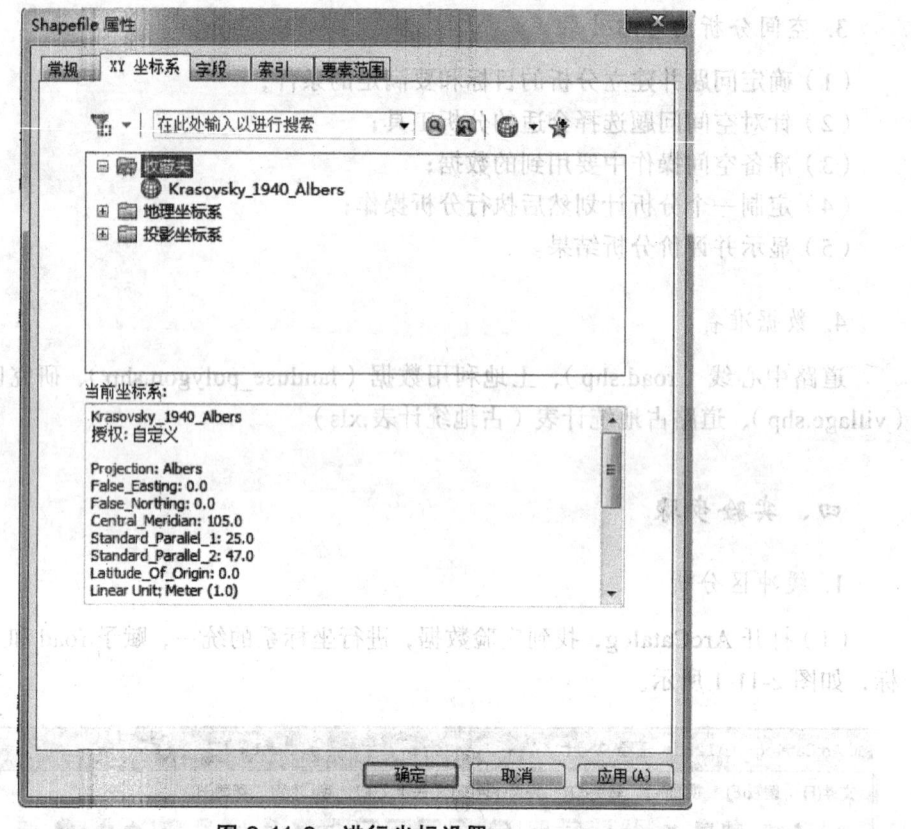

图 2-11-2　进行坐标设置

（3）打开 ArcMap，把之前统一好的坐标系文件拖到内容列表下，并用识别工具对公路进行识别查看一些信息，如图 2-11-3 所示。

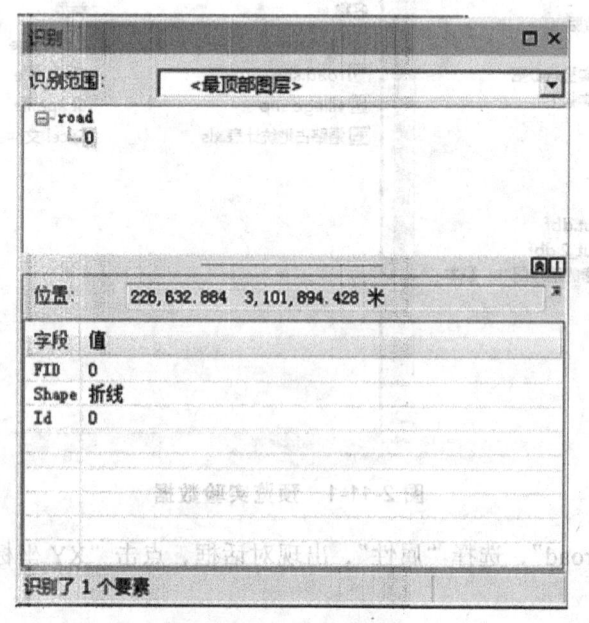

图 2-11-3　识别对话框

（4）打开 ArcToolbox 工具箱下"分析工具"→"邻域分析"→"缓冲区"，双击"缓冲区"工具，如图 2-11-4 所示。

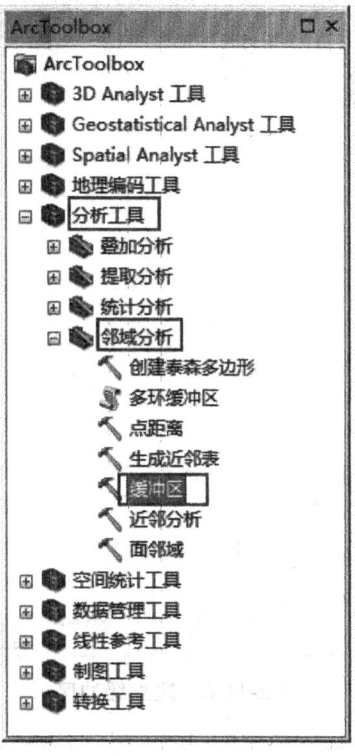

图 2-11-4　ArcToolbox 工具集

设置好输出路径、缓冲区的距离等参数，如图 2-11-5 所示，图 2-11-6 所示。

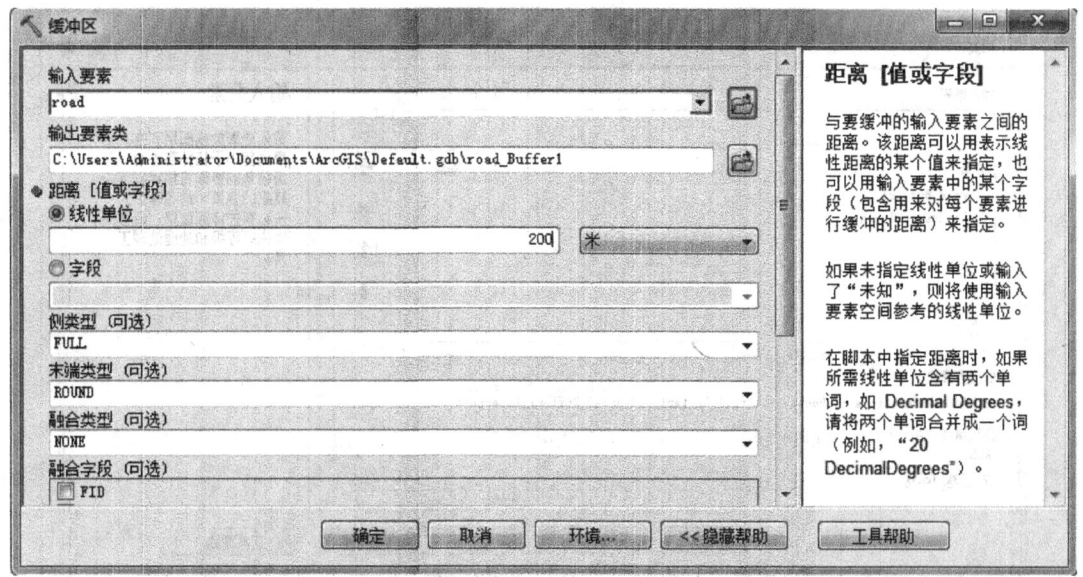

图 2-11-5　缓冲区对话框

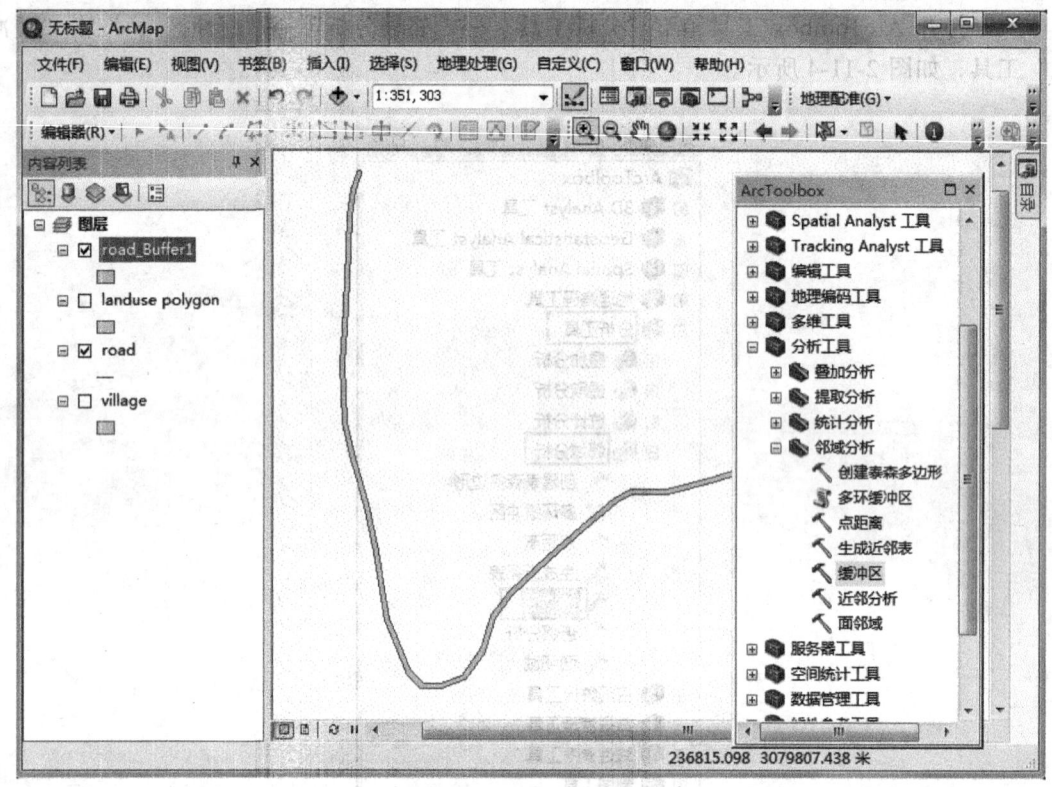

图 2-11-6 建立缓冲区

2. 叠加分析

（1）打开 ArcToolbox 工具箱，找到"相交工具"双击，选中"输入要素"，点击确定，如图 2-11-7 所示。

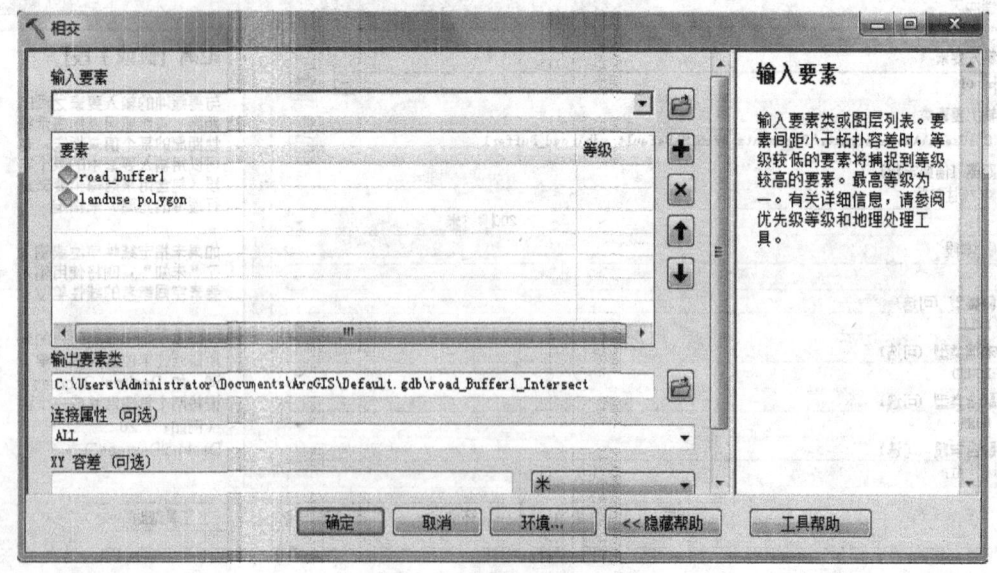

图 2-11-7 相交工具对话框

196

（2）打开 ArcToolbox 工具箱，找到标识工具双击，选中"输入要素"点击确定（见图 2-11-8），并打开生成文件的属性表，如图 2-11-9 所示。

图 2-11-8　标识工具对话框

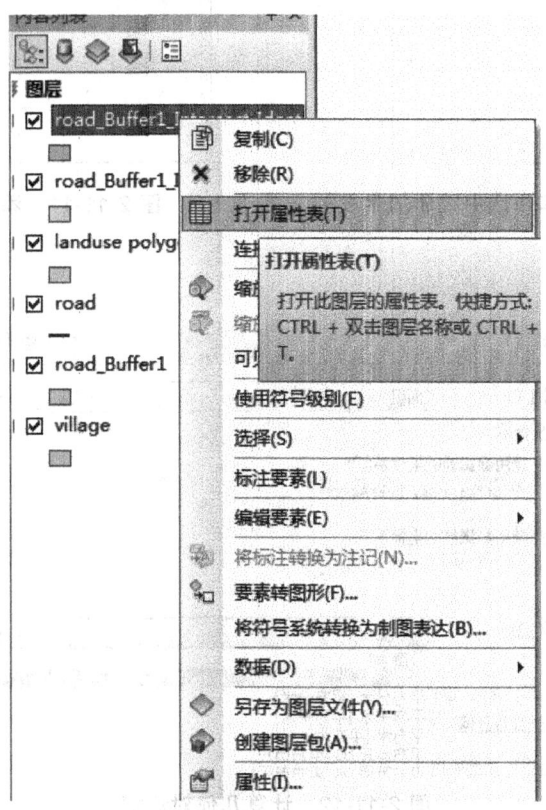

图 2-11-9　打开属性表

(3)添加字段,并导出数据,如图 2-11-10~图 2-11-14 所示。

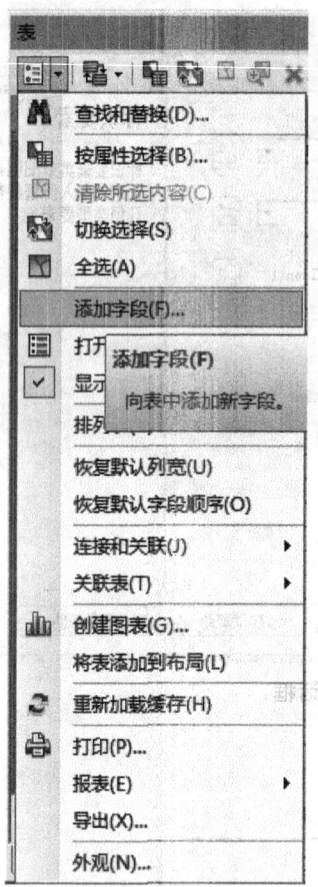

图 2-11-10 快捷菜单中选中"添加字段"

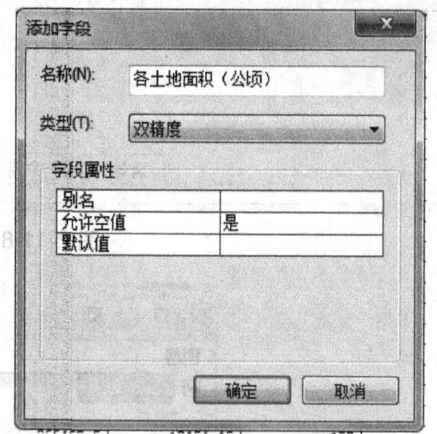

图 2-11-11 添加字段对话框

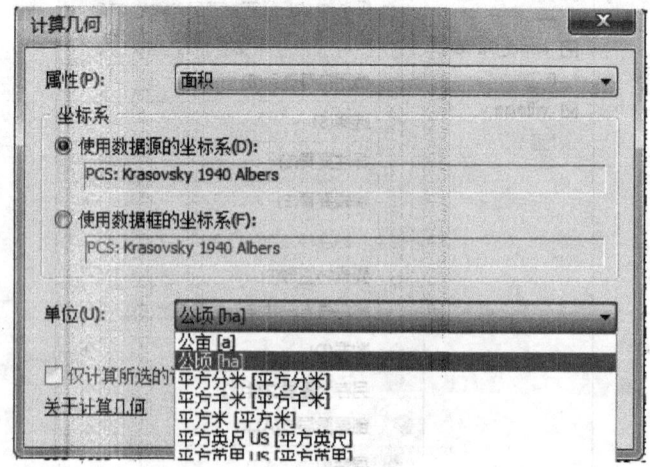

图 2-11-12 计算几何对话框

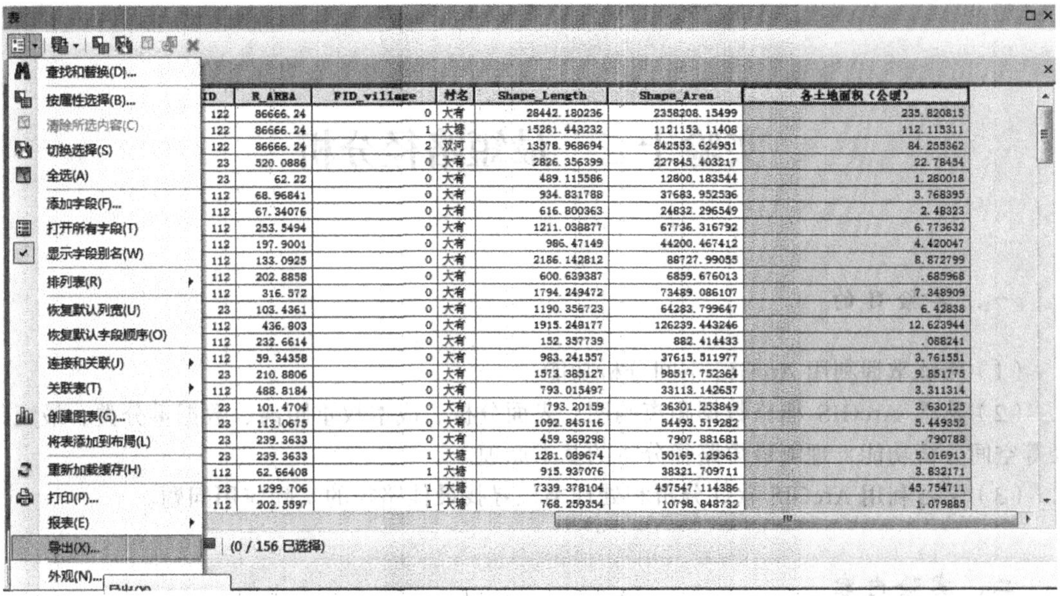

图 2-11-13 选择导出项

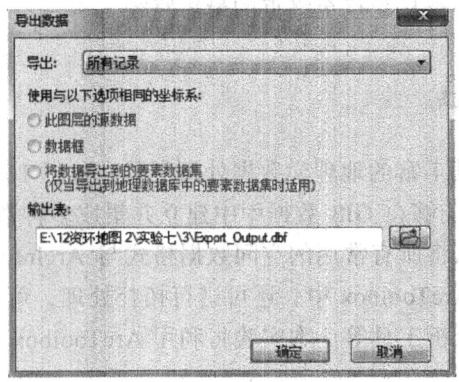

图 2-11-14 导出数据对话框

（4）数据统计（见表 2-11-1）

表 2-11-1 道路建设占用土地分村统计表

道路建设占用土地分村统计表（公顷）						
土地类型		大有村	大塘村	双河村	久远村	明星村
编码	名称					
2	园地	50.21	51.61	145.30	784.36	428.52
3	林地			69.71		31.94
6	商服用地				16.03	
11	水域用地	54.14	121.77	130.66	131.68	120.47
12	其他土地	235.82			551.51	81.07
合计		340.17	173.38	345.67	1 483.59	661.99

实验十二　最短路径分析

一、实验目的

（1）熟练掌握利用 ArcGIS 空间分析功能。
（2）熟悉 ArcGIS 栅格数据距离制图、表面分析、成本权重距离、数据重分类、最短路径等空间分析功能，理解最短路径分析的基本原理。
（3）学习利用 ArcGIS 软件分析和处理类似寻找最佳路径的实际应用问题。

二、实验内容

根据高程数据，寻找一条从起点至终点的最短路径。

三、实验原理与方法

ArcToolbox 提供了极其丰富的地理学数据处理工具，包括 160 多个简单易用的工具。使用 ArcToolbox 中的工具，能够在 GIS 数据库中建立并集成多种数据格式，进行高级 GIS 分析、GIS 数据处理等；可以将所有常用的空间数据格式与 ArcInfo 的 Coverage、Grids、TIN 进行互相转换；此外，在 ArcToolbox 中，还可进行拓扑处理，可以合并、剪贴、分割图幅，以及使用各种高级的空间分析工具等。本实验将利用 ArcToolbox 中的 Spatial Analyst 工具集的几个常用工具进行操作。

1. 实验原理

栅格像元之间的连通性受摩擦系数的影响，体现为对某一分析目标而言在某一空间位置刚好经过所需要的成本。通过计算累计成本和成本方向，从而可以找出从源点到目标点的最低成本路径。

2. 实验方法

先根据高程数据生成坡度数据和起伏度数据，再将坡度数据和起伏度数据重分类为 5 个级别，并加权获得成本栅格数据，最后基于成本数据集计算最短路径。

3. 数据准备

高程数据（Elevation）、路径源点数据（Start Point）、路径终点数据（End Point）河流数据（River）。

四、实验步骤

（1）打开 ArcMap 并添加数据，如图 2-12-1，图 2-12-2 所示。

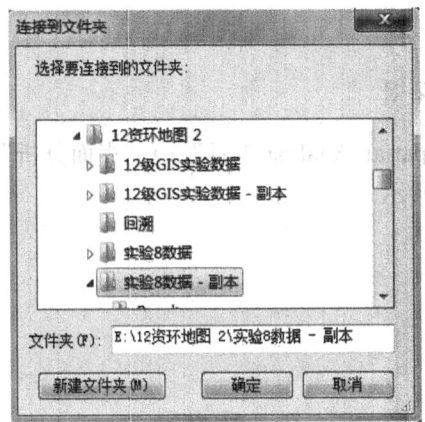

图 2-12-1　连接到文件夹对话框　　　　图 2-12-2　添加数据对话框

（2）打开 ArcToolbox 工具箱进行环境的设置，如图 2-12-3～图 2-12-5 所示。

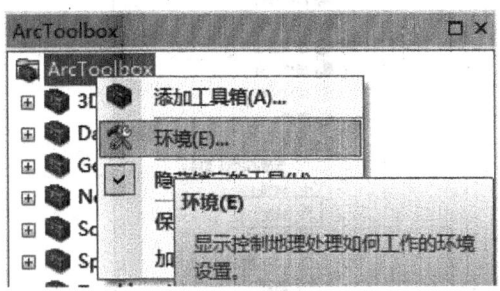

图 2-12-3　快捷菜单环境选项

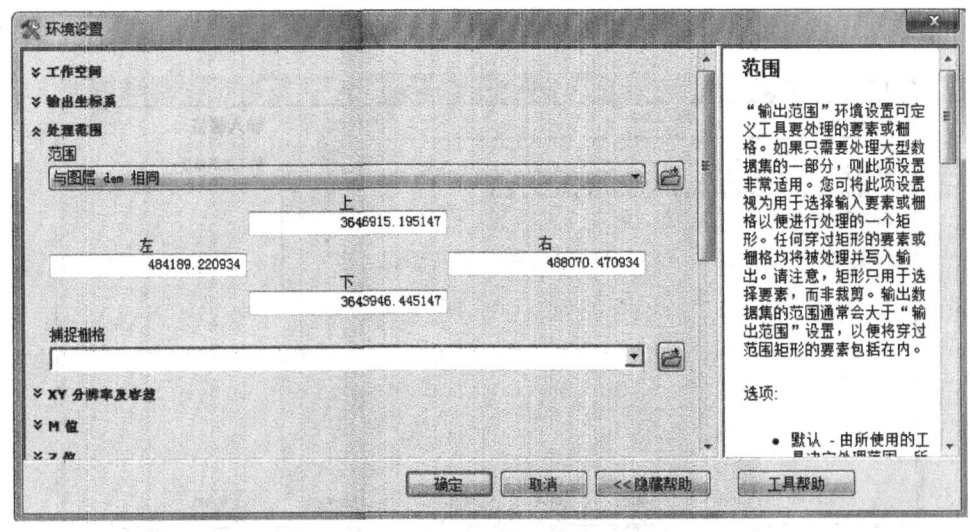

图 2-12-4　环境设置对话框

图 2-12-5 栅格分析对话框

（3）进行坡度分析，找到 ArcToolbox 工具箱下"Spatial Analyst 工具"→"表面分析"→"坡度"，并对各要素设置，如图 2-12-6 ~ 图 2-12-8 所示。

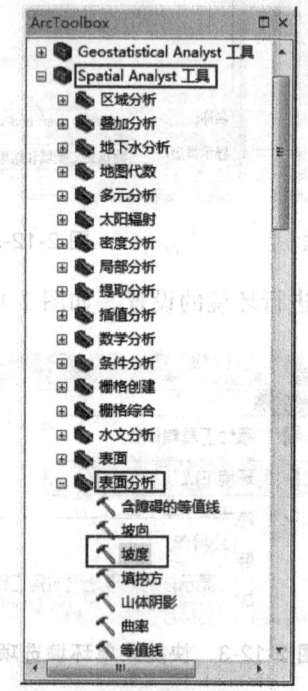

图 2-12-6 选择坡度选项

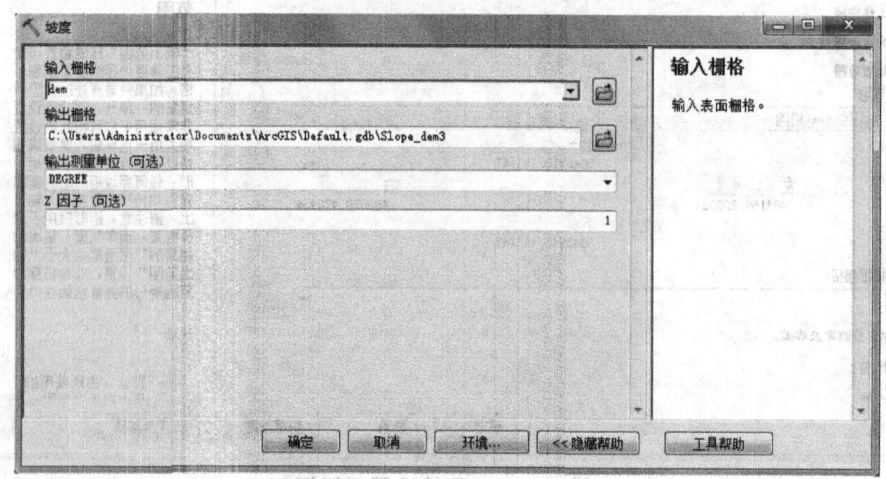

图 2-12-7 坡度设置对话框

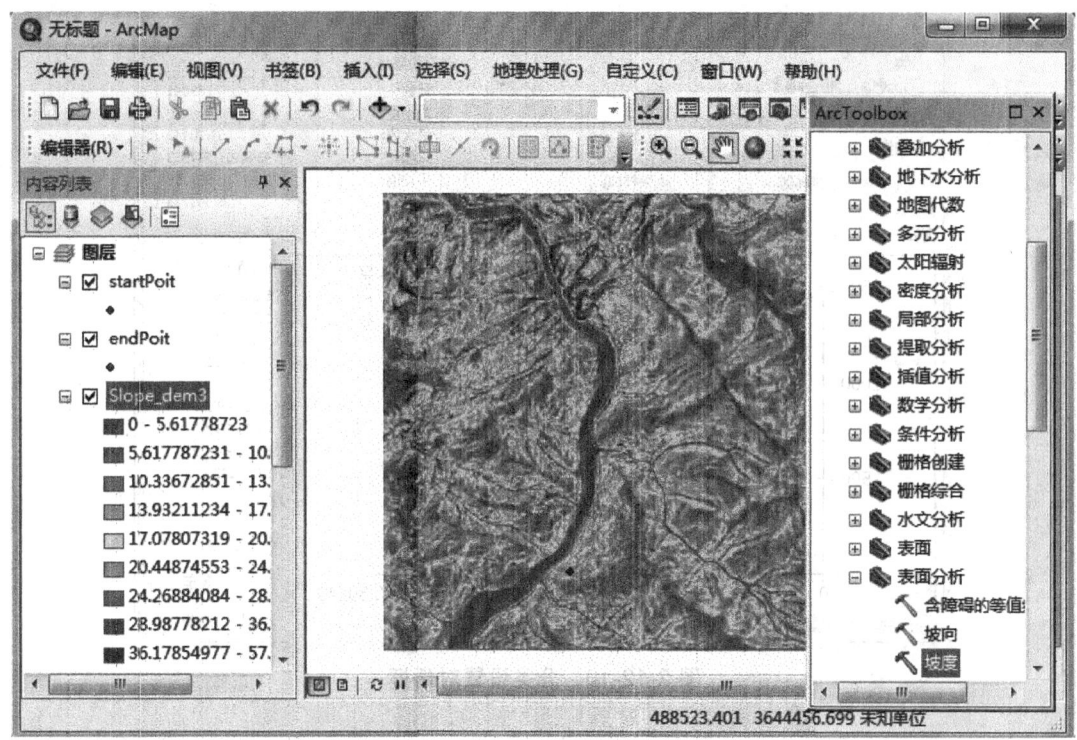

图 2-12-8 设置坡度结果

（4）进行重分类分析，找到 ArcToolbox 工具箱下的重分类并双击，设置其分类，之后再进行重分类，如图 2-12-9～图 2-12-11 所示。

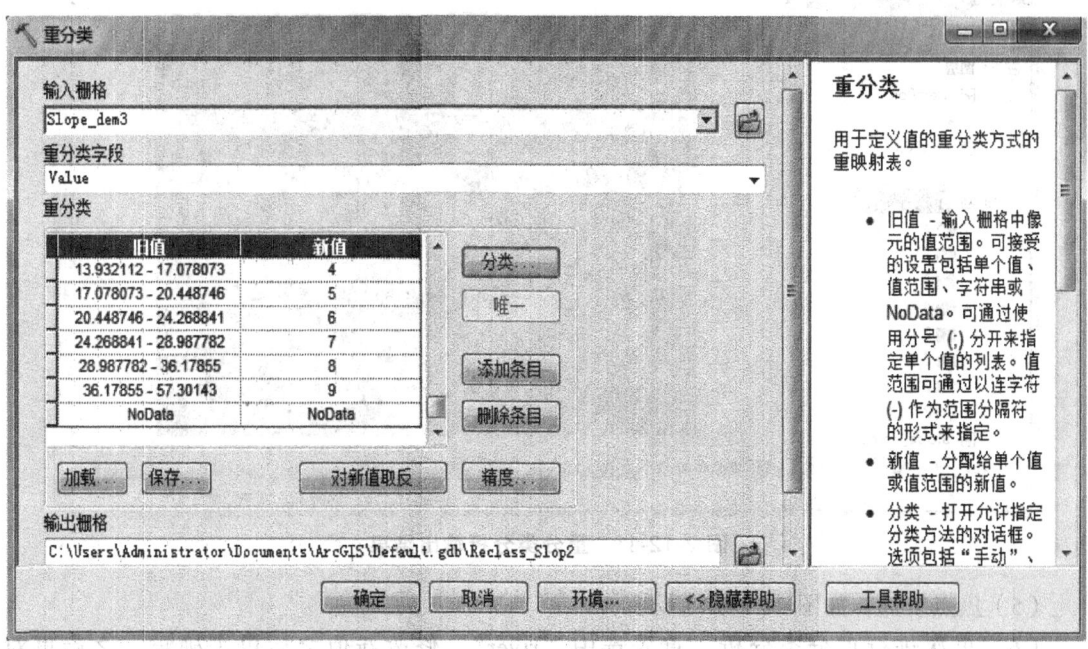

图 2-12-9 重分类对话框

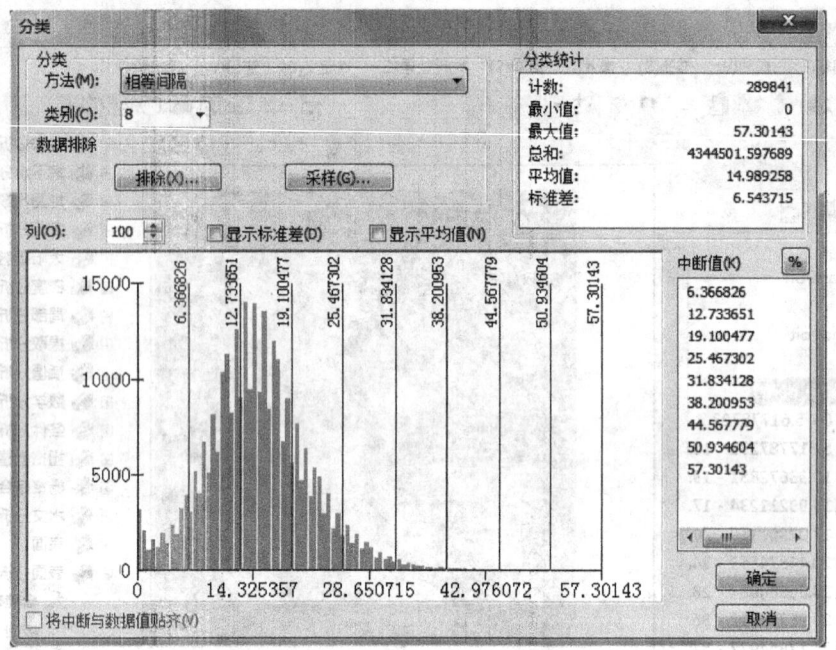

图 2-12-10 分类设置对话框

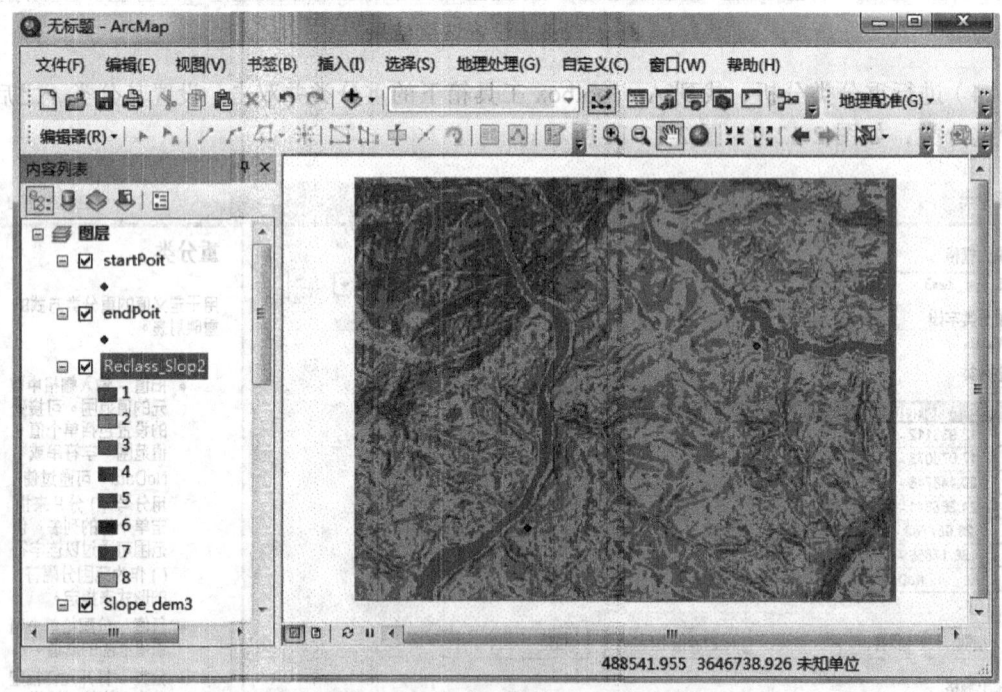

图 2-12-11 重分类分析输出结果

（5）焦点统计，如图 2-12-12 所示。

（6）再次进行重分类分析，首先选中"river"，修改新值之后单击确定，之后再对"FocalSt_dem5"重分类，如图 2-12-13～图 2-12-15 所示。

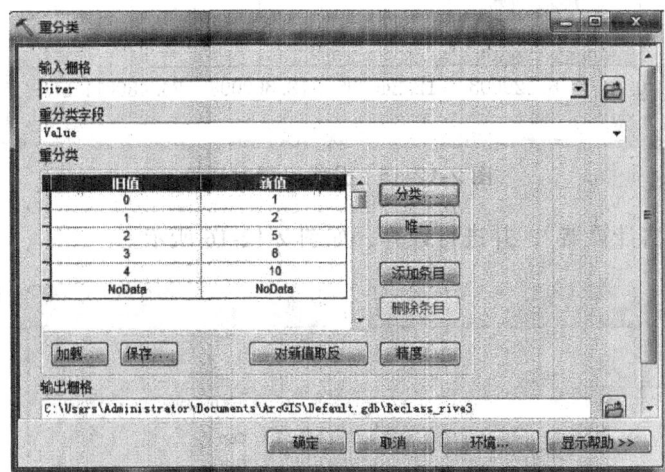

图 2-12-12 焦点统计对话框

图 2-12-13 对"river"进行重分类

图 2-12-14 对"FocalSt_dem5"进行重分类

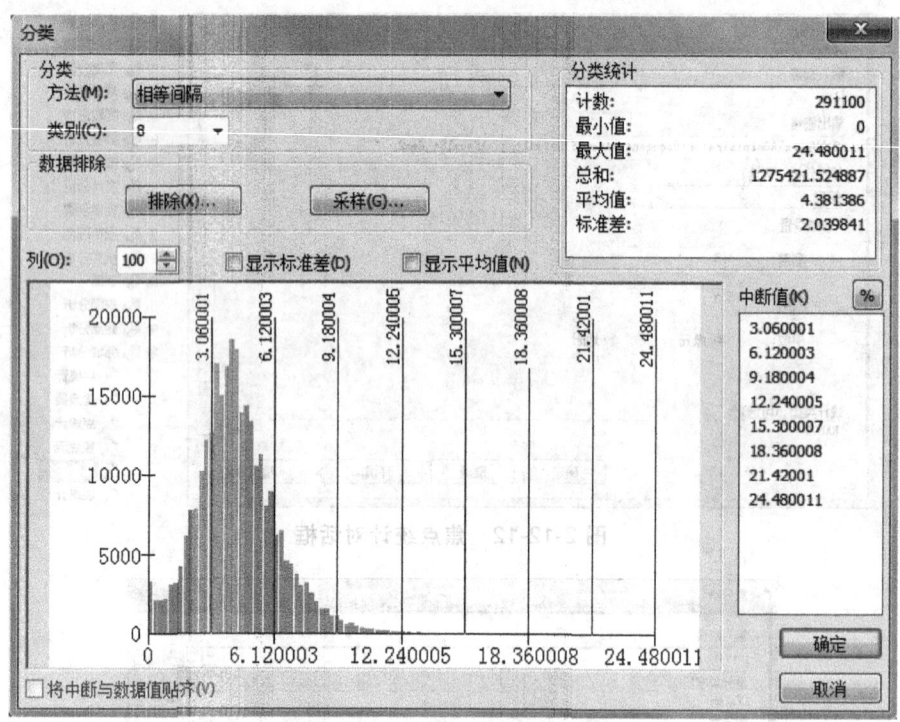

图 2-12-15 分类设置对话框

(7) 双击"栅格计算器",并进行计算,如图 2-12-16 所示。

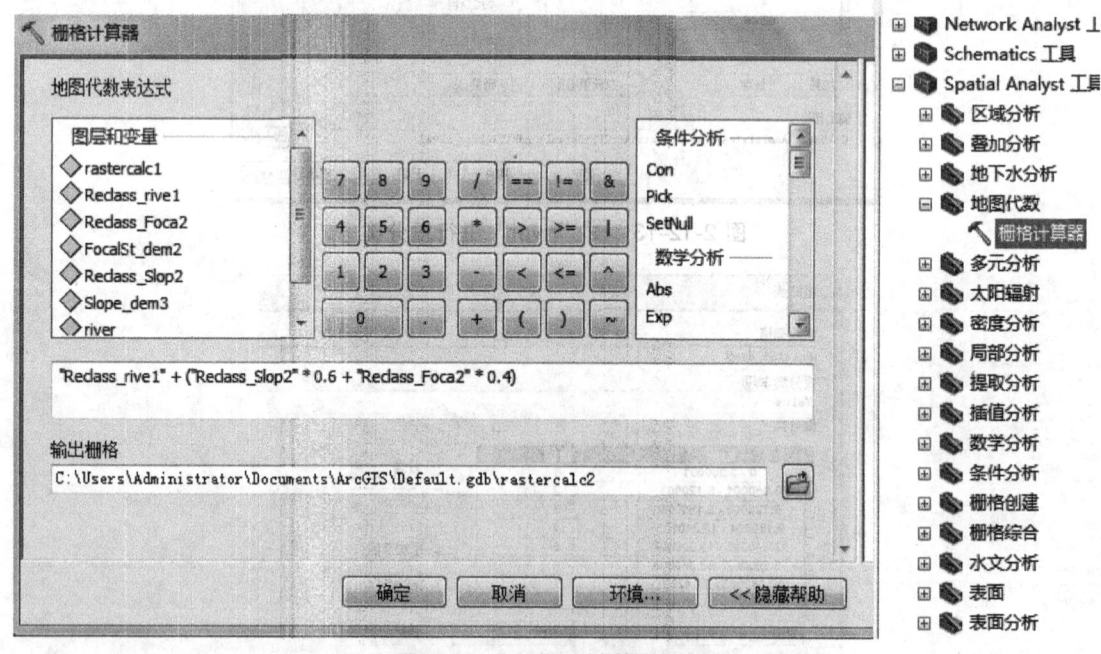

图 2-12-16 栅格计算器工具

(8) 距离分析,找到 ArcToolbox 工具箱下的成本距离并双击,并设置其属性,单击确定之后又打开"成本路径"并设置属性,如图 2-12-17、图 2-12-18 所示。

图 2-12-17 成本距离对话框

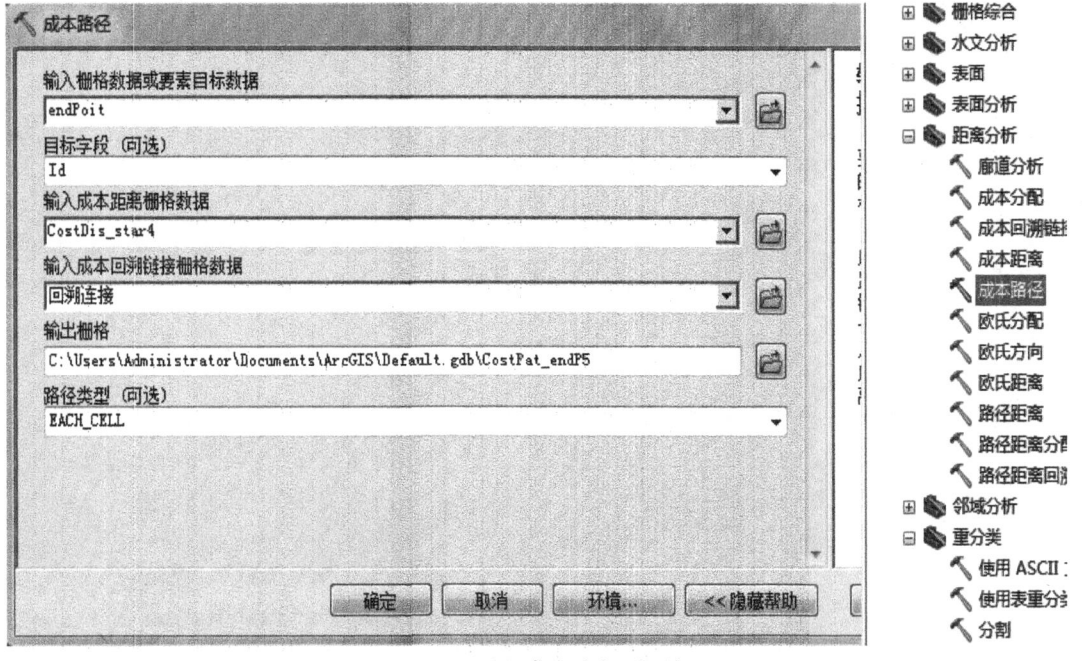

图 2-12-18 成本路径对话框

（9）经过上述几个步骤之后就会得到本实验的最终结果，即两点的最短路径分析，如图 2-12-19 所示。

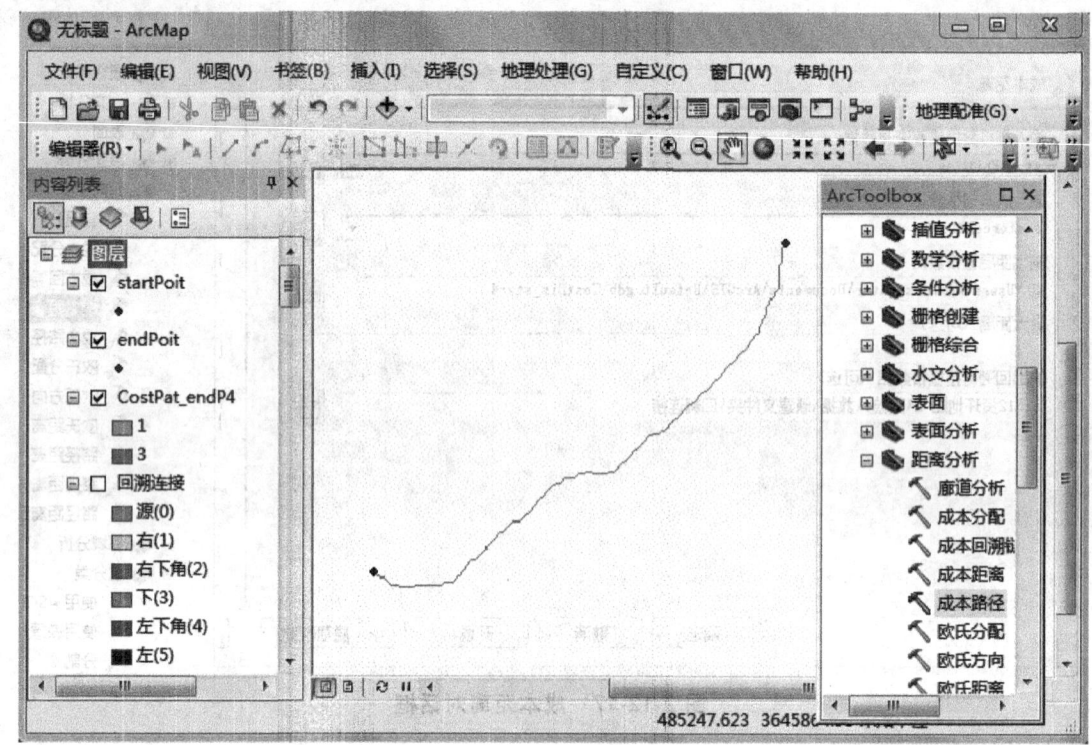

图 2-12-19　两点最短路径分析结果

地理教学应用（一）：制作光照图

一、基本原理

光照图制作的关键就是晨昏线，而晨昏线是地球上的大圆航线，ArcGIS 为我们提供了制作大圆航线的工具。我们需要利用高级编辑工具下的"构造大地测量要素"这个工具，利用该工具，我们仅仅只需要输入直射点坐标以及半径，再配以大洲底图，进行相应的投影变换，添加上网格后就可以制作出符合我们要求的显示晨昏线的光照图。在实际应用时，我们还可以将其添加到 ArcGlobe 中进行自由查看以及演示。

二、制作过程

我们以太阳直射点在北纬 20 度，东经 120 度（20° N，120° E）为例制作此时的太阳光照图。

1. 新建数据库

打开 ArcGIS，在"目录"下新建一个 ArcGIS 地理数据库，命名为"光照图"；再新建一个面状要素，命名为"夜半球"。

2. 构建夜半球

（1）添加"构造大地测量要素"工具：在菜单栏空白处右键，选择最下面的"高级编辑"，如图 1 所示。

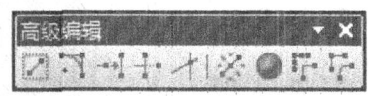

图 1　高级编辑工具栏

（2）编辑构造晨昏线：右键点击"夜半球"图层，选择"编辑要素"图层，如图 2 所示。

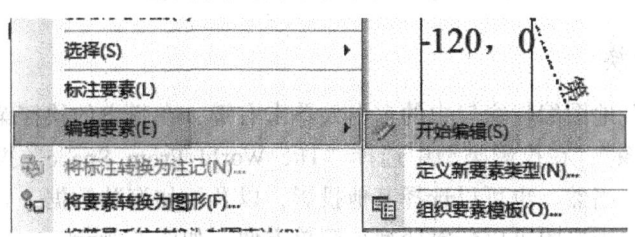

图 2　选择编辑要素图层

选择"构造大地要素",这时需注意夜半球的坐标应填为太阳直射点的对跖点(20°S,60°W),半径为 10 007.5,这样夜半球做完。同时也可编辑样式,之后用"增密"工具增加节点数,如图 3 所示。

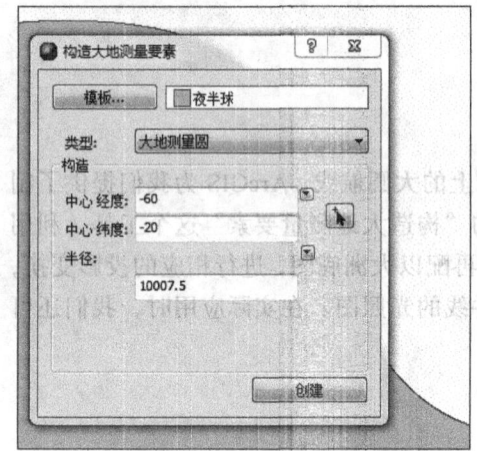
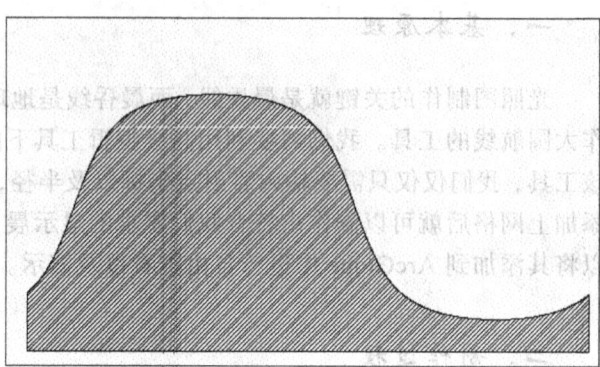

图 3　构造大地测量要素对话框与增密工具

3. 添加经纬网

右键"属性",选择"网格",可以根据所需建立对应间距经纬网,在布局窗口就可以看到建好的经纬网(本例间距为 30°),如图 4 所示。

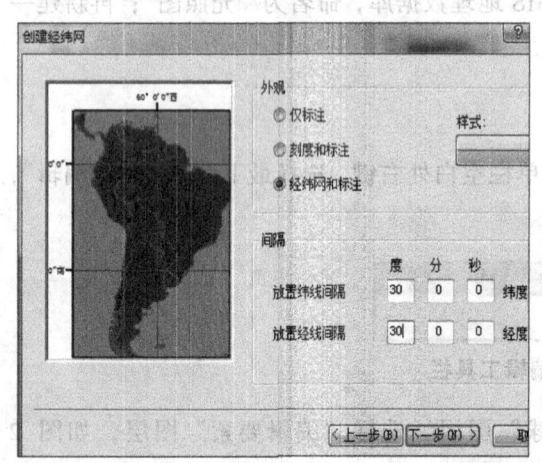
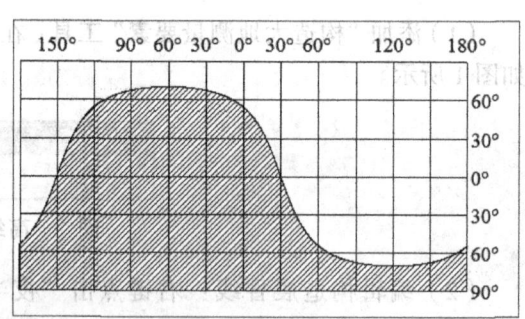

图 4　创建经纬网对话框与布局窗口

4. 进行投影变换

在"数据视图"地图编辑窗口中的空白处单击右键,在弹出的快捷菜单中选择"数据框属性"上的"坐标系",在投影类型中选择"The_World_From_Space"投影,可以调整参数来选择适合的角度。当然,也可以选择其他投影,以及添加海陆数据,叠加完成各种类型光照图。该方法制作的光照图可以任意变换,简单方便,如图 5 所示。

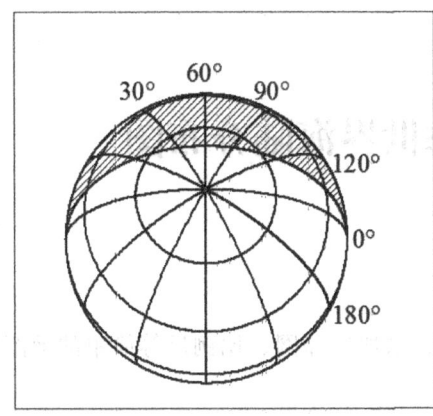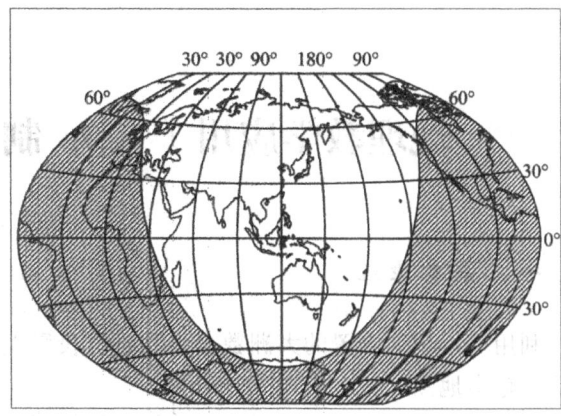

图 5 制作光照图与投影

5. 在 ArcGlobe 演示晨昏线

打开 ArcGlobe 将刚才制作的图形拖入到 ArcGlobe 当中，设置颜色及顺序，我们就可以随意转动地球在任何角度观察晨昏线，如图 6 所示。

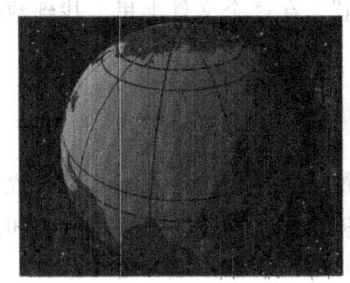

图 6 用 ArcGlobe 演示晨昏线

地理教学应用（二）：制作世界海陆分布图

一、基本原理

利用 ArcGIS 内置的大洲数据，在进行投影设置、添加经纬网、比例尺等简单的地图整饰后，输出地图。

二、制作步骤

1. 导入大洲数据

ArcGIS 内置的大洲数据，可以点击"目录" 上面的"添加文件夹" 找到安装目录"C：\Program Files（x86）\ArcGIS\Desktop10.2\ArcGlobeData"，在这个文件夹里，找到数据库 world 下面的 continent，把大洲数据拖入 ArcMap 窗口中。

2. 设置输出大小

点击布局窗口，然后在数据框内右键选择属性大小和位置栏，可以设置大小以及位置，点击菜单栏上文件下面的页面和打印设置，将 □使用打印机纸张设置(P)勾去掉，调整宽度和高度比刚才的数据框大一些，最后拖动数据框到设置好的页面的范围内。

3. 选择投影

这里以古德投影为例，当然我们也可以选择其他的投影。在数据框上单击右键选择属性；找到"坐标系"→"word"→"World_Goode_Homolosine_Land"（当然也可以新建选择你想要的投影），确定之后你就看见了古德投影的世界海陆分布图，调节比例尺恰好在图框范围内，可以设置为 1：300 000 000，如图 7 所示。

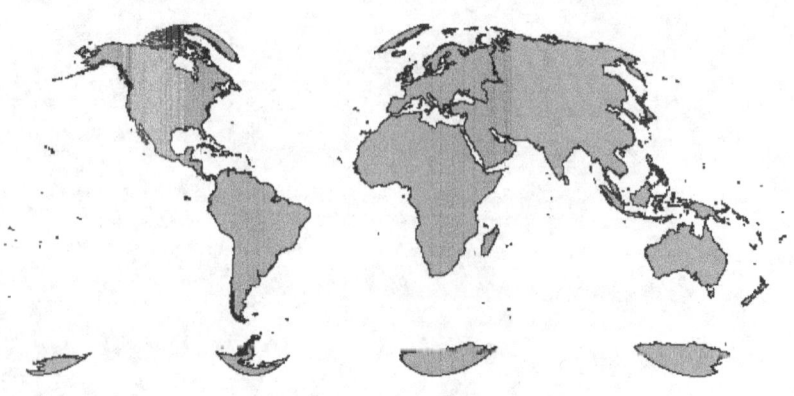

图 7　古德投影世界海陆分布图

4. 加经纬网

在布局视图窗口中右键"属性"→"新建格网",按照格网的说明,依次单击下一步就可以了,当然如果进行详细的修改,你可以在属性中进行进一步修改,如图8所示。

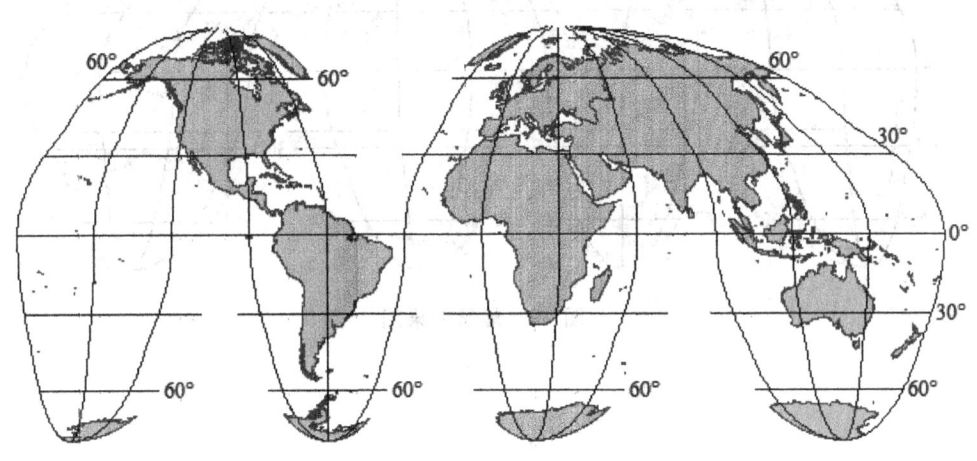

图8 新建格网

5. 添加比例尺输出

为了图幅的漂亮还可以从目录里面拖拽一个经纬网面作为背景色海洋,当然,你还可以拖入回归线、极圈、日界线,并选择虚线条,然后单击插入比例尺,设置比例尺值和样式,如图9所示。

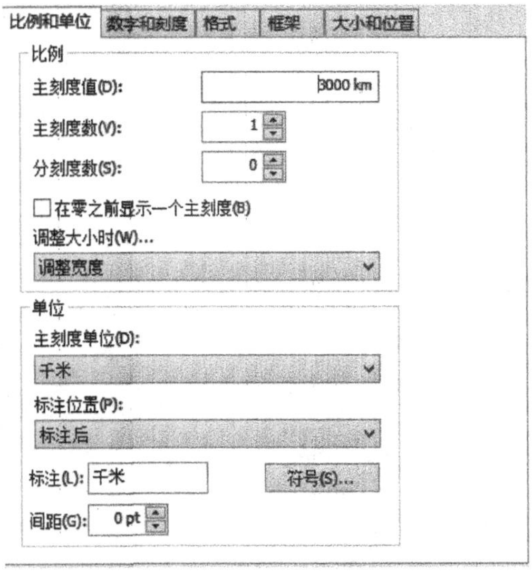

图9 比例和单位设置选项页

下面是最终成果图,如图10所示。

213

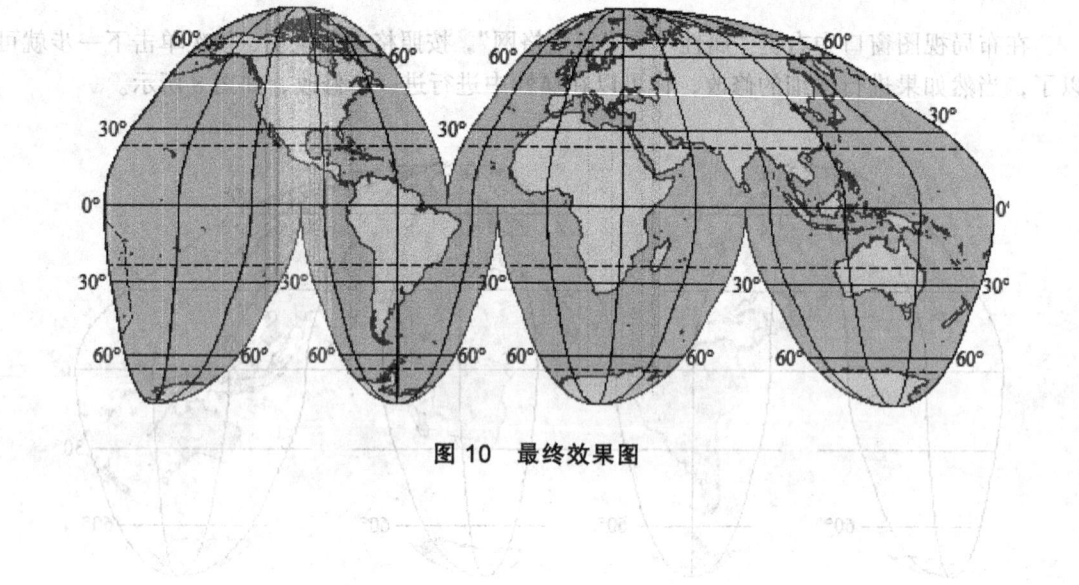

图 10 最终效果图

214

附 录

全国部分 GIS 网址及公司

使用 360 极速浏览器能打开以下网址

GIS 学习平台

1. Esri 中国社区：http://bbs.esrichina-bj.cn/ESRI/index.php
2. 地信网论坛：http://bbs.3s001.com/
3. GIS 帝国：http://www.gisempire.com/index.html
4. GIS 时代：http://www.gisera.com/
5. GIS 空间站：http://www.gissky.net/
6. 华夏土地网：http://bbs.hxland.com/
7. 地理信息系统论坛：http://www.gisforum.net/
8. 地理国情监测云平台：http://www.dsac.cn/
9. 地理信息系统产业技术创新战略联盟：http://iatisgis.gisera.com/index.aspx
10. 中国地理信息产业协会：http://www.cagis.org.cn/
11. 国家测绘地理信息局：http://www.sbsm.gov.cn/
12. 国家基础地理信息中心：http://ngcc.sbsm.gov.cn/
13. 国家遥感中心：http://www.nrscc.gov.cn/

北京 GIS 公司

14. Esri 中国信息技术有限公司：http://www.esrichina-bj.cn
15. 北京合众思壮科技股份有限公司：http://www.unistrong.com/
16. 北京空间城信科技有限公司：http://www.spacecityinfo.com/
17. 北京灵图软件技术有限公司：http://www.lingtu.com/
18. 北京三维天地科技有限公司：http://www.sunwayworld.com/
19. 北京山海经纬信息技术有限公司：http://www.easymap.com.cn/
20. 北京视宝卫星图像公司（Astrium Geo China）：http://www.spotimage.com.cn/index.php
21. 北京图盟科技有限公司（MapABC）：http://www.mapabc.com/
22. 北京卫信杰科技发展有限公司：http://www.wintekgps.com/
23. 北京中遥地网信息技术有限公司：http://www.digitalearth.net.cn/
24. 北京恒华伟业科技股份有限公司：http://www.ieforever.com/
25. 北京世纪安图数码科技发展有限责任公司：http://www.antu.com.cn/

26. 北京超图软件股份有限公司：http://www.supermap.com.cn/
27. 北京超维创想信息技术有限公司：http://www.creatar.com/
28. 北京都宜环球科技发展有限公司：http://www.doeuniversal.com/
29. 北京国遥新天地信息技术有限公司：http://www.ev-image.com/
30. 北京吉威时代软件股份有限公司：http://www.geoway.com.cn/v2/default.asp
31. 中国四维测绘技术有限公司：http://www.chinasiwei.com/
32. 中科宇图天下科技有限公司：http://www.mapuni.com/

上海 GIS 公司

33. 上海畅星信息科技有限公司：http://www.sis.sh.cn/
34. 上海城市地理信息系统发展有限公司：http://www.china-gis.com/
35. 上海复深蓝信息技术有限公司：http://www.fulan.com.cn/
36. 上海互联网软件有限公司：http://www.beyondbit.com/
37. 上海三吉电子工程有限公司：www.3g.com.cn/
38. 上海演绎科技有限公司：www.topbit.net/about.html
39. 上海亿用信息科技有限公司：www.yys.com.cn/
40. 上海众恒信息产业股份有限公司：http://www.triman.com.cn/
41. 上海三高计算机中心股份有限公司：www.shanghai3h.com/aboutus.asp
42. 上海虹云信息技术有限公司：http://www.chinahighway.com/qsyml/qsyml_info.php?id=2198

其他城市 GIS 公司

43. 中地数码集团：http://www.mapgis.com.cn/
44. 武大吉奥信息技术有限公司：http://www.geostar.com.cn/
45. 浙江省地理信息中心：http://www.zjgis.com/
46. 济南中地时代科技有限公司：http://www.zdgis.com/
47. 重庆数字城市科技有限公司：http://www.dcqtech.com/
48. 广州奥格智能科技有限公司：http://www.augurit.com/
49. 广州城市信息研究所有限公司：http://www.chinadci.com/
50. 浙江臻善科技有限公司：http://www.gisquest.com/
51. 国家测绘地理信息局黑龙江基础地理信息中心：http://www.imagehlj.com/
52. 成都华好网景科技有限公司：http://www.mapforyou.com/
53. 康讯科技股份有限公司：http://www.systech.com.tw/
54. 昆明云金地科技网：http://www.yjdgis.com/
55. 济南鲁迪地理信息工程有限公司：http://www.ldgis.com/
56. 南方测绘（广州）：http://www.southsurvey.com/
57. 正元地理信息有限责任公司：http://www.geniuses.com.cn/

ArcGIS 常用词汇表

Absolute Pathname（绝对路径）：以驱动器盘符开始的文件路径名称。
Active Frame（活动框）：当前使用的数据框，响应用户作出的改动。
Address Locator（地址定位器）：用于地理编码的文件，包含必要的样式信息与参考数据。
Address Standardization（地址标准化）：将街道地址转换成特定组成部分，例如房屋号码、名称和类型。
Adjacency（邻接）：一个要素是否顺接或紧邻另外一个要素的定量化空间条件。
Affine Transformation（仿射变换）：为适应新坐标系统而执行的图像解释，旋转和偏转过程。
Alias（别名）：显示表字段的代替名称，不受实际名称的长度与字符限制。
Analysis Cell Size（分析单元大小）：为栅格分析过程中的输出格网所定义的默认像元大小。
Analysis Extent（分析范围）：为栅格分析过程中的输出格网所定义的默认范围。
Analysis Mask（分析掩模）：栅格分析时所使用的栅格格网，用于将掩模中的所有空值（NoData）单元转换为输出格网中的空值（NoData）单元。
Annotation（标注）：从地图要素创建的标注，作为永久对象单独保存，以备详细编辑使用。
Append（追加）：合并来自两个不同类素中的要素，通常为两个相邻要素。
Arc Toolbox：是用于处理空间数据的一系列功能和命令的组合。
ASCII：用于存储简单文本字母，数字和符号的国际编码准则。
Aspatial Data（非空间数据）：与地表位置无关或偶尔相关的数据实体。
Aspect（坡向）：表面位置上的最陡坡度的方向，即下坡方向。
Attribute Accuracy（属性准确度）：数据集属性中发生的错误类型与频率的测量。
Attribute Field（属性字段）：包含空间要素相关信息的数据表列。
Attribute Query（属性查询）：基于记录中的值，从文件中提取特定信息记录的操作。
Attribute Table（属性表）：由空间数据文件中每个要素的属性信息行所组成的数据表。
Attributes（属性）：存储在数据表列中的地图要素相关信息。
Automatic Scaling（自动缩放）：将数据框内容调整在页面上指定矩形范围内。
Azimuth（方位）：罗盘方向的度量方法，以 360 度计，0 度为北，180 度为南。
Azimuthal Projection（方位投影）：切或割至地球表面的一种地图平面投影方法。
Band（波段）：栅格数据中存储的单一阵列值。
Barrier（障碍）：阻止在表面流动或游离的对象。
Bilinear（双线性插值）：基于最临近的 4 个值通过插值获得新像元值的重采样方法。
Binary（二进制）：计算机内在数据存储格式，基数为 2，以一系列 1 和 0 存储的数值型数据。
Block Function（分块功能）：某种分析功能，在栅格的邻居上方移动而非重叠。
Bookmarks（书签）：为方便快速访问，链接至特定地图区域和比例尺。
Boolean（布尔值）：描述数据、运算符、值或文件的形容词，要么为真，要么为假。
Boolean Operators（布尔运算符）：评估真或假命题的一套运算符，包括 AND、OR、NOT 和 XOR，返回的结果为真或假。

Boolean Overlay（布尔叠加）：用布尔运算符来评估栅格，评估是否存在特定条件的组合位置区域。

Boolean Raster（布尔栅格）：包含象元值为 1 和 0 的栅格（依据特定条件），1 代表真，0 代表假。

Buffer（缓冲区）：在要素一定的距离范围内划定的区域，可以通过标、点、线或多边形创建。

Byte（字节）：以 2 为基数（包含 8 个 0 或 1）的数据存储单位，数值范围从 0~255。

Capture（捕捉）：通过按"Alt+PrtSc"组合键，复制活动窗口内容至剪贴板，供粘贴到其他程序使用。

Cardinality Data（基数数据）：把对象放入未分级分组中的数据，例如土地利用或地质数据。

Cell（像元）：栅格中的方形数据元素，对应于表示地面的一个值。

Cell Size（像元大小）：栅格数据集中单个地图信息方块的空间大小。

Central Meridian（中央子午线）：地图投影的中央经度（X 坐标等于 0）。

Chart（图表）：从 ArcMap 表数据中创建的图表，例如条形图或饼图。

Chart Map（图表地图）：以图表的形式表现几种不同属性的地图，图表要与要素一一对应。

Choropleth Maps（等值区域图）：地图中的每个要素（如州）根据数据字段（如人口）中的值进行着色。

Class Breaks（分类间断）：将用于分类数据字段值的点打断为指定数量的若干组。

Classification（分类）：基于一个属性字段的数值，将要素分为两个或更多分组。

Classified（已分类）：基于数值将字段值划分到两个或更多分组中的栅格显示方法。

Cluster Tolerance（簇容差）：用于拓扑编辑中的距离定义，如果拐点间容距小于容差距离，那么两个拐点就会咬合在一起。

Coded Domain（编码域）：只将某一特定值（如土地利用编码）分配给属性的一种规则。

Colomap（色盘）：匹配到指定影像像素值的一套颜色定义，决定影像如何显示。

Completeness（完整性）：数据集捕捉整个区域或者要素类的所有代表的程度测量。

Complex Edge（复杂边缘）：由多个线要素所组成的网络实体，网络行为与单一线要素相同。

Conflict Detection（冲突检测）：确定标注要素时哪些标注相互重叠。

Conic Projection（圆锥投影）：把经度值投在覆盖球面的纸圆锥上的一种投影方法。

Connectivity（连通性）：通过交汇点彼此连接在一起时的线要素属性。

Containment（包含）：整体或部分包含另一个要素的要素属性。

Context Menus（弹出式菜单）：单击屏幕上的某对象时出现的计算机菜单。

Continuous（连续）：数据在数据集中变化，出现一系列不同的值，如海拔等。

Contour（等高线）：代表地面某个不变数值的线条，如海拔 2 000 英尺的等高线。

Coordinate Pair（坐标对）：标示平面坐标系中某一位置的一对 x 和 y 值。

Coordinate Space（坐标空间）：用于绘制地图的 x 和 y 的取值范围。

Coordinate System（坐标系统）：（1）地图绘制时采用的特定范围（x，y）值单位；（2）地图图层所用坐标空间的完整定义，包括椭球，基准面和投影。

Coverage：ArcInfo 创建和使用的空间数据格式。

CSDGM（Content Standard For Digital Geospatial Metadata，数字地学空间元数据内容标准）：由 FGDC 所开发的一种元数据标准，通常用于美国。

Cubic Convolution（立方卷积）：从 16 个最近输入像元中插值获得新像元值的重采样方法。

Cut/Fill（剪切/填充）：决定地形表面前后差别的功能。

Cylindrical Projection（圆柱投影）：将椭球经纬度值投影到环绕在球周围的圆柱上的一个地图投影方法。

Dangle（悬挂）：未能与另一个线要素相连的线要素，二者之间存在空隙。

Data Frame（数据框）：ArcMap 中容纳多个图层共同显示和分析的容器；地图视图。

Data View（数据视图）：经优化用以显示和分析地图数据的数据框模式。

Datum（基准面）：地球椭球和区域参考点的组合，减少特定区域的制图偏差。

dBase：一种数据库程序，文件格式为 ArcGIS 的 Shape 文件数据模型和数据表所支持。

Default（默认值）：在没有赋值的情况下，由程序自动输入的值。

Define Projection（定义投影）：指导用户为空间数据图层指定坐标系统的工具。

Defined Interval（定义间距）：用户为所有类别指定特定大小范围的分类方法。

Definition Query（定义查询）：设定地图图层仅显示属性满足特定条件要素的操作。

Degrees（度）：球体坐标系统使用的测量单位，圆有 360°。

DEM：参见 Digital Elevation Model（数字高程模型）。

Destination Table（目标表）：在连接操作过程中，从另一个表中接收附加数据的表。

Digital Elevation Model（DEM，数字高程模型）：表示地球表面海拔高度的栅格数值阵列。

Digital Raster Graphic（DRG，数字栅格图形）：美国地质调查局（USGS）生产的地形图扫描图像。

Digitize（数字化）：通过输入或追踪拐点等方式，将纸质地图上的形状转换为数字地形图层上的形状。

Discrete Data（离散数据）：呈现数量相对较少的不同数值。

Discrete Color（离散颜色）：栅格数据的显示选项，为每个不同数值指定随机颜色。

Display tab（Display 选项卡）：目录表中的选项卡，从底部到顶端，按一定顺序显示图层。

Display Units（显示单位）：ArcMap 报告地图上当前光标（x, y）位置的单位。

Dissolve（融合）：当属性相同时，执行要素合并。

Distance Join（距离连接）：一种连接，基于彼此之间的距离是否最接近来合并两个要素的信息。

Division Units（比例尺分化单位）：测量和绘制地图比例尺条的单位，如英里或千米。

Division Value（比例尺分划值）：以比例尺分化单位指定的比例尺条的单位长度，如 100 km。

Divisions（比例尺分划）：比例尺条的分段数量。

Domain（域）：字段属性输入值的判定规则。

Dot Density Map（点值图）：通过随机放置的点的比例数来表现属性值的地图。

Double-Precision（双精度）：用 16 字节信息存储的数值。

DRG：参见 Digital Raster Graphic（数字栅格图形）。

Dual Range（双范围）：一种地理编码样式，为每个区块使用两个地址范围，街道的每侧均有一个。

Dynamic Labels（动态标注）：根据属性确定标注内容，并且每次要素绘制或重绘时自动放在地图上。

Edge（边界、边线）：(1) 参与几何网络的线要素；(2) 执行拓扑编辑时两个要素之间的共享边界。

Edge Snapping（边界捕捉）：确保新要素自动与现有的线或多边形边界相连。

Ellipsoid（椭球）：用来大致模拟地图投影中地球形状的非等轴球体。

End Snapping（端点捕捉）：确保新要素自动连接至已有线要素端点。

Enterprise GIS（企业 GIS）：由大机构开发、众多人员参与且时间周期较长的 GIS 项目。

Environment Settings（环境设置）：程序级别或工具级别的设置，影响到工具如何运行或输出的设置特征，如像元大小或坐标系统。

Equal Interval（等间距）：由用户定义一系列具有相同大小范围类别的分类方法。

Erase（排除）：将位于另一个多边形要素类外部边界内的要素移除的一种叠加功能。

Euclidean Distance（欧几里得距离）：两点之间的直线距离。

Event Layer（事件图层）：根据数据表中的一系列坐标对所创建的点地图图层。

Export（导出）：从已有数据集中抽取全部要素或要素子集来创建新数据文件。

Expression（表达式）：包含字段名、值或函数的语句，在查询中抽取记录或在表中计算数值。

Extent（范围）：地图中显示或数据图层中存储的 (x, y) 坐标范围。

Extent Rectangle（范围矩形）：数据图层中的要素所覆盖的 (x, y) 坐标范围。

False Easting（东移假定值）：为确保所有的值都为正值，地图投影时强制使用 x 坐标转换。

False Northing（北移假定值）：为确保所有的值都为正值，地图投影时强制使用 y 坐标转换。

Feature（要素）：由一个或多个 (x, y) 坐标组成的空间对象，有一个或多个属性，在关联表中以单一记录保存。

Feature Class（要素类）：具有相同属性的一组类似对象，保存在同一个空间数据文件中。

Feature Dataset（要素数据集）：地理数据库中共用公共坐标系统的一组要素类，可以参与网络和拓扑。

Feature Service（要素服务）：互联网地图图层，用户可以下载实际要素并在本地存盘。

Feature Template（要素模版）：一套属性集合，存储编辑图层所需要的全部信息。

Feature Weight（要素权重）：为图层指定优先级，确定应该首先绘制哪些要素。

FGDC（Federal Geographic Data Committee，联邦图形数据委员会）：建立数据交换标准的组织。

FID（要素识别码）：为空间数据文件中的每个要素分配用于识别和追踪的唯一数字。

Field（字段）：数据表中的单个信息列。

Field Definition（字段定义）：创建属性字段时所定义的参数，包括数据类型、字段长度、精度和比例尺。

Field Length（字段长度）：文本型属性字段中最多可以存储的字符数。

Filter（滤波器）：用于栅格数据图层的移动窗口，基于窗口中的某些数值函数，计算中心像素的新值。

Fixed Extent（固定范围）：限制数据框的大小，防止布局模式中的比例尺或范围发生变化。

Fixed Scale（固定比例尺）：限制数据框的大小，防止布局模式中的地图比例尺发生变化。

Flag（旗标）：网络中目标点的标志，例如路径的起点或终点，或者路边的停车点。

Flag File Database（纯文件数据库）：以简单文件方式存储数据的数据库。

Flipping Lines（翻转线）：交换线要素的起点和终点，使线的方向倒转。

Focal Function（聚焦功能）：基于目标周围移动窗口中的值来确定目标像元新值的栅格分析功能。

Folder Connection（文件夹连接）：（1）ArcCatalog 和 ArcMap 中的一种连接，指向包含 GIS 数据的文件夹，可作为到达常见文件夹的快捷方式；（2）一种连接，允许将数据传送至数据库管理系统。

GCS：参见 Geographic Coordinate System（地理坐标系）。

Geocoding（地理编码）：根据参考空间数据图层，将表中存储的位置与空间点要素进行匹配，通常用于将地址转换为位置。

Geocoding Style（地理编码样式）：一种预定义的方法，用于匹配地址，指定匹配操作所需要的字段。

Geodatabases（地理数据库）：应用最新的数据库技术，ESRI 公司为 ArcGIS 8 开发的存储与部署规则和拓扑关系的新数据模型。

Geographic Coordinate System（GCS，地理坐标系）：由经纬度组成的椭球坐标系统，用于定位地球表面的要素。

Geoid（大地水准面）：由平均海平面高度确定的地球形状，受地形和重力因素影响。

Geometric Accuracy（几何准确度）：要素形状和位置所表示的准确度。

Geometric Interval（几何间距）：基于几何系列类别间距的一种分类方法，每个类别乘以一个不变的系数，放大后生成下一个更高级的类别。

Geometric Network（几何网络）：由线性边缘和交汇点组成的系统，用于为商品流动（例如传输或定向）建模。

Geoprocessing（地理处理）：空间数据图层分析，例如融合、相交和合并。

Georeferenced（地理参照，配准）：为了与其他数据共同显示，将空间数据图层与地球表面的特定位置关联在一起。

Georelational（地理相关）：通过唯一要素 ID 编码，把要素与独立表中属性链接起来的数据模型。

Graduated Color Map（颜色分级图）：依据值把多边形要素类中的数值数据划分为若干类别，然后用不同的颜色显示这些类别。

Graduated Symbol Map（符号分级图）：依据值把线或点要素类中的数值数据划分为若干类别，然后用不同大小或宽度的符号显示这些类别。

Graphic Text（图形文本）：放置在地图布局上的文本，与要素属性不相关，可通过 Drawing（绘图）工具进行操作。

Graticule Grid（经纬网）：地图边界处放置的经纬度标示。

Grid（格网）：（1）用于栅格分析的 GRID 和 Spatial Analyst 专用栅格格式；（2）栅格数据集的专用词汇。

Ground Control Point（地面控制点）：为了地理参照两个不同的数据图层，采用一组点对这两个图层上的易识别位置进行匹配。

Hierarchical Database（层次型数据库）：将信息存储在具有永久性的数据表中的数据库。

Hillshade（山体阴影）：显示表面亮度变化的栅格数据，就好像从特定高度和角度照射下来一样。

Histogram（直方图）：显示栅格中每一个值所含像素数的图表。

Image（图像）：一种栅格数据图层，通常指显示亮度值的栅格（如照片）。

Image Service（图像服务）：仅供用户浏览、不能下载并存储的互联网地图图层。

INFO：作为 Arc/Info 软件数据模型基础的一种早期数据库系统。

Inside Join（内部连接）：基于另一个要素内的要素，合并两个要素表的信息。

Interactive Labels（交互式标注）：地图上的简单图形标注，用户每次放置一个。

Interactive Selection（交互式选择）：通过使用选择工具，从屏幕上手工提取一个或多个要素。

Interpolate（插值）：计算已知位置间的数值；从已知的一组点数值中，应用外推值法来填充栅格。

Intersect（相交）：叠加两个空间数据图层的操作，查找二者之间的公共部分，丢弃互不相同部分。

Intersection（相交）：两个要素全部或部分重叠的现象。

Interval Data（间断数据）：按照固定间断变化的数值，但是没有自然零点，例如摄氏度或 PH 值。

ISO（International Organization of Standards，国际标准化组织）：核准标准行业的国际组织，包括元数据标准。

Item Description（项目描述）：提供关于数据集基本信息的元数据主要样式。

Jenks Method（Jenks 方法）：将数值型数据分类为范围的一种方法，通过数据直方图中自然发生的间隔进行定义。

Join（连接）：通过相同属性字段或位置进行的两个数据表的临时性连接。

Junction（交汇点）：几何网络中连接两条线性边线的点。

Kernel（内核）：应用于栅格数值的移动窗口，计算窗口中间目标的新值。参见滤波器（Filter）。

Key（键）：用于抽取或匹配数据表中记录的属性字段。

Label Weights（标注权重）：当出现重叠时，根据权重值确定哪个标注应该优先放置。

Latitude（纬度）：从赤道向北或向南测量角度距离的球面单位。

Latitude of Origin（原点纬度）：地图投影的参考纬度，y 值为零。

Layer（图层）：要素类及其相关属性的参考。

Layer File（图层文件）：存储空间数据及其如何显示文件。

Layout View（布局视图）：用于设计和创建打印地图的 ArcMap 模式，允许用户操作地图图层、标题、比例尺和指北针等。

Legend（图例）：显示描绘地图图层的名称与符号的地图元素。

Line（线）：由一系列（x，y）坐标顶点构成的空间要素，用以代表类似街道之类的线性要素。

Lineage（数据志）：数字地学空间数据集后面的原始数据源和处理步骤。

Logical Consistency（逻辑一致性）：衡量数据要素代表真实世界要素程度的指标，特指拓扑关系。

Logical Expression(逻辑表达式):由字段名、操作符和值组成的语句,代表特定的条件,用于从图层或数据表中选择记录或值。

Logical Network(逻辑网络):存储在独立表中的信息,跟踪网络中元素之间的关系。

Logical Operator(逻辑运算符):用于对比熟知的函数,例如>、<或=,并且生成真值或假值结果。

Longitude(经度):从本初子午线向东或西测量角度距离的球面单位。

Loops(环路):网络中连接的圆形轨道,流向尚未确定。

Mantissa(尾数):存储有效数字的指数数字部分。

Manual Class Breaks(手工类别间断):一种分类方案,手工将每个类别间断设置为预期值。

Map Algebra(地图代数):允许对整个栅格数列进行计算和操作的系统,例如两个栅格相加。

Map Elements(地图元素):构成地图的对象,包括标题、图例、比例尺条、指北针、图片和图表等。

Map Extent(地图范围):地图显示区域的(x,y)值范围。

Map Overlay(地图叠加):合并两个空间数据图层,用以显示或估算两者之间的关系。

Map Scale(地图比例尺):地图上要素大小与地面上大小之间的比例。

Map Topology(地图拓扑):在 ArcMap 中编辑时建立的临时性要素之间的空间关系,加快具有共同节点或边界要素的编辑。

Map Units(地图单位):地图存储或显示的坐标系统单位。

Mask(掩模):分析时应该应用的栅格图层,清空不需要(如研究区边界外)的像元。

Measurement Grid(测量格网):提供数据框周边测得的(x,y)坐标值的数据框格网。

Merge(合并):(1)将两个或两个以上的地图要素合并成一个要素;(2)根据属性值是否相同,将两个或两个以上的要素合并;将两个或两个以上的数据图层合并成单一图层。

Merge Policy(合并策略):一种规则,陈述如果与其他要素合并,应当如何处理要素的属性。

Metadata(元数据):关于数据来源、历史、管理和使用等信息的文档。

Metadata Standard(元数据标准):设计出用于创建元数据的信息类型与组织机构的一套需求。

Metadata Template(元数据模板):部分完成的元数据文档,包含用于许多数据集的重复信息,帮助创建元数据。

Minimum Candidate Score(最低候选分数):地理编码过程中一个地址可以考虑与另一个地址匹配的最低分数。

Minimum Match Score(最低匹配分数):候选自动匹配到一个地址的最低分数。

Model(模型):将原始数据转换成有用信息的步骤或计算顺序,基于数据分析结果来了解和预测真实世界过程的框架。

Model Builder(模型构造器):组合现有工具来创建新工具和新脚本的图形界面。

Modify(修改):一种编辑技术,通过编辑单独的拐点,更改一个要素的形状。

Multipart Feature(组合要素):有不相连单元构成的单一元素,例如由 7 个夏威夷岛屿组成的单个州要素。

NAD:参见 North American Datum(NAD,北美洲基准面)。

Natural Breaks(自然间断):根据自然分组或数值之间的空白进行数值分类的数据分类方案。

Nearest Neighbor（最邻近插值）：抓取像元中心最接近的离散数据重采样方法。

Neatline（图廓线）：用于包含矩形中一个或多个地图元素的线。

Neighborhood Functions（领域功能）：根据定义区域周围的值，计算目标像元值或要素值。

Network or Network Topology（网络或网络拓扑）：线性边缘和连接点的关联，用于模拟商品流动，例如传输或公共设施。

Network Weights（网络权重）：与网络元素相关的数值，指示布设元素的"成本"。

NoData（空值）：用于说明数值不存在或未知的特殊值。

Node（节点）：线要素的起始点与终结点。

Nominal Data（命名数据）：命名或标示对象的值，例如街道名称。

Normalized Data（标准化数据）：根据字段总数或另一个字段的值，划分属性字段值。

North American Datum（NAD，北美洲基准面）：椭球和参照点结合，用于将北美地区的地图变形减小到最低程度。

Numeric Data（数值型数据）：以数字而不是以名称或分类保存的数值。

Object-Oriented（面向对象）：把程序和模型视为具有定义属性和关系对象的编程和数据库方法。

Oblique Projection（斜轴投影）：一种地图投影方法，地球上的位置以任意角度投影到纸圆柱或圆锥上。

OID（Object ID，对象识别码）识别数据表中的一行或地理数据库要素类中的一个要素的唯一数字。

One Range（单范围）：一种地址编码样式，为每个街道区块使用单一范围的地址。

Ordinal（顺序）：指示分级或排序系统的数值。

Origin（原点）：坐标系统的（0，0）点。

Orthographic Projection（正射投影）：一种地图投影方法，球体上的位置投影到水平放置与球体正切或交叉的纸上。

Orthophoto（正射影像）：经过几何校正与底图匹配的一种航空影像。

Overlap（叠加）：确定某要素是否全部或部分覆盖另一个要素的空间条件。

Overshoot（上冲）：一种悬挂类型，一条线穿过假定精确相交的另一条线太远。

Pan（平移）：在不改变地图比例尺的情况下，将显示窗口移动到地图的另一部分。

Parameters（参数）：（1）与地图投影相关的特定值，定义地图如何显示；（2）作为输入到模型的变量。

Parametric Arc（参数弧段）：由平滑曲线组成的线要素，每一段给定半径。

Pathname（路径名称）：寻找某个特定文件的文件夹列表，例如：D:\用户目录\我的文档\Tencent Files\17270064\FileRecv。

Pixel（像素）：栅格中的方形数据元素，对应于代表地面状态的一个值。

Planar Topology（平面拓扑）：要素数据集中要素类之间的关系，通过要素之间的空间关系规则创建，例如相互之间不能重叠。

Point（点）：由单个（x，y）坐标对定义的一维要素。

Point Snapping（点捕捉）：确保新拐点自动连接到已有的点要素。

Polygon（多边形）：由三个或更多（x，y）坐标对定义的二维封闭区域要素。

Positional Accuracy（位置准确度）：地图上的要素位于特定实际位置的可能性测量。
Precision（精确度）：存储数值型数据指定的位数。
Prime Meridian（本初子午线）：地球上经度为零的经线，经过英国格林尼治地区。
Process Step（处理步骤）：在生成 GIS 数据集过程中进行的数据集成和地理处理。
Profile（专用标准）：由用户团体开发和维护的正式专用国际标准。
Project（投影）：将要素类从一种坐标系统转换为另一种坐标系统的工具。
Projection（投影）：将球面经纬度单位转换成平面（x，y）坐标系统的数学转换方法。
Project-Oriented GIS（面向项目的 GIS）：目标和生命周期皆有限的 GIS 项目。
Proportional Symbol Map（比例符号图）：根据要素值的相对大小，按照比例以标志或线符号来显示属性值的地图。
Proximity（邻近）：一个要素与其他要素邻近的程度。
Pseudo node（伪节点）：一种类型的拓扑错误，只有两条线相交于一致的节点处，而不是三条或更多。
Pyramid（影像金字塔索引）：从一个栅格计算得出的一组不同分辨率的栅格数据，用于在更小比例尺下加快显示速度。
Quantile Map（数量等分地图）：每个类别的要素数基本相等的一种地图类型。
Quantities Data（数量数据）：数值型属性数据。
Query（查询）：按照一组指定条件从数据库中抽取记录的操作。
Range Domain（范围域）：某一属性字段能够存储的最大值和最小值的规则。
Raster（栅格）：由数值阵列组成的数据集，每个数值都代表着地面方形元素的状态。
Raster Model（栅格模型）：运用栅格或数值阵列创建模拟真实世界要素的数据模型。
Ratio Data（比率数据）：具有规则变化量和自然零点的数据，例如降水量或人口。
Reclassify（重分类）：将网格中的数值集合或范围替换为不同的数值集合或范围。
Record（记录）：包含一个对象的数据表中的一行。
Rectify（校正）：用选择的一组地面控制点，旋转、缩放或变形一幅图像，使其与地图相匹配。
Reference Grid（参考格网）：一种数据框网格，对地图上的方块进行标示和排序，用以对要素进行索引。
Reference Latitude（参考纬度）：原点纬度。
Reference Layer（参考图层）：含有特殊属性的图层，需要进行地理编码，编码索引已经建立。
Reference Scale（参考比例尺）：地图设计时的显示比例尺，无论放大或缩小地图，都能够缩小或放大符号和标注。
Relate（关联）：两表之间基于相同字段建立临时性关系，字段选择要看另一个表中有无匹配记录。
Relational Database（关系型数据库）：将信息存储在表中并在表之间建立临时性关系的数据库。
Relative Pathname（相对路径名称）：以目前文件夹开始的文件路径。
Resampling（重采样）：为更改栅格的分辨率，采用一种定义策略，将一个像元格网的数值转换为另一个。
ReShape（整形）：一种编辑技术，用于重新输入已有线或多边形的一部分。

Resolution（分辨率）：（1）栅格数据中一个单元值代表的地面面积；（2）矢量数据集的默认存储精度。

RGB Composite（RGB合成）：将一个波段的亮点信息分配给显示器的红、绿和蓝三种色枪的图像显示方式。

RMS Error（RMSE，RMS误差）：原始点和解译点集合之间的均方根偏差。

Rubber sheeting（弹性伸缩）：变形栅格以合适新坐标系统的过程。

Rule of Joining（连接规则）：目标表中的每一条记录在源表中必须有一条而且只能有一条匹配记录。

Scale（比例尺）：（1）地图上要素大小与地面上实际大小的比例（即地图比例尺）；（2）属性字段存储数字允许的小数位数。

Scale Range（比例尺范围）：为了避免拥挤或图层显示不合适，由用户设定的显示数据图层的比例尺范围。

Schema（模式）：地理数据库的结构设计，包含表、字段和关系。

Script（脚本）：包含ArcGIS命令和函数的程序。

Secant Projection（割投影）：一种地图投影方法，球面坐标投影到表面上，沿两个最大的圆与球体正交。

Select（选择）：从图层或表中，抽取一个或多个要素记录，准备用于另一个操作；为了执行查询而使用。

Select By Attributes（按属性查询）：基于一个或多个属性字段，从要素或表对象中选择子集。

Select By Location（按位置查询）：基于相互之间的空间关系，从要素中选择子集。

Selected Set（选定集合）：在下一步操作之前，已经选出的要素子集；查询结果。

Select Method（选择方法）：一种设置，当生成新选择时，控制如何处理以前选定和新近选定的内容。

Selection Tab（Selection选项卡）：目录表中的选项卡，显示每个图层中选定要素的选择状态和数量。

Shapefile（Shape文件）：为ArcView 3及以后版本开发并为其使用的空间数据模型。

Shared Features（共享要素）：与另一个要素链接或共享边界的要素。

Short Integer（短整型）：一种属性字段定义，最多用5个字节存储二进制整数，最大可存储数字为62 000。

Simple Edges（简单边线）：网络中的线性要素，总是在交汇点结束，行为像独立实体。

Simple Join（简单连接）：当两个图层之间存在一对一空间关系时，根据共同位置进行合并的连接。

Single Symbol（单一符号）：图层中每个要素都以同样符号显示的一种地图类型。

Single-Precision（单精度）：用8个字节存储的数值。

Sink（汇）：抓取或消耗流经网络的商品的网络位置，亦称"宿"。

Sketch（草图）：编辑期间创建的临时性图，完成后将成为数据图层中的要素。

Sketch Menu（草图菜单）：编辑过程中右击草图外侧时出现的弹出式菜单。

Slice（切片）：将栅格中的数值划分为指定数量的相似类别。

Sliver（碎片）：由于输入中的轻微边界差别，地图叠加过程中形成的小多边形，通常考虑为错误。

Slope（坡度）：指定水平距离内高程下降程度，以角度或百分比表示。

Snap Tolerance（捕捉容差）：编辑过程中的一种距离设置，例如接近到已有要素的新拐点而被捕捉。

Snapping（捕捉）：确保指定距离内的要素自动咬合在同一个精确位置，避免要素之间出现间隔。

Solver（求解器）：分析网络中的流向或路径的程序。

Source（源）：（1）生产或初始化网络商品流动的位置；（2）为地图图层提供要素的空间数据文件；（3）用于开发空间数据集的原始信息。

Source Table（源表）：连接中提供要追加到另一个表中的信息的表。

Spaghetti Model（无位相模型）：将要素存储成一系列（x，y）坐标但不存储要素间拓扑关系的模型。

Spatial Analyst（空间分析）：用于分析栅格数据的 ArcMap 软件扩展模块。

Spatial Data（空间数据）：与地球表面特定位置相关的信息。

Spatial Join（空间连接）：一种功能，基于包含关系或距离，组合两个图层中的要素属性。

Spatial Operators（空间运算符）：评估要素集合之间空间关系的一套功能集合，包括相交、包含和邻接。

Spatial Query（空间查询）：根据数据图层之间的空间关系从中抽取记录的操作。

Spatial Reference（空间参照）：关于要素类的空间数据如何存储的详细描述，包括坐标系统 X/Y 域和精度。

SPCS：参见 State Plane Coordinate System（SPCS，州平面坐标系）。

Spelling Sensitivity（拼写敏感性）：地理编码过程中使用的设置，控制两个名字相似到什么程度才算好的匹配。

Spheroid（椭球）：参见 Ellipsoid（椭球）。

Split Policy（拆分策略）：一种规则，陈述拆分时如何处理要素的属性。

SQL：参见 Structured Query Language（结构化查询语言）。

Standalone Table（独立表）：为连接空间数据要素的信息表。

Standalone Deviation（标准方差）：分类界点根据制图数据的标准方差数值确定的分类方法。

Standard Parallel（标准纬线）：圆锥地图投影的参数，表示圆锥与球体正切或正割的纬线。

State Plane Coordinate System（SPCS，州平面坐标系）：为美国各州设计的一组地图投影，将地图变形降到最小。

Stereographic Projection（立体投影）：一种地方投影方法，球体上的位置投影到与球体正切或正交的水平纸张上。

Steam Digitizing（流数字化）：编辑过程中自动输入拐点而不用单击创建的数字化方法。

Street Type（街道类型）：地址的一部分，指明街道的类型，例如 St、Rd 和 Ave 等。

Stretch（拉伸）：将图像的值覆盖整个符号范围，一般通过忽略分布轨迹来增补。

Stretched（已拉伸）：将数据值填充到符号的全部可用区域的一种显示方法。

Structured Query Language（SQL 结构化查询语言）：通过编写逻辑表达式，按照指定条件，从数据库中抽取记录。

Style（样式）：存储在一起并共同使用的地图符号与颜色的集合。

Style Manager（样式管理器）：用于创建符号并管理样式符号集合的窗口。

Subdivisions（比例尺子分划）：比例尺条划分的单一比例尺划分的单位数目，通常出现在比例尺的左侧。

Subtypes（子类型）：为地图层中的要素所指定是不同种类，每一种都有自己的符号和默认值。

Suffix Direction（后缀方向）：街道名后面添加的方向，指定城市的某个区域，例如 Main St North。

Summarize（汇总）：将数据表中的数据组合在一起的功能，根据分类字段，计算每个分组的统计信息。

Summarized Join（汇总连接）：一种连接方式，合并具有一对多关联的两个属性表中的记录，每一输出记录单值由许多输入值统计获得。

Surface Analysis（表面分析）：设计用于表现三维表面（如高程）的栅格应用功能。

Symbol（符号）：使用指定形状和颜色来显示地图要素的阴影。

Table（数据表）：以行和列存储的数据，每一行代表一个对象或要素，每一列代表对象的属性或特征。

Table of Contents（目录表）：列举地图文档中数据框和图层的 ArcMap 窗口，亦称目录表。

Tangent Projection（切投影）：一种地图投影方法，球面坐标投影到沿着纬线与球体正切的表面上。

Templates（模板）：可以保存并用于许多不同地图文档的地图设计。

Temporal Accuracy（时间准确度）：考虑数据集为合法期间的测定。

Thematic Accuracy（专题准确度）：属性值表现现实世界真实属性的程度。

Thematic Mapping（专题制图）：根据属性表中的值，显示空间数据图层的要素。

Thematic Raster（专题栅格）：包含分类或命名数据值的栅格，例如土地利用代码或土壤类型。

Themes（主题）：ArcView3 中的专业术语，用于表示包含相似要素（如道路或州）的数据图层。

Thumbnail（缩略图）：在 ArcCatalog 中，显示数据图层模样的小型快照，帮助用户发现数据。

TIN（Triangulated Irregular Network，不规则三角网）：以不同方向三角面存储表面的一种数据模型。

Topological Model（拓扑模型）：一种数据模型，除了要素的（x, y）坐标外，还存储要素之间的空间关系。

Topology（拓扑）：要素之间的空间关系，例如谁互相连接或与其他要素相邻。

Trace（追踪）：追随已有线性要素，即在分析网络途径时追随现有要素，或从已有要素中分叉出新要素。

Trace Solvers（追踪求解器）：通过追踪网络中的路径来分析网络流动的程序。

Transformation（变换）：坐标系统之间的相互变换。

Transverse Projection（横轴投影）：一种地图投影方法，球面坐标变换成沿经线与球体正切的圆柱或圆锥上的位置。

Undershoot（下冲）：一种悬挂类型，一条线达不到与另一条线相交的位置。

Union（合并）：通过合并两个图层的所有区域，创建一个新的要素或要素集。

Unique Values（唯一值）：每种属性值都被分配给自己符号的地图类型。

Universal Transverse Mercator（UTM，通用横轴墨卡托）：基于横轴圆柱投影把全球定义为 60 个投影带的地图投影系列。

Unprojected Date（未投影数据）：采用经纬度坐标存储在地理坐标系中的空间数据图层。

UTM：参见 Universal Transverse Mercator（通用横轴墨卡托）。

Validation（校检）：平面指标中执行要素检测的一个步骤，定义拓扑规则以及识别错误。

Vector（矢量）：一种空间数据存储方法，要素由一个或多个坐标对组成的点、线或多边形来表现。

Venn Diagram（维恩图）：集合论中用于描述集合和子集合之间关系的图表。

Vertex（Vertices，拐点）：线或多边形要素方向发生改变的点，亦称顶点。

Vertex Menu（拐点菜单）：编辑过程中单击草图之上时出现的小型弹出式菜单。

Vertex Snapping（拐点捕捉）：确保新要素能够自动连接至已有线要素的拐点。

Viewshed（可视域）：从指定点或一组点能够看到的三维地表区域。

World File（World 文件）：存放栅格地理参照信息的文本文件。

XML（Extensible Markup Language，可扩展标记语言）：用于存储元数据的一种标记文本表达格式。

XY Tolerance（XY 容差）：用于地学处理的一种设置，定义了拐点之间的最小允许距离。

X/Y Domain（X/Y 域）：要素类可以存储的最大范围值。

Zenith Angle（天顶角）：对象距离在水平面上的角度测量单位。

Zonal Statistics（区域统计）：栅格分析功能，从另一个格网定义的区域格网中计算统计。

Zone（区域）：具有相同属性值的栅格格网的合并区域，例如具有商业性土地利用代码的所有区域。

参考文献

[1] 汤国安,杨昕. ArcGIS 地理信息系统空间分析实验教程[M]. 2 版. 北京:科学出版社,2012.

[2] 池建,陈世琼,陈欣,等. 精通 ArcGIS 地理信息系统[M]. 北京:清华大学出版社,2011.

[3] Maribeth Price. ArcGIS 地理信息系统教程[M]. 5 版. 北京:电子工业出版社,2012.

[4] 田永中,徐永进,黎明,等. 地理信息系统基础与实验教程[M]. 北京:科学出版社,2010.

[5] 杨克诚,等. ARCGIS 实验指导书[M]. 昆明:云南大学出版社,2009.

[6] 易智瑞(中国)信息技术有限公司 [EB/OL]. 2013-04-15[2015-01-12]. http://www.esrichina-bj.cn/softwareproduct/ArcGIS/.

[7] 易智瑞(中国)信息技术有限公司帮助系统[EB/OL]. 2012-07-10[2015-01-12]. http://help.arcgis.com/zh-cn/arcgisdesktop/10.0/help/index.html#//006600000001000000.